Jörg Fritze
Jürgen Marsch

Erfolgreiche Datenbankanwendung mit SQL3

Aus dem Bereich IT erfolgreich gestalten

Grundkurs JAVA
von Dietmar Abts

Biometrische Identifikation
von Michael Behrens und Richard Roth

Verteilte Systeme
von Günther Bengel

Ohne C zu C++
von Peter P. Bothner
und Wolf-Michael Kähler

Software Engineering
von Reiner Dumke

Kompaktkurs Mikrocontroller
von Silvia Limbach

**Team Excellence effizient
und verständlich**
von Franz J. Linnenbaum

Der CMS-Guide
von Jürgen Lohr und Andreas Deppe

Computing in Russia
von Georg Trogemann,
Alexander Y. Nitussov und Wolfgang Ernst

Interactive Broadband Media
von Nikolaus Mohr und Gerhard P. Thomas

**Effizient Programmieren mit
C# und .NET**
von Andreas Solymosi und Peter Solymosi

**Projektkompass
Softwareentwicklung**
von Carl Steinweg und Stephen Fedtke

Verteilte Systeme
von Günther Bengel

Datenbankentwurf
von Helmut Jarosch

**Das neue PL/I für PC, Workstation
und Mainframe**
von Eberhard Sturm

**Erfolgreiche Datenbankanwendung
mit SQL3**
von Jörg Fritze und Jürgen Marsch

www.vieweg-it.de

Jörg Fritze
Jürgen Marsch

Erfolgreiche Datenbankanwendung mit SQL3

- **Praxisorientierte Anleitung**
- **effizienter Einsatz**
- **inklusive SQL-Tuning**

6., völlig überarbeitete und erweiterte Auflage

Bibliografische Information Der Deutschen Bibliothek
Die Deutsche Bibliothek verzeichnet diese Publikation in der Deutschen Nationalbibliografie;
detaillierte bibliografische Daten sind im Internet über <http://dnb.ddb.de> abrufbar.

Das in diesem Werk enthaltene Programm-Material ist mit keiner Verpflichtung oder Garantie
irgendeiner Art verbunden. Der Autor übernimmt infolgedessen keine Verantwortung und wird keine
daraus folgende oder sonstige Haftung übernehmen, die auf irgendeine Art aus der Benutzung
dieses Programm-Materials oder Teilen davon entsteht.

1. Auflage 1993
2., verbesserte Auflage 1994
3., verbesserte Auflage 1995
4., Auflage 1997
5., überarbeitete Auflage 1999
Die Vorauflagen erschienen unter dem Titel „Erfolgreiche Datenbankanwendung mit SQL".
6., völlig überarbeitete und erweiterte Auflage November 2002

Alle Rechte vorbehalten
© Friedr. Vieweg & Sohn Verlagsgesellschaft mbH, Braunschweig/Wiesbaden, 2002

Der Vieweg Verlag ist ein Unternehmen der Fachverlagsgruppe BertelsmannSpringer.
www.vieweg.de

Das Werk einschließlich aller seiner Teile ist urheberrechtlich geschützt. Jede
Verwertung außerhalb der engen Grenzen des Urheberrechtsgesetzes ist
ohne Zustimmung des Verlags unzulässig und strafbar. Das gilt insbesondere
für Vervielfältigungen, Übersetzungen, Mikroverfilmungen und die Ein-
speicherung und Verarbeitung in elektronischen Systemen.

Umschlaggestaltung: Ulrike Weigel, www.CorporateDesignGroup.de

Gedruckt auf säurefreiem und chlorfrei gebleichtem Papier.

ISBN 978-3-528-55210-7   ISBN 978-3-322-91552-8 (eBook)
DOI 10.1007/978-3-322-91552-8

Vorwort zur sechsten Auflage

SQL ist auch im neuen Jahrtausend die entscheidende Datenbanksprache. Sie hat sich im Laufe ihrer über zwanzigjährigen Geschichte nicht unwesentlich weiterentwickelt.

Seit dem Jahr 2000 ist die Sprache in ihrer neuesten Version genormt, SQL3 oder SQL99 genannt (1999 wollte man die Arbeit daran eigentlich beendet haben). Nun haben die ersten Hersteller diese Norm zumindest teilweise in ihren Produkten implementiert (z.B. Oracle 9i, IBM DB/2 V7). Wie schon in früheren Ausgaben haben wir den aktuellen Stand der Technik berücksichtigt und lassen Varianten aus gängigen Datenbanksystemen einfließen.

Bildete in den bisherigen Auflagen der SQL2 Standard das Grundgerüst unseres Buches, so haben wir ab dieser Auflage den mengenorientierten Teil des SQL3 Standards als Grundlage gewählt und SQL3-spezifische Ergänzungen bzgl. prozeduraler und objektorientierter Programmierung aufgenommen, da sich der neue Standard mittlerweile zu etablieren beginnt. Die meisten führenden DB-Hersteller werden in absehbarer Zeit ihre Produkte wohl als „in Teilen SQL3 konform" bezeichnen. Da aktuelle DB-Software leider häufig ineffizient ist, haben wir uns entschlossen, das Thema SQL-Tuning in diese Auflage zu integrieren.

Um den Lesern das Nachvollziehen der diversen SQL3-Konstrukte zu erleichtern, stellen wir die Beispieltabellen etc. online zur Verfügung. Bitte sehen Sie unter www.irf-dv.de/medien/sqlbuch nach.

Dieses Buch besteht aus drei Abschnitten. Der erste Abschnitt (Kapitel 1 und 2) behandelt Entwicklung und Design einer Datenbank; der zweite Abschnitt beschreibt den konventionellen Kern der Sprache SQL (Kapitel 3 bis 9), und der letzte Teil (Kapitel 10 bis 12) führt in die Neuerungen von SQL3, insbesondere in die prozeduralen Erweiterungen sowie Effizienzbetrachtungen ein. Leser, die bereits SQL-Grundkenntnisse besitzen und diese auf den neuesten Stand bringen möchten, können im Kapitel 10 ihr Wissen testen bzw. auffrischen und sich dann den SQL3-Neuerungen stellen.

Dortmund, Oktober 2002

Jürgen Marsch
Jörg Fritze   j.fritze@irf-dv.de

Vorwort zur ersten Auflage

Aufgrund des immer komplexer werdenden Informationsbedarfes hat die Bedeutung relationaler Datenbanksysteme in den letzten Jahren rapide zugenommen. SQL ist die verbreitetste Abfragesprache für diese Systeme, eine nicht-prozedurale Sprache mit hoher Leistungsfähigkeit.

Natürlich gibt es bereits eine Reihe von Lehrbüchern zu diesem Thema, hochwissenschaftliche und rein pragmatische Abhandlungen; die einen versuchen den Datenbanken mathematisch und theoretisch zu Leibe zu rücken, die anderen erwecken den Anschein, als ob SQL selbsterklärend sei, in wenigen Tagen erlernbar und selbst bei komplexesten Problemen mit wenigen simplen Befehlen einzusetzen. Wir können aufgrund unserer Erfahrungen mit Datenbanksystemen zeigen, daß die Wahrheit, wie so oft, in der goldenen Mitte liegt.

Dieses Buch wendet sich an Programmierer, DB-Benutzer usw., kurz an alle, die SQL zukünftig in der täglichen EDV-Arbeit einsetzen wollen, sowie an diejenigen, die nach ersten Erfahrungen im Umgang mit SQL festgestellt haben, daß gerade in dieser neuartigen Sprachform häufig Tips und Kniffe nötig sind, um scheinbar leichte Aufgabenstellungen zu bewältigen. Neben den SQL-Grundlagen wie Tabellenerstellung, ersten Abfragen usw. beinhaltet daher das vorliegende Buch Vorschläge und Lösungen zu diesen Problemen.

Wenn man eine Datenbanksprache beschreiben will, kommt man nicht umhin, über Grundlagen und Design zu reden. Dies haben wir auch getan, uns allerdings auf das Nötigste beschränkt. Es gibt ja bekanntlich zwei Sorten von "EDV-Buch-Lesern": Die sorgfältigen Leser, die mit dem Vorwort beginnend Seite für Seite der Literatur bearbeiten und der gegebenen Struktur folgend nach einer geraumen Weile das gesamte Werk nutzbringend gelesen haben. Für diese Gruppe haben wir ein recht komplexes Beispiel eingeflochten, das wie ein roter Faden durch alle Kapitel hindurch die Theorie unterstützen soll.

Der eher ungeduldige Lesertyp hält sich nicht mit schmückendem Beiwerk auf, er überschlägt zunächst einführende Seiten, um mit dem Inhaltsverzeichnis zu beginnen. Die eine oder andere Überschrift paßt genau in sein aktuelles Anwendungsproblem. Er sucht die entsprechende Seite, findet sie und trifft mit Entsetzen auf die n-te Fortsetzung eines Beispieles, das ihn an Folgen aus südamerikanischen Endlos-Sagas erinnert, denen man nicht mehr folgen kann, wenn man einmal einen Teil der Serie verpaßt hat. Was hier benötigt wird, ist ein kleines, leicht durchschaubares Beispiel, um den Sachverhalt zu verdeutlichen. Auch diese werden Sie zusätzlich an vielen Stellen im Buch finden.

Die Autoren wünschen Ihnen viel Erfolg und Spaß beim Lesen und Nutzen dieses SQL-Buches. An Kommentaren, Anregungen und Kritiken sind wir, die Autoren, ebenso wie der Verlag interessiert.

Bitte schicken Sie diese an:

Verlag Vieweg
Lektorat Informatik/Computerliteratur
Faulbrunnenstr.13
D-65183 Wiesbaden

Jürgen Marsch, Jörg Fritze   Iserlohn, im September 1992

Inhaltsverzeichnis

1 Kurzer Abriß der Entwicklung von Datenbanksystemen 1
    1.1   Sinn von Datenbanksystemen 1
    1.2   Entwicklungsgeschichte der Datenbanksysteme 3
    1.3   Hierarchisches Modell 6
    1.4   Netzwerkmodell 7
    1.5   Relationales Modell 9
    Zusammenfassung 12

2 Entwurf relationaler Datenbanken 14
    2.1   Das Drei-Ebenen Modell 14
    2.2   Der Entity-Relationship Entwurf 18
    2.3   Vom ER-Modell zur relationalen Datenbank 23
    2.4   Normalisierung 24
    Zusammenfassung 30
    Übungen 31

3 SQL Überblick 32
    Zusammenfassung 39

4 Vom Entwurf zur Datenbank 40
    4.1   Datentypen 43
    4.2   Constraints und Assertions 47
    4.3   Referentielle Integrität 53
    4.4   Domains 56
    4.5   Erzeugen der Beispieldatenbank 56
    Zusammenfassung 59
    Übungen 59

5 Datenbank Abfragen 62
    5.1   Einfache Abfragen 64
    5.2   Built-In Funktionen und Arithmetik 73
    5.3   GROUP BY ... HAVING 80
    5.4   Joins I: Inner Joins 87
    5.5   Ein Modell für SELECT 99
    5.6   Joins II: Outer Joins 101
    5.7   Subqueries I: Single-Row-Subqueries 106
    5.8   Subqueries II: Multiple-Row-Subqueries 112
    5.9   Subqueries III: Correlated Subqueries 120
    5.10   Kombination von unabhängigen Abfragen 127
    5.11   Weitere Beispiele zu SELECT 132
    Zusammenfassung 138
    Übungen 139

6	Transaktionsprogrammierung	142
	6.1 Das Transaktionskonzept	143
	6.2 INSERT	148
	6.3 DELETE	149
	6.4 UPDATE	151
	6.5 Probleme mit DELETE und UPDATE	152
	6.6 SQL-Programme	158
	Zusammenfassung	180
	Übungen	180
7	Embedded SQL	183
	Zusammenfassung	202
8	Benutzersichten (Views)	203
	8.1 Vorteile und Grenzen von Views	204
	8.2 Erstellen von Views	205
	8.3 Views zur Datenaktualisierung	206
	8.4 Views auf mehrere Tabellen	207
	8.5 Löschen von Views	208
	8.6 Viewspeicherung in Systemtabellen	209
	Zusammenfassung	209
	Übungen	210
9	Zugriffsrechte	211
	9.1 Benutzer und ihre Rechte	211
	9.2 Tabellenzugriffsarten	212
	9.3 Zugriff auf das DB-System	213
	9.4 Benutzergruppen	217
	Zusammenfassung	219
	Übungen	219
10	Zwischenprüfung	220
	10.1 Gruppierung und statistische Funktionen	227
	10.2. Unterabfragen	229
	10.3 Inline-View	233
	10.4 Autojoin	235
	10.5 Aktualisierung mit Unterabfrage	238
	10.6. Verknüpfung und Gruppierung	239
	10.7 Mengenoperationen	243
	Zusammenfassung	245
	Übungen	245
11	Prozedurale und objektorientierte Erweiterungen in SQL3	248
	11.1 Der neue Standard SQL99 bzw. SQL3	248
	11.2 Prozedurale Grundlagen	251
	11.3 Prozeduren und Funktionen	254
	11.4 Cursor	259

	11.5	Triggerprinzip	264
	11.6	Generisches SQL	270
	11.7	Objektorientierung	272
		Zusammenfassung	277
		Übungen	278
12	**Effizientes SQL**		**279**
	12.1	Optimales SQL	279
	12.2	Optimizer	281
	12.3	Technisches Tuning	284
	12.4	Anweisungstuning	295
	12.5	Modelltuning	307
	12.6	Tuningbeispiele	309
		Zusammenfassung	315
		Übungen	316
Anhang			**317**
		Syntax der SQL-Befehle	317
		Lösungen zu ausgewählten Übungen	319
		Literaturverzeichnis	337
		Sachwortverzeichnis	340

1 Kurzer Abriß der Entwicklung von Datenbanksystemen

1.1 Sinn von Datenbanksystemen

Die Begriffe Datenbank, Dateisystem usw. findet man heutzutage in jedem möglichen und unmöglichen Zusammenhang, will man sie jedoch eindeutig definieren und voneinander abgrenzen, stößt man schnell auf Schwierigkeiten. Was unterscheidet denn eine Datenbank von einer Dateisammlung? Der wissensdurstige Mensch schlägt im Lexikon nach und erhält folgende, alles erklärende Definitionen:

- **Datei**:
  Beleg- und Dokumentensammlung, besonders in der Datenverarbeitung (lt. Wörterbuch der Informatik)

- **Datenbank**:
  Integriertes Ganzes von Datensammlungen, aufgezeichnet in einem nach verschiedenen Gesichtspunkten direkt zugänglichen Speicher, für Informationsbeschaffung in großem Umfang bestimmt, verwaltet durch ein separates Programmsystem (lt. Wörterbuch der Informatik)

Ein Programmsystem (**DBMS**, Database Management System genannt) verwaltet also eine zusammenhängende Menge von Daten. Ein Beispiel: Sie besitzen ein Adreßbuch, in dem die wichtigsten Namen und Telefonnummern Platz finden sollen. Ein typisches Problem dieser Bücher liegt darin, daß bei den Buchstaben ´X´, ´Y´ und ´Z´ gähnende Leere herscht, während die freien Plätze bei den Buchstaben ´S´ oder ´M´ schnell erschöpft sind. Um die letzten Adressen zu diesen Anfangsbuchstaben noch eintragen zu können, haben Sie sich bereits einer Schriftgröße bedient, die geeignet wäre, die ganze Bibel auf eine Briefmarke zu bannen. Ihr Büchlein ist alphabetisch nach Nachnamen sortiert, vielleicht haben Sie aber unglücklicherweise den Nachnamen einer Person, die Sie anrufen wollen, vergessen, an den Vornamen und den Wohnort können Sie sich jedoch gut erinnern. Die Suche beginnt, mit etwas Glück läßt sich die Telefonnummer bald finden, im schlimmsten Falle steht sie aber auf der letzten Seite des Buches. Sie haben auf diese Weise zwar all die Adressen alter Bekannter wiedergefunden und einen Nachmittag voller wehmütiger Erinnerungen verbracht, ein effizienter Datenzugriff war das jedoch nicht. Sollten diese Probleme öfter auftauchen, beschließen Sie vielleicht, ein zweites, nach Vornamen sortiertes Adreßbuch anzulegen. Jetzt können Sie zwar schneller suchen, bezahlen diesen Vorteil aber mit einem erheblich höheren Aufwand an Datenbestandspflege.

Redundanz, Inkonsistenz

Ihre Datenbestände existieren ja zweimal, sie sind **redundant**. Löschungen, Änderungen und Neueintragungen sind immer doppelt durchzuführen, das kostet Platz und Zeit. Ein weiteres Problem hat sich eingeschlichen; was geschieht, wenn die Daten nicht gleichzeitig aktualisiert werden? Sie stimmen dann nicht mehr überein, man spricht von **Inkonsistenz**.

Ein typisches Umzugsproblem: Ihre heißgeliebte Sportzeitschrift wird noch an die alte Adresse geliefert, während das Finanzamt die fällige Rechnung prompt an Ihr neues Domizil adressiert hat. Es gesellt sich zu allem Unglück noch die Datenschutzproblematik; mußten Sie bisher darauf achten, daß ein Buch nicht in die falschen Hände geriet (die Telefonnummer Ihrer Erbtante geht ja nun wirklich niemanden etwas an), so gilt es jetzt gleichzeitig mehrere Bücher zu bewachen.

Fassen wir zusammen, Problemstellungen verlangen bestimmte Datenstrukturen, ändern sich die Probleme, so müssen andere Strukturen genutzt werden, was zwangsweise zu Mehrfachspeicherung und damit zu größerem Aufwand und erhöhter Fehlerträchtigkeit führt. Der geniale Gedanke eines **relationalen Datenbanksystems** liegt nun darin, die Komponenten Anwenderprogramme und Dateien zu trennen, so daß obige Abhängigkeit nicht mehr auftritt (siehe Drei-Ebenen Modell im Kap.2). Es ist so möglich, die Datenbestände trotz verschiedener Zugriffe nur einmal zu speichern. Eine Beziehung ergibt sich gewissermaßen erst durch die gestellte Abfrage. Der Mechanismus, der für die logische Verwaltung einer Datenbank verantwortlich ist, also die Brücke zwischen Anwenderprogramm und Datenbestand schlägt, heißt DBMS (siehe DB-Definition S.1). Neben dem relationalen Ansatz gibt es noch zwei weitere Datenbankmodelle, in denen Datenbeziehungen anders beschrieben werden, das **hierarchische** und das **Netzwerkmodell**. Wir wollen alle drei nach dem nun folgenden kleinen Rückblick auf die Datenbankgeschichte vorstellen.

1.2 Entwicklungsgeschichte der Datenbanksysteme

Man hat im Laufe der letzten Jahrzehnte eine ganze Reihe von Konzepten entwickelt, die Datenbestände möglichst sicher, effizient und eventuell benutzerfreundlich verwalten können. An diesen Entwicklungen waren sowohl verschiedene Firmen, als auch Einzelpersonen beteiligt, man muß schon recht weit ausholen, um die Wurzeln dieser Entwicklung zu beschreiben.

60-iger Jahre

Im Jahre 1959, als die Sowjetunion mit der Sonde Lunik 3 die Rückseite des Mondes photografiert und in Japan die ersten Transistorfernseher zu bewundern sind, entwickeln Techniker der Firma IBM das Ramac-System, das man vielleicht als frühen Vorläufer nachfolgender Datenbanksysteme bezeichnen darf. Mit diesem System wird erstmalig der nichtsequentielle Datenzugriff verwirklicht. Ein echter theoretischer Ansatz zur Datenbankverwaltung wird aber erst Anfang der Sechziger Jahre entwickelt. Der Mathematiker Bachmann entwirft und veröffentlicht in den Jahren 1961-64 Datenstrukturdiagramme; er formuliert außerdem Beziehungen zwischen den Daten, der Begriff der **sets** (Beziehungstypen) wird bereits hier geprägt.

70-iger Jahre

Dies ist die Grundlage für das von der **Codasyl**-Gruppe (Vereinigung der wichtigsten amerikanischen Computerhersteller und -anwender) im Jahre 1971 verabschiedete (und 1978 überarbeitete) Netzwerk Datenmodell (s.Kap. 1.4). Dies versetzt die Fachwelt in helle Aufregung. Behauptungen, das Beruhigungsmittel Valium sei genau deshalb zu diesem Zeitpunkt herausgebracht worden und sofort zum Kassenschlager avanciert, konnten jedoch bis heute nicht bewiesen werden. In den folgenden fünf Jahren gibt es mehrere Entwicklungen, die im Hinblick auf die Datenbankerstellung interessant sind. Die Sprache PL/I erhält DB-technische Erweiterungen, man nennt sie APL (associative programming language). Das erste Multi-User System, das den (quasi) gleichzeitigen Datenzugriff mehrerer Benutzer erlaubt, heißt Sabre und ist eine Gemeinschaftsproduktion von IBM und American Airlines. Als zweites DB-Standbein besitzt IBM seit 1965 noch ein hierarchisches System namens IMS, die dazugehörige Abfragesprache nennt sich DL/I. Diese Sprache ist auch heute noch auf vielen Großrechnern im Einsatz, allerdings mit stark abnehmender Bedeutung.

Die Siebziger Jahre gelten als Sturm- und Drangzeit der DBS-Entwicklung. 1970 stellt E.Codd das relationale DB-Modell vor (s. Kap. 1.5). Im Jahre 1976 veröffentlicht Peter P.S. Chen zum Thema Datenbankentwurf das Entity-Relationship Prinzip (s. Kap. 2.1). Der entscheidende Schritt für die relationale Datenbankwelt war wohl im Jahre 1973 die

Entwicklung des Systems R von IBM. Dieses, im sonnigen Kalifornien erschaffene Datenbanksystem beinhaltete eine Anfragesprache namens **Sequel**, die im Laufe der Projektentwicklung in SQL umbenannt wurde. SQL ist in den Jahren 1974-75 noch unvollständig, es gibt z.B. keine Möglichkeit Tabellen miteinander zu kombinieren, ein Datenschutz im engeren Sinne ist auch nicht verfügbar, da **System R** zu diesem Zeitpunkt noch keine Mehrplatzfähigkeit bietet. Beide Einschränkungen werden jedoch mit der nächsten Version im Jahre 1976 aufgehoben. Nach mehreren erfolgreichen Praxiseinsätzen wird das Projekt System R im Jahre 1979 abgeschlossen.

80-iger Jahre

All diese Versionen hatten allerdings noch Prototyp-Charakter, das erste relationale Datenbanksystem, das von IBM in den Handel kommt, ist das Produkt SQL/DS im Jahre 1981. Zwei Jahre zuvor bringt Oracle ein relationales Datenbanksystem auf den Markt, Informix und andere Hersteller folgen kurz darauf. Bereits 1980 wird mit dBASE II (aus einem Public Domain Produkt entstanden) die Datenbankwelt für PC´s eröffnet. In den folgenden Jahren erreicht die Implementierungsanzahl die Millionengrenze. dBASE wird damit zum Marktführer für Datenbanksysteme auf Personalcomputern. Die 1989 marktreife Version dBASE IV beinhaltet eine SQL-Schnittstelle; dies bedeutet für die Herstellerfirma Ashton Tate nun die Anschlußmöglichkeit ihres Produktes an die Datenbanken der Großrechner, wie z.B. Informix, Ingres, Oracle. Seit 1984 kritisiert der „Datenbankpapst" C.J.Date die Sprache SQL. Wir wollen ihm das verzeihen und diese denkwürdige Tat zum Anlaß nehmen, auch hier und da ein wenig zu meckern, wenn es angebracht erscheint. SQL wird 1986 nach zwei Jahren harter Arbeit vom American National Standards Institute (ANSI) einer ersten Standardisierung unterworfen. Abermals ein Jahr später wird auch von der International Standards Organisation (ISO) ein SQL-Standard verabschiedet, der dem ANSI-Standard weitgehend entspricht. Dieser Standard wir 1089 erweitert und heißt volkstümlich auch SQL1.

90-iger Jahre

Im Jahr 1992 wird SQL1 gewaltig erweitert und nennt sich SQL92 oder SQL2. Diesen Standard versuchen nun alle Datenbankhersteller zumindest in Teilen zu implementieren (mit unterschiedlichem Erfolg bzw. Enthusiasmus). Die Einstiegsstufe („SQL92-Entry Level") schaffen bis zum Jahr 2000 alle namhaften Hersteller. Seit 1999 (eigentlich erst 2000, siehe Kapitel 11) ist nun der neueste Standard namens SQL99 oder SQL3 das Maß aller Dinge. Hier wird erstmals die strenge „Nichtprozeduralität" der Sprache SQL aufgehoben oder doch wenigstens aufgeweicht (ein ziemlich gewagtes Unterfangen). Bei einem Umfang von mehreren tausend Seiten werden wohl auch die größten Optimisten Probleme darin sehen, diesen Standard kurzfristig in ein aktuelles Datenbanksystem umzusetzen; viel wahrscheinlicher ist auch hier ein Implementieren von jeweils relevanten Teilmengen. Sie werden im Kapitel 11 einen Überblick über die Teilgebiete des neuen Standards erhalten.

1.3 Hierarchisches Modell

Das hierarchische Datenbankmodell basiert auf der mathematischen Baumstruktur. Da Mathematiker sich seltener mit der unvollkommenen Natur beschäftigen, ist durchaus einzusehen, daß mathematische Bäume anders als ihre natürlichen Gegenstücke gebaut sind. Wenn wir die einzelnen Dateien einer hierarchischen Datenbank als **Knoten** bezeichnen, so gelten folgende Vereinbarungen: Wie bei Verzeichnisstrukturen der meisten Betriebssysteme gibt es minimal eine Baumstruktur, die aus nur einem Knoten, der sogenannten **Wurzel** besteht. Ein solcher Baum darf nun durch Anfügen weiterer Knoten wachsen, wobei der Nachfolger eines Knotens als Sohn, der Vorgänger als Vater bezeichnet wird. Wie man sieht, ist es möglich, allein mit Vätern Kinder zu erzeugen, glücklicherweise im Gegensatz zur Natur. Ein Vater kann mehrere Söhne haben, hat er keinen, nennt man ihn **Blatt**. Jeder Knoten hat einen eindeutigen, leicht ermittelbaren Vater (wieder ein Unterschied zur Natur), einzige Ausnahme ist der vaterlose Wurzelknoten. Alle Knoten innerhalb einer Generation gehören zu einer Stufe (auch Ebene oder Level genannt), die niedrigste Stufennummer bekommt die Wurzel (je nach Lehrbuch Nr.0 oder Nr.1), die höchsten Stufennummern besitzen Blattknoten.

Es stehen bei diesem Modell also alle Daten in einem streng hierarchischen Zusammenhang. Eine Verbindung von Knoten innerhalb einer Stufe ist zum Beispiel nicht möglich. Dies ist eine starke Einschränkung und nur für Problemstellungen sinnvoll, die bereits natürlicherweise eine Hierarchie beinhalten, wie z.B. Personalstrukturen, Klassifizierungen von Tieren und Pflanzen (Art, Gattung usw.), Dienstgrade, Buchaufbau (Kapitel 1, Abschnitt 1.1, Unterabschnitt 1.1.1) etc.

Der Vorteil eines hierarchischen Systems liegt in seinem einfachen Aufbau und der Möglichkeit, baumartige Strukturen problemlos sequentiell zu realisieren. Jeder Softwareentwickler kennt ja die Möglichkeit, z.B. alle Dateien einer Verzeichnishierarchie auf einer Diskette auszugeben oder zu löschen. Man muß zu diesem Zweck jeden Knoten auf eine mögliche Vaterschaft hin überprüfen und dann gegebenenfalls die Hierarchiestufe wechseln. Die verschiedenen Techniken des Durchlaufens von Bäumen (**Traversierung**) nennen sich prefix, infix bzw. postfix, je nachdem, ob der linke, der rechte Teilbaum oder der Vaterknoten zuerst bearbeitet wird.

Hierarchisches Modell

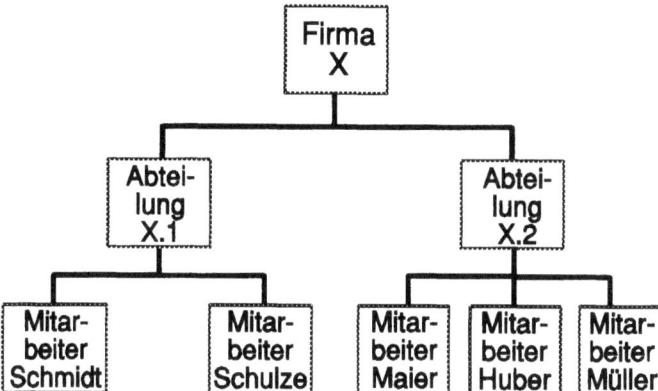

Bild 1.1
Firmenhierachie

1.4 Netzwerkmodell

Grundlage für das Netzwerkmodell ist die Graphentheorie, die ebenfalls Knoten und Verbindungen zwischen diesen Knoten (Kanten genannt) kennt. Ein Baum ist ebenfalls ein Graph mit speziellen, ihn letztendlich einschränkenden Eigenschaften (z.B. exakt ein Vorgänger...), um den Theoretikern wenigstens hier Genüge zu tun: Ein Baum ist ein gerichteter azyklischer Wurzelgraph. Dies bedeutet salopp formuliert: Es gibt eine Richtung, mit der man den Baum durchläuft, von der Wurzel zu den Blättern (top down) oder umgekehrt (bottom up). Ein Kreisverkehr ist nicht erlaubt, da dies zum Verlust der eindeutigen Vaterschaftserkennung führen würde (ein unbestreitbar wichtiger Punkt).

In einem Netz gelten diese Einschränkungen nicht, hier darf jeder Knoten mit jedem anderen in direkter Verbindung stehen, dies mit der Natur zu vergleichen, hieße Woodstock (für die älteren Leser: Sodom und Gomorrha) neu aufleben zu lassen. Dies hat den entscheidenden Vorteil der größeren Realitätsnähe gegenüber einem hierarchischen System. Das Firmenbeispiel (siehe Bild 1.1) läßt sich jetzt problemlos um Mitarbeiter erweitern, die gleichzeitig in mehreren Abteilungen arbeiten. Dies würde im hierarchischen System schon Tricks wie das Einfügen virtueller Knoten usw. erfordern.

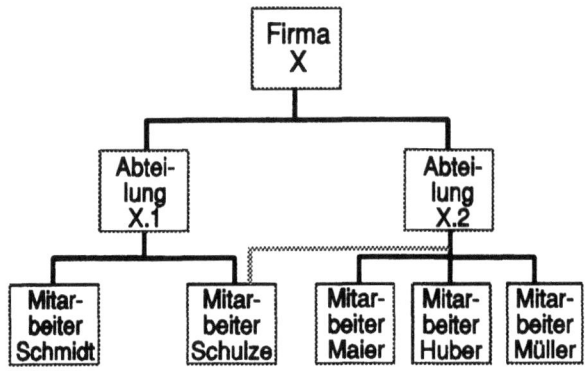

Bild 1.2
Firmenbeziehungen als Netzwerk

1.5 Relationales Modell

Wie im geschichtlichen Überblick beschrieben, führt der damalige IBM-Mitarbeiter E.F.Codd 1970 das relationale Modell ein. Auch dieses Modell basiert auf einer mathematischen Grundlage, der Relationalgebra. Dieser Zweig der Mathematik ist auch für die teilweise etwas gewöhnungsbedürftigen Begriffe verantwortlich, die im folgenden genannt und erkärt werden sollen.

Eine logisch zusammenhängende Objektmenge wird in einer zweidimensionalen Matrix, einer Tabelle festgehalten. Tabellen bestehen aus Zeilen (**Datensätze**n) und Spalten (Feldern, **Attribute**n, Eigenschaften). Damit auf eine Zeile eindeutig zugegriffen werden kann, benötigt man mindestens eine Spalte (oder Spaltenkombination), deren Inhalt garantiert keine Redundanz aufweist, zwei verschiedene Zeilen dürfen also in dieser Spalte niemals den gleichen Wert besitzen, sonst wären sie ja nicht unterscheidbar.

Schlüssel

Diese eindeutigen Spalten heißen **Identifikationsschlüssel** (siehe auch Kap.2), sie müssen in jeder Zeile einen Wert haben. Es gibt Tabellen, bei denen für diese Aufgabe mehrere Spalten geeignet sind, sie sind Kandidaten für das Identifikationsschlüsselamt und heißen daher Kandidatenschlüssel. Kandidatenschlüssel sind häufig Zahlenwerte oder Zahl-Textkombinationen, wie z.B. Personalnummer, Artikelbezeichnung usw. Einige Tabellen enthalten Spalten (oder Spaltenkombinationen), deren Inhalte eine (eventuell unechte) Teilmenge der Identifikationsschlüsselinhalte einer anderen Tabelle darstellen, man nennt sie Fremdschlüssel. Alle Schüler einer Schule seien durch ihre Schülernummer eindeutig bestimmt. Dann ist der Spalteninhalt der Schülernummern einer Klassensprechertabelle ein Fremdschlüssel, denn die Klassensprecher stellen eine (in diesem Falle sogar echte) Teilmenge aller Schüler dar. Der Identifikationsschlüssel der Schülertabelle ist voraussichtlich ebenfalls die Schülernummer, jeder Schüler erhält eine solche eindeutige Nummer.

In diesem Buch werden Entwurf und Umgang mit Datenbanken am Beispiel einer Bibliotheksverwaltung erläutert. Hier wird es auch mehrere Fremdschlüssel geben, beispielsweise ist die Buchnummer (Identifikations-schlüssel einer Büchertabelle) ein Fremdschlüssel in einer Verleihtabelle.

Selektion und Projektion

Die Tabellen eines relationalen Modells können mit mathematischen Verfahren bearbeitet werden. Es ist möglich, nur eine Teilmenge in bezug auf die vorhandenen Spalten einer Tabelle auszugeben, dies ist eine **Projektion**. Will man statt einer kompletten Tabelle nur einzelne

Zeilen auswählen, so spricht man von einer **Selektion**. Das relationale Grundkonzept sieht keine festen Verbindungen zwischen Tabellen vor, die Beziehungen werden durch die Abfrage bestimmt und haben einen rein temporären Charakter. Stellen Sie sich das relationale System als Geländewagen vor, der unwegsame Wüsten durchquert. Der Vorteil liegt hier in der, von festdefinierten Wegen unabhängigen Fahrmöglichkeit. Ein Nachteil ist unter anderem die geringere Geschwindigkeit gegenüber der Autobahnfahrt. Tempolimit auf der einen und die Transitstrecke Paris-Dakar auf der anderen Seite, müssen fairerweise unberücksichtigt bleiben.

Als Beispiel benötigen wir zwei Tabellen, **kunde** und **dispokre**.

kunde			
pers_nr	name	vorname	ort
100	maier	karl	essen
110	müller	eva	bochum
120	schmidt	rudi	essen
130	huber	marion	hagen

dispokre		
pers_nr	kontostand	dispo
100	1234.56	2000
110	328.75	3000
120	-500.12	1000
130	2801.00	15000

Eine Projektion der Tabelle **kunde** stellt die Frage nach Name und Wohnort aller Kunden dar. Geliefert werden dann die genannten Eigenschaften von allen Kunden:

vorname	ort
karl	essen

eva	bochum
rudi	essen
marion	hagen

Die Ausgabe aller Essener Datensätze ist eine Selektion und liefert folgendes Ergebnis:

Pers_nr	name	vorname	ort
100	maier	karl	essen
120	schmidt	rudi	essen

Selbstverständlich läßt sich beides kombinieren, die Frage nach den Namen und Vornamen aller Essener Kunden führt zu einer Selektion und Projektion.

name	vorname
maier	karl
schmidt	rudi

Relation

Verlangt eine Frage tabellenübergreifende Eigenschaften, so lassen sich die beteiligten Tabellen durch eine mathematische Verknüpfung (kartesisches Produkt, s. Kap. 5) für die Dauer der Anfrage verbinden, meist mit Hilfe eines gemeinsamen Merkmals, im Normalfall ist dies ein redundantes Schlüsselfeld. Diese, beschönigend **gezielte Redundanz** genannte Mehrfachspeicherung ist die (idealerweise) einzige im relationalen Datenbanksystem. Die Frage nach der Höhe des Dispositionskredites von Eva Müller erzwingt in unserem Beispiel eine solche Tabellenverknüpfung, meist **Relationenbildung** oder neudeutsch **Joining** genannt.

Joining der Tabellen:

Pers_nr	name	vorname	ort	dispo	kontostand
100	maier	karl	essen	2000	1234.56
110	müller	eva	bochum	3000	328.75

| 120 | schmidt | rudi | essen | 1000 | -500.12 |
| 130 | huber | marion | hagen | 15000 | 2801.00 |

Tabelle kunde mit dispokre verknüpft

Selektion von Eva Müller:

| 110 | müller | eva | bochum | 3000 | 328.75 |

Projektion auf die Kundennummer und den Dispokredit:

| 110 | 3000 |

Zurück zur grauen Theorie: Codd beschrieb Mitte der Achtziger Jahre nochmals, durch die Veröffentlichung von zweiundvierzig Thesen (12 Regeln, 18 manipulative, 9 strukturelle und 3 Integritätsregeln), was ein relationales Datenbanksystem darstellt. Nach diesen Aussagen ist kein heutiges Datenbanksystem hundertprozentig relational (relational vollständig lt. Codd). DB2 und Oracle schneiden vor Codds kritischem Blick aber z.B. recht gut ab. Wir halten diese Aussagen für höchst, teilweise jedoch eher für formaltheoretisch interessant und werden deshalb auf eine Erläuterung derselben an dieser Stelle verzichten. Wenden wir uns nun stattdessen dem praxisorientierten Entwurf relationaler Datenbanken zu.

Zusammenfassung

- Eine **Datenbank** stellt eine Datensammlung mit dazugehöriger Verwaltungsstruktur (**DBMS**) dar.

Zusammenfassung

- Im Laufe der Geschichte haben sich drei verschiedene DB-Arten entwickelt: **Hierarchische**, **Netzwerk-** und **relationale** Datenbanksysteme.

- **Hierarchische Datenbanksysteme** stellen die einfachste, aber auch realitätsfremdeste Struktur dar. Ihre Bedeutung nimmt ständig ab.

- **Netzwerkdatenbanksysteme** unterstützen direkt die Darstellung von Mehrfachbeziehungen, sind allerdings komplexer aufgebaut als hierarchische Datenbanksysteme.

- **Relationale Datenbanksysteme** bestehen aus Tabellen und kennen keine festen Objektbeziehungen. Verbindungen entstehen rein temporär durch kartesische Produktbildung der beteiligten Tabellen.

2 Entwurf relationaler Datenbanken

Eine Datenbank stellt eine Menge von Daten dar, die gruppiert werden müssen, in gewisser Weise zueinander in Beziehung stehen können, für verschiedene Benutzer aufbereitet werden sollen etc. Man kann von einer Miniwelt sprechen, die einen für uns relevanten Teil der realen Welt beinhaltet. Selbst wenn wir nun alle nicht benötigten Objekte und Eigenschaften vernachlässigen, bleibt der Erstellaufwand für den Bau unserer künstlichen Welt noch sehr hoch. Die Art der Problematik ist Ihnen vermutlich nicht neu, der Entwurf von Algorithmen und Datenstrukturen bei der Programmentwicklung ist in gewisser Weise ein ähnlicher Prozeß. Die Softwareentwicklung bedient sich seit vielen Jahren der Idee des **Phasenkonzepts**. Ein komplexes Problem wird nicht auf einmal, sondern in Teilschritten gelöst. Die Vorteile dieser Softwaretechnologie liegen auf der Hand: Überschaubarkeit, Portabilität, in hohem Maße Hard- und Softwareunabhängigkeit (d.h. z.B. Möglichkeit von Kombination und Austausch) usw. Für den Entwurf und Aufbau von Datenbanken hat man ebenfalls Konzepte entwickelt, die in Teilschritten zum Ziel führen.

2.1 Das Drei-Ebenen Modell

Das amerikanische Normungsgremium ANSI/SPARC (Standards Planning and Requirements Committee) stellte im Jahre 1975 das Drei-Ebenen Modell für den DB-Aufbau vor. Es würde ein komplettes Buch füllen, alle Grundlagen, Konzepte und Konsequenzen dieser Idee zu erläutern. Dies ist nicht Ziel des Buches, daher begnügen wir uns mit einer Kurzeinführung. Die drei Ebenen heißen: **externe, konzeptionelle und interne Ebene**. Sie haben klar voneinander getrennte Inhalte und Aufgaben, so daß man eine Datenbank entwerfen kann, ohne sich ständig über das Gesamtproblem und die dazugehörige Komplexität den Kopf zerbrechen zu müssen.

Bild 1.2 Firmenbeziehungen als Netzwerk

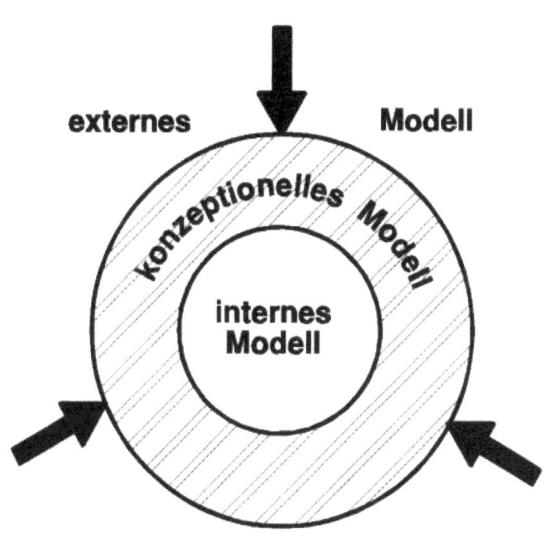

Das **externe** Modell beschreibt die reine **Benutzersicht** auf die Daten. Hier wird der für den DB-Anwender sichtbare Teil der Daten aufbereitet, ein bestimmtes Stück des Kuchens. Dies ist sowohl datenschutztechnisch als auch organisatorisch sinnvoll. Ein Firmenmitarbeiter benötigt eventuell die Kontonummer eines Kollegen für Überweisungen, das Gehalt darf er jedoch nicht erfahren. Ein Skifahrer mag sich brennend für die Sonderzüge nach Obersdorf interessieren, die Kursdaten für Naverkehrszüge nach Bottrop werden ihn jedoch kalt lassen. Diese Sichten, auch Views genannt, werden von SQL unterstützt. Das externe Modell erlaubt dem Anwender, seine Anfragen mit Hilfe einer bestimmten Sprachform zu stellen, sie heißt üblicherweise **DML** (Data Manipulation Language).

Internes Modell

Das **interne** Modell beschreibt die rein **physischen Aspekte** der Datenbank. Hier sind die Zugriffspfade, die Such- und Sortierverfahren etc. vermerkt, die einen wesentlichen Anteil an der Leistungsfähigkeit des gesamten Datenbanksystems haben. Das Verbindungselement, quasi die "Pufferzone" zwischen den beiden sehr gegensätzlichen Modellen ist das konzeptionelle Modell. Es stellt den logischen, von Benutzern und physischen Gegebenheiten unabhängigen Blick auf die DB dar.

Entwurf relationaler Datenbanken

Hier werden alle Tabellenstrukturen und die dazugehörigen Zugriffspfade verwaltet.

Konzeptionelles Modell

Auch das **konzeptionelle** Modell arbeitet mit einer eigenen Sprache, der **DDL** (Data Definition Language, je nach Literatur auch Data Description Language genannt). Um nun die drei Modelle koordinieren zu können, existiert ein spezielles Verwaltungsprogramm, das **DBMS** (Database Management System), dessen Aufgabe an einem kleinen Beispiel demonstriert werden soll. Um einen Überblick über die Kombination all dieser Komponenten zu gewinnen, zeigt folgendes Bild die bisher beschriebenen Bestandteile eines Datenbanksystemes:

Bild 2.2 Die einzelnen DB-Komponenten incl. DBMS

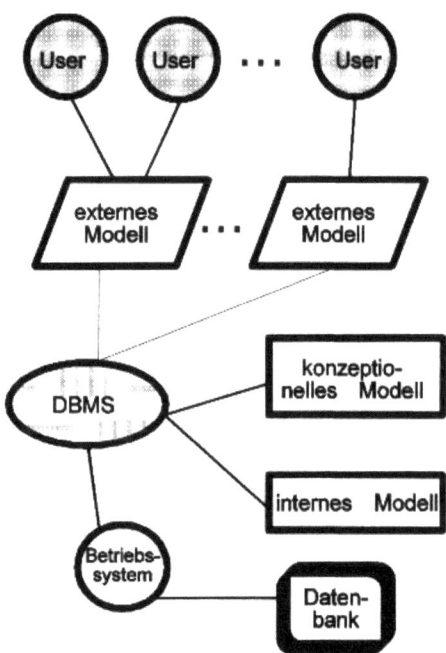

Nehmen wir nun an, ein Anwender möchte einen Datensatz aus einer bestimmten Tabelle lesen, dann sind grob gesehen folgende Stationen zu durchlaufen:

- Das DBMS empfängt den Befehl des Programmes, einen bestimmten Satz zu lesen.
- Das DBMS besorgt die nötigen Definitionen des entsprechenden Satztyps aus dem externen Modell, das das Programm benutzt.
- Jetzt kann das DBMS die notwendigen Elemente des konzeptionellen Modells heranziehen und feststellen, welche eventuellen Beziehungen zwischen den zur Anfrage gehörenden Tabellen bestehen und benötigt werden.
- Das DBMS organisiert nun die benötigten Teile des internen Modells und klärt, welche physischen Sätze zu lesen sind. Es bestimmt die auszunutzenden Zugriffspfade.
- Das Betriebssystem bekommt die Nummern der zu lesenden Speicherblöcke vom DBMS.
- Das Betriebssystem übergibt dem DBMS die verlangten Blöcke.
- Aus den physischen Sätzen stellt nun das DBMS den verlangten Datensatz zusammen (Anordnung in bestimmter Reihenfolge usw.).
- Dieser Satz kann nun dem Anwendungsprogramm übergeben werden.
- Das Anwendungsprogramm verarbeitet die übergebenen Daten und gibt den Satz z.B. auf den Bildschirm.

Wie man sieht, ist selbst eine vergleichsweise einfache Abfrage eines Users schon eine Verknüpfung einer Reihe von komplexen Befehlsabläufen. Wir haben jedoch noch nicht alle Modelle besprochen. Auf eine Analyse des internen Modells wollen wir im Rahmen dieses Buches verzichten, da SQL nicht auf dieser physischen Ebene arbeitet. Die Definition von Benutzersichten, wie sie im externen Modell beschrieben ist, gehört allerdings zu den Aufgaben von SQL. Wir haben dieser Problematik das Kapitel 8 gewidmet. Zum jetzigen Zeitpunkt bleibt also der logische Aufbau der Datenbank, die konzeptionelle Ebene.

ER-Entwurf

Es gibt mehrere Methoden, die diesen Entwurfsprozeß unterstützen. Eine sehr anschauliche und wohl auch die bekannteste, ist das **Entity-Relationship Modell** nach P.Chen. Dieses Modell, übrigens häufig **ER-Modell** genannt, liefert eine grafische Darstellung der für unser Problem relevanten Daten. Alle für den Entwurf uninteressanten Eigenschaften lassen wir weg. Der Umfang eines Buches ist z.B. für eine Bibliotheksverwaltung von äußerst geringem Interesse, ein Verlag, der dieses Buch herausgibt, wird dieser Eigenschaft jedoch einen wesentlich höheren Stellenwert zuweisen.

2.2 Der Entity-Relationship Entwurf

Der **ER-Entwurf** beschreibt Objekte (**Entities**) unserer DB-Welt und ihre Beziehungen (**Relations**) zueinander. Objekte sind eindeutig identifizierbar, z.B. ein spezielles Buch, ein Bibliothekskunde (im folgenden Leser genannt). Objekte können auch abstrakt sein, wie beispielsweise ein Verleihvorgang. Natürlich besitzen diese Objekte Eigenschaften, auch Attribute oder Merkmale genannt: Buchnummer, Autorenname, Buchtitel etc. Logisch zusammengehörende Objekte, also alle Objekte eines bestimmten Typs können in Objektmengen zusammengefaßt werden. Zum Beispiel bilden alle Bücher der Bibliothek den Buchbestand. Im Bereich relationaler Datenbanken darf eine Objektmenge (strenge Formalisten mögen jetzt weghören) auch als Tabelle bezeichnet werden, da zumindest in einem ersten Schritt Objektmengen direkt in DB-Tabellen überführt werden. Entity (Objekt)-Mengen werden in ER-Notation als Rechteck dargestellt. Wir benötigen Leser und Bücher für unsere Bibliotheksverwaltung. Welche Eigenschaften sind nun für unsere neuen Objekte wichtig? Beginnen wir bei den Büchern: Autor, Titel, Buchgruppe (Unterhaltungsliteratur, Klassiker etc.) und eine Leihfrist sollten angebbar sein. Leser sollten folgende Attribute aufweisen: Name, Wohnort, Ausleihzahl und ein Eintrittsdatum (für die Treueprämie bei fünfzigjähriger Mitgliedschaft).

Es ist sinnvoll, sich bereits in diesem Stadium Gedanken über Datentypen bzw. Wertebereiche für Attribute zu machen, da dies Mißverständnisse und Ungenauigkeiten aufdecken kann. Wir werden dies in Kapitel 4 präsentieren. Die grafische Darstellungsform von Objekteigenschaften ist der Kreis, der mit Hilfe einer geraden Linie (Kante) mit seiner Menge verbunden ist. Unser Bibliotheksentwurf nimmt langsam Gestalt an:

Der Entity-Realtionship Entwurf

Bild 2.3 Die beiden Objektmengen mit ihren Eigenschaften

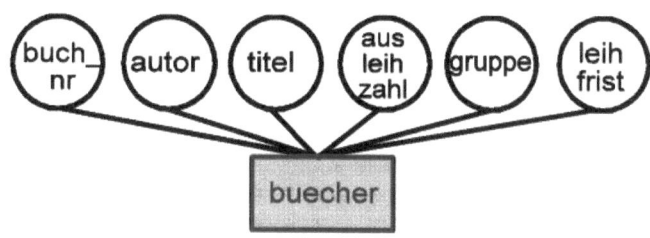

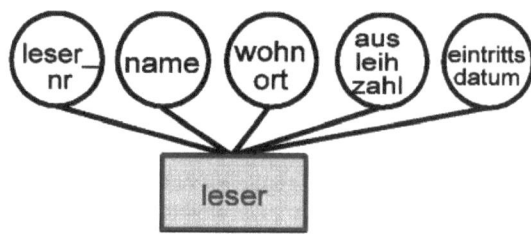

Schlüsselfeld

Wie bereits erwähnt, soll ein Objekt eindeutig identifizierbar, das heißt von anderen Objekten seiner Menge unterscheidbar sein. Eine Eigenschaft oder Eigenschaftskombination, die dies garantiert, wird Primärschlüssel genannt und ist für Datenbanken eine unbedingte Forderung. Stellen Sie sich das Gesicht des Lesers vor, der eine Mahnung über die Rückgabe von 53 Büchern erhält, obwohl er lediglich zwei entliehen hat, und das nur, weil er den schönen, jedoch nicht seltenen Namen Maier trägt! Das Finden von Schlüsseln basiert, wegen der vorausgesetzten Eindeutigkeit, auf zwei Grundforderungen: Schlüsselfelder besitzen immer einen Wert, d.h. sie sind nie undefiniert (leer), außerdem ändert sich der Wert eines Schlüssels im Laufe der Zeit normalerweise nicht. Das scheint relativ einfach zu sein, doch ist die Schlüsselauswahl mit Sorgfalt zu treffen. Eine Vor- und Nachnamenkombination ist zum Beispiel schlüsseluntauglich, da sie erstens nicht eindeutig sein muß (jede große Firma hat mehrere Karl Maier o.ä.) und außerdem damit zu rechnen ist, daß Namen inkonstant sind. Traugott Müller wechselt vielleicht aus religiösen Gründen seinen Vornamen und Frau Schulze wird in Zukunft Müller heißen, da sie heiraten will. Etwas komplizierter ist der Fall einer PKW-Datenbank gelagert. Hier scheint die Fahrgestellnummer doch ein eindeutiger Schlüssel zu sein. Was spricht gegen ihn, die sprichwörtliche Ehrlichkeit von Gebrauchtwagenhändlern vorausgesetzt? Ohne fremde Hilfe ändert sich eine Fahrgestellnummer nicht, trotzdem kann uns hier die verlangte Schlüsseleindeutigkeit zu schaffen machen. Ein robustes Fahrzeug wird zwar bei mehrfachem Verkauf leicht altern, aber dagegen gibt es ja auch Mittel und Wege; die Fahrgestellnummer bleibt jedoch erhalten. Unsere Datenbank enthält also mit jedem weiteren Verkauf desselben Fahrzeugs ein neues Objekt mit der gleichen Fahrgestellnummer. Ein Wagen wird möglicherweise als Neuwagen gekauft und beim gleichen Händler einige Zeit später als Jahreswagen wieder in Zahlung gegeben. Eine eindeutige Identifizierung des aktuell im Schaufenster glänzenden Wagens ist damit unmöglich. Ein Ausweg wäre hier die Einführung eines weiteren Attributes, einer fortlaufenden Fahrzeugnummer, die jedes Fahrzeug beim Eintrag in die Datenbank bekommt. Unser bewußter PKW kann dann trotz gleicher Fahrgestellnummer eindeutig zugeordnet werden. Zurück zur Bibliotheksverwaltung; da ja weder ein Lesername noch ein Buchtitel unsere strenge Schlüsselnorm bestehen können, bieten sich hier folgende numerische Schlüssel an: Buchnummer (buch_nr) und Lesernummer (leser_nr). Diese Attribute sind eindeutig und zeitkonstant. Die Eigenschaft: "nie leer" ist zu erzwingen, d.h. es darf z.B. nie ein Buch ohne Nummer geben. Die von uns angegebenen Schlüssel sind keine natürlichen Objekteigenschaften wie ein Name, Titel usw. Diese künstlich eingebrachten Schlüssel haben den Vorteil der gewünschten Eigenschaften und ersparen uns eine große Attributkombination, wie Vorname, Nachname, Wohnort, Alter eines Kunden als eindeutige Merkmalskette. Die ISBN-Nummer fällt übrigens als Buchschlüssel aus, da nicht alle Bücher eine solche Nummer besitzen. Das Feld könnte daher leer sein. Schlüsselfelder werden in der ER-Darstellung unterstrichen, um sie von Nichtschlüsselattributen zu unterscheiden.

Objektbeziehung Bis jetzt haben wir ausschließlich einzelne Objekte und ihre Eigenschaften betrachtet. Das ER-Modell soll jedoch auch die Beziehung zwischen den Objekten darstellen können. Beziehungen oder Relationen werden grafisch als Raute dargestellt. Wie im wirklichen Leben gibt es auch in der DB-Welt unterschiedliche Beziehungstypen. Es gibt Beziehungen von ein und mehreren Entity-Mengen. Bei zwei betroffenen Mengen unterscheidet man 1:1, 1:n, und m:n Beziehungen. Auf einen detaillierteren Vergleich mit der realen Welt sei hier, vor allem mit Rücksicht auf unsere jugendlichen Leser verzichtet.

Bild 2.4

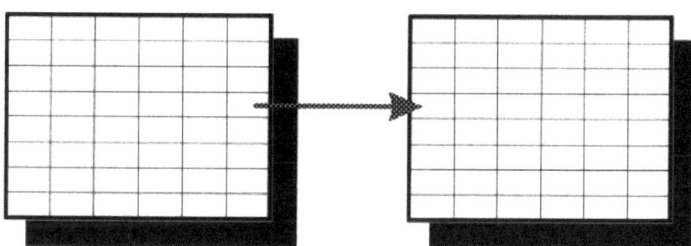

Beziehung 1:1; ein Artikel besitzt eine Nummer in der Artikelstammtabelle und tritt mit dieser Nummer ebenfalls genau einmal in einer Preistabelle auf.

Bild 2.5

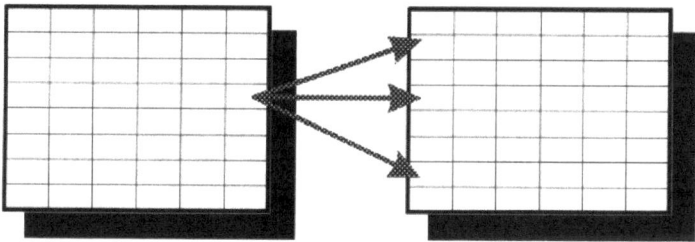

Beziehung 1:n; ein Kunde hat mehrere Fahrzeuge gekauft. Seine Kundennummer existiert einmal in der Kundentabelle, n-mal in einer erkaufstabelle.

Bild 2.6

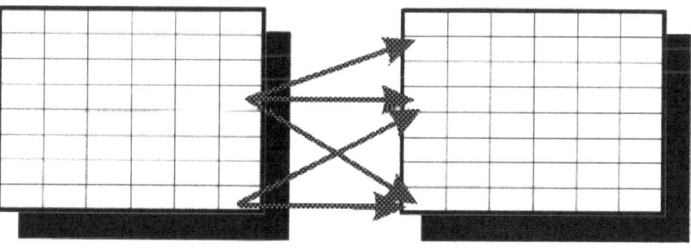

Beziehung m:n; in Projekten arbeiten mehrere Mitarbeiter, wobei jeder Mitarbeiter seinerseits an mehreren Projekten beteiligt sein kann.

Nach diesem Beziehungsausflug können wir unsere Bibliotheksdarstellung vervollständigen. Der Hauptsinn einer Bibliothek besteht ja zweifelsfrei im Verleihen von Büchern. Es besteht also eine Beziehung zwischen Büchern und Lesern. Als Eigenschaften dieser Beziehung bieten sich das Ausleih- und das Rückgabedatum an. Um praxisnäher zu sein, haben wir die Fallstudie noch um die Möglichkeiten erweitert, Bücher vorzumerken und Strafen für verspätete Rückgaben zu verlangen.

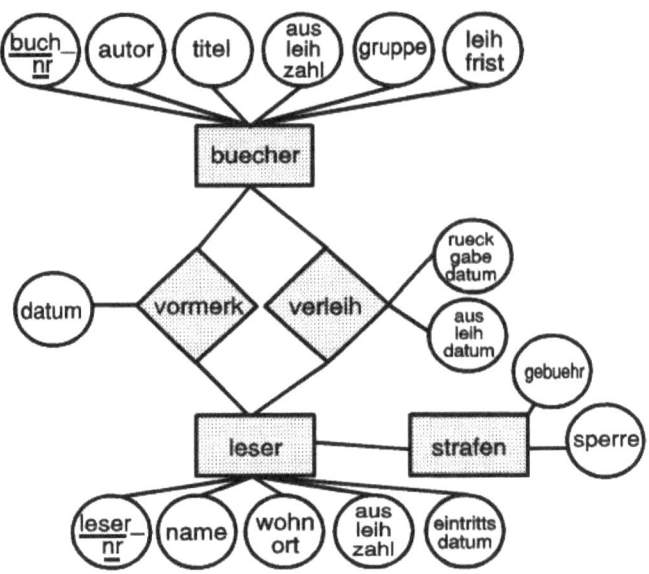

Bild 2.7
Die Bibliothek im ER-Diagramm

DB-Begriffe

Der Schritt zum relationalen Datenmodell ist nun nicht mehr groß. Hierzu noch einige Fachbegriffe, die allgemeingültigen Charakter haben und auch in den weiteren Kapiteln genutzt werden.

Eine **Objektmenge** wird im relationalen DBS als **Tabelle** (= Relation) abgebildet, folglich sind die **Spalten** einer solchen Tabelle unsere **Attribute**, auch Felder genannt. Die **Entities** entsprechen den Tabellenzeilen und heißen meist **Datensätze**. Die Auswahl von Feldern aus einer Tabelle (z.B. bei Abfragen) ist eine **Projektion**, die Satzauswahl wird als **Selektion** bezeichnet. Die Verbindung zweier Tabellen nennt sich **Join**. Jetzt gibt es noch mindestens ein Dutzend verschiedener Schlüsselbegriffe, die, genau genommen, alle besprochen werden müßten. Da wir jedoch kein Buch über die theoretischen Fundamente des Datenbankdesigns verfassen wollen, begnügen wir uns mit zwei Schlüsselbegriffen, dem **Primärschlüssel** (primary key, auch Identifikations-schlüssel genannt), einem eindeutigen Schlüssel, der als effizienter Suchbegriff häufig genutzt wird. Die zweite Schlüsselart heißt **Fremdschlüssel** (foreign key). Diesen Schlüsseltyp findet man in Beziehungstabellen (siehe unten); er entspricht einem Identifikationsschlüssel einer Entitätsmenge und wird als Verbindungsglied zwischen diesen Tabellen genutzt. Es gilt nun, aus den beiden Arten von Objektmengen (Entitäts- bzw. Beziehungsmengen genannt) Tabellen zu erstellen.

2.3 Vom ER-Modell zur relationalen Datenbank

Entitäts-Objektmengen können im Normalfall direkt mit ihren Eigenschaften in eine Tabelle überführt werden. Es gibt nur wenige Sonderfälle, in denen es möglich ist, eine spezielle Objektmenge, falls sie eine Spezialform einer anderen Objektmenge ist, mit dieser zusammen zu fassen. Wir erhalten also zunächst zwei Tabellen mit den Namen **buecher** und **leser**. Nun fehlt allerdings noch die Umsetzung der ER-Beziehungen in entsprechende Relationen bzw. Tabellen. Hier hat unsere Bibliothek zwei **Sorten von Beziehungen** zu bieten: Ein Leser kann mehrere Bücher haben, ein Buch ist aber garantiert nur an einen Leser verliehen, dies ist also eine **1:n** Beziehung. Sie wird zu Tabellen umgeformt, indem man die "1"-Seite in eine Tabelle überführt, sowie ihren Identifikationsschlüssel zum sogenannten Fremdschlüssel der zweiten Tabelle werden läßt. Sollte die "n"-Seite eigene Attribute besitzen, so kommen auch sie zur "n"-Tabelle. Unsere Tabelle **verleih** wäre damit auch komplett. Für „Buchvormerken" gilt, daß ein Leser mehrere Bücher, ein Buch aber auch von mehreren Lesern vorgemerkt sein kann. Diese **m:n** Beziehungen benötigen die Identifikationsschlüssel beider beteiligten Tabellen, um eindeutige Sätze ansprechen zu können. In unserem Beispiel sind das **leser_nr** und **buch_nr**. Hinzu kommen wieder die zu den Beziehungen gehörenden Eigenschaften, dann sind auch diese Tabellen komplett. Wir haben also folgende Tabellen mit ihren Eigenschaften enthalten (Schlüssel sind kursiv gedruckt):

- buecher (*buch_nr*, autor, titel, gruppe, leihfrist, ausleihzahl)
- leser (*leser_nr*, name, wohnort, ausleihzahl, eintrittsdatum)
- strafen (*leser_nr*, gebuehr, sperre)

- verleih (*leser_nr*, *buch_nr*, ausleihdatum, rueckgabedatum)
- vormerk (*leser_nr*, *buch_nr*, datum)

Die formale „Perfektion" unserer Tabellen ist allerdings noch nicht nachgewiesen. Um ihren Aufbau besser zu strukturieren, nutzt man häufig ein streng formales und mathematisch makelloses Verfahren, die Normalisierung.

2.4 Normalisierung

Normalformen

Um Unvollständigkeiten bzw. Inkonsistenzen im DB-Aufbau zu vermeiden, werden Tabellen und ihre Attribute in eine mathematisch eindeutige Form gebracht. Man geht hier schrittweise vor und nennt die jeweiligen Zwischenergebnisse **1. bis 5. Normalform**, wobei meist nur die ersten drei, machmal die ersten vier für die EDV von Bedeutung sind, da mit der Zahl der Normalformen auch die Anzahl der notwendigen Relationen (= Tabellen) steigt. Es folgt ein Beispiel, das die Stationen von unnormalisierter zur normalisierten (geordneten) Datenbank zeigt. Diese Schritte sollten von jedem beachtet werden, der Datenbanken neu aufbaut oder reorganisiert. Stellen Sie sich eine Bibliotheksverwaltung mit folgender Datenbestandsspeicherung vor. Zunächst liegen die Daten **unnormalisiert** vor :

biblio					
leser_nr	buch_nr	autor	titel	plz	...
42	10; 25; 3	...	...	...	...

Diese Aufteilung ist untragbar, da ein Feldinhalt zu mehreren Werten führen kann. So besagt die erste Regel zur Normalisierung:

1.Schritt: Wiederholungsgruppen zusammenfassen

Daraus folgt für unsere Tabelle eine neue Form, die wir gleich mit Datensätzen gefüllt haben.

biblio					
leser_nr	buch_nr	autor	titel	plz	...
42	10				
42	25				
42	3				
...	...	...	...	...	...

Tabelle biblio in 1.Normalform (redundante Felder eliminiert)

Es folgt der 2.Schritt, die Suche nach **zusammengesetzten Schlüsseln**. Alle zusammengesetzten Schlüssel bilden eine eigene Tabelle. Nur die von einfachen Schlüsseln her abhängigen Attribute werden zusammen in eine Tabelle geschrieben. Anders formuliert bedeutet dies die Suche nach Feldern, die nicht von einer Schlüsselkombination sondern nur von Teilschlüsseln abhängen. Wir teilen also auf.

leser		
leser_nr	plz	ort
1	58118	hagen
42	46263	dortmund
...	...	...

Tabelle biblio in 2.Normalform

buecher		
buch_nr	autor	...
10	Schiller	
25	Brecht	
3	Roeing	
...		

Tabelle buecher in 2.Normalform

verleih		
buch_nr	leser_nr	rueckg_datum
10	42	...
25	42	...
3	42	...
...	...	...

Tabelle verleih in 2.Normalform

vormerk		
buch_nr	leser_nr	datum
42	1	...
99	2	...
77	3	...
...	...	...

Tabelle vormerk in 2.Normalform

Jetzt liegt die Datenbank in der **zweiten Normalform (2.NF)** vor.

Im dritten Schritt gilt es folgende Bedingungen zu erfüllen:

Alle Nicht-Schlüsselattribute müssen direkt vom Schlüssel abhängig sein oder anders ausgedrückt, es dürfen keine transitiven Nicht-Schlüsselattribute in den Tabellen existieren.

Transitiv bedeutet: A → B → C ⇨ A → C

Direkt abhängig: A → B → C ⇨ C → A

Im Beispiel bedeutet dies für die Tabelle leser:

leser_nr → plz → ort ⇨ leser_nr → Ort (transitiv; nicht erlaubt)

oder anders ausgedrückt:

leser_nr → plz → ort ⇨ ort → leser_nr (direkt abhängig)

Das ist falsch, es könnte nämlich mehrere Leser in einem Ort geben (dies ist sogar sehr wahrscheinlich). Beide Aussagen (nicht transitiv bzw. direkt abhängig) wurden also widerlegt.

Die Tabelle leser muß daher aufgeteilt werden:

plz	
leser_nr	plz
1	58118
2	46263
42	46263

neue Tabelle plz in 3.Normalform

stadt	
plz	ort
58118	hagen
46263	dortmund

neue Tabelle stadt in 3.Normalform

Jetzt liegen die Tabellen in der **dritten Normalform** vor.

Unsere Bibliotheksdatenbank liegt nun normalisiert vor; die Aktionen seien nochmal kurz zusammengefaßt:

Wir suchen nach Wiederholungsgruppen wie z.B. Feldinhalt für leser_nr (1; 2; 42). Fehlanzeige(=> 1.NF)! Wie sieht es mit dem Test auf die zweite Normalform aus? Auch hier haben wir bereits die notwendigen Tabellen mit den geforderten Schlüsselkombinationen. Es bleibt also nur noch die Prüfung auf Transitivität bzw. direkte Abhängigkeit. Sollte unsere Verleihtabelle z.B. das Feld **autor** beinhalten, wäre dies ein Fall von nicht existierender direkter Abhängigkeit. Der Autor wäre nur vom Schlüsselteil **buch_nr** abhängig. Da wir nun auch hier nicht fündig werden, verbleibt nur das Fazit: Alle Tabellen unserer Bibliotheksverwaltung sind normalisiert (3.NF).

Zur Abrundung des Themas sei jetzt noch die **vierte Normalform** vorgestellt. Wir müssen unser Bibliotheksbeispiel hierzu künstlich verkomplizieren und stellen uns vor, unsere Leser dürften mehrere Bibliotheksfilialen (Fernleihe etc.) nutzen. Außerdem wurden verschiedene Ausweise eingeführt (B - Buchentleihe, C - CD Entleihe...).

leser		
leser_nr	filial_nr	aus-weis_art
42	1	B
42	1	C
42	2	B
42	2	C
...	...	...

Die Tabelle liegt zwar in der dritten Normalform vor, aber trotzdem existieren hier unschöne „interne" Redundanzen (mehrwertige Abhängigkeiten), die zu Inkonsistenzen führen können. Also teilt man die Tabelle auf.

leser_fil	
leser_nr	filial_nr
42	1
42	2

neue Tabelle leser_fil in 4.Normalform

leser_aus	
leser_nr	ausweis_nr
42	B
42	C

neue Tabelle leser_aus in 4.Normalform

Nachdem die mehrwertigen Abhängigkeiten ausgemerzt wurden, liegen die Tabellen in der vierten Normalform vor.

Da wir für die SQL-Befehle der folgenden Kapitel das Bibliotheksbeispiel benutzen wollen, veranschaulichen wir uns die sich aus dem Entwurf ergebenden betrieblichen Abläufe: Jeder Leser und jedes Buch erhält einen eindeutigen Schlüssel und wird mit allen zugehörigen Attributen in der jeweiligen Tabelle eingetragen. Leiht ein Leser ein Buch aus, so werden die Schlüssel **leser_nr** und **buch_nr** in der Verleihtabelle mit Ausleih- und Rückgabedatum festgehalten. Leiht er mehrere Bücher aus, so erscheint er folglich auch mehrmals in der Verleihtabelle. Um nachvollziehen zu können, wie oft dieses Buch bereits ausgeliehen wurde, wird das Feld **ausleihzahl** der Büchertabelle um eins erhöht. Entsprechend wird das Feld **ausleihzahl** des Lesers erhöht, um zu erkennen, wieviele Bücher er seit Beginn seiner Bibliothekszugehörigkeit entliehen hat. Bei der Rückgabe des Buches, wird der entsprechende Eintrag aus der Verleihtabelle entfernt. Wird das Buch nicht rechtzeitig zurückgegeben, dann werden anfallende Gebühren für den Leser in der Tabelle **strafen** eingetragen. Ist ein gewünschtes Buch bereits an einen anderen Leser ausgeliehen, so kann man sich das Buch reservieren lassen. Dazu werden Leser- und Buchnummer in die Tabelle **vormerk** eingetragen. Holt der Leser sein reserviertes Buch ab, wird zusätzlich zum Ausleihvorgang der Vormerkeintrag wieder entfernt.

Zusammenfassung

- Das amerikanische Normungsgremium ANSI/SPARC stellte im Jahre 1975 das **Drei-Ebenen Modell** für den DB-Aufbau vor. Es unterscheidet interne physikalische DB-Belange von Benutzersichtweisen mit Hilfe eines konzeptionellen Schemas.
- Das **Datenbankmanagement** (DBMS) übernimmt die Verwaltung des DB-Systems.
- Um Objekte, ihre Eigenschaften und Beziehungen darzustellen, wurde das **Entity-Relationship Modell** (ER-Modell) entwickelt.
- Die Objektmengen und Beziehungen können in relationale Tabellen überführt werden.
- Um Unvollständigkeiten bzw. Inkonsistenzen im DB-Aufbau zu vermeiden, werden Tabellen und ihre Attribute in eine mathematisch eindeutige Form gebracht. Man nennt dies **Normalisierung**. Unterschieden werden die erste bis fünfte Normalform (NF), wobei meist nur die ersten drei(bis vier) für die Praxis relevant sind. Aus Per-

formance-Gründen werden normalisierte Tabellen teilweise wieder (sinnvoll) zusammengefaßt; man nennt dies **Denormalisierung**.

Übungen

2.1 Wieviele interne und wieviel externe Modelle hat ein Datenbanksystem?

2.2 Nennen Sie einen Nachteil der Normalisierung.

2.3 Gibt es weitere Attribute, die in einer Bibliotheksverwaltung sinnvoll nutzbar wären?

2.4 Welcher Beziehungstyp gilt bei der Kombination Lieferant - Fahrzeug?

3 SQL Überblick

Nachdem wir die Grundlagen von relationalen Datenbanken und deren Entwurf vorgestellt haben, wollen wir nun zum eigentlichen Thema dieses Buches kommen, zu SQL. SQL steht für **S**tructured **Q**uery **L**anguage, was soviel wie strukturierte Abfragesprache bedeutet. Unanfechtbar richtig an diesem Kürzel ist das **L**, denn es handelt sich zweifellos um eine wohldefinierte Sprache. Das **Q** ist dagegen sehr bescheiden, denn SQL ist weit mehr als nur eine Sprache zur Formulierung von Abfragen. Dafür ist das **S** an vielen Stellen etwas übertrieben, und einige der Unzulänglichkeiten von SQL werden uns in den nächsten Kapiteln begegnen. (Eine ausführliche Diskussion der Mängel von SQL ist in [3] zu finden.)

ANSI / ISO Standard

SQL wurde im Rahmen des Projekts SYSTEM R von IBM entwickelt und 1986 als ANSI-Standard verabschiedet. Dieser Standard wurde 1987 in allen wesentlichen Punkten von der International Standards Organisation (ISO) übernommen. Dieser Vorgang hat sicher wesentlich zur Verbreitung der Sprache SQL für relationale Datenbanken beigetragen und ernsthafte Produkte ohne SQL Unterstützung sind inzwischen fast ausgestorben. Der Vorteil für den Datenbankentwickler oder -anwender liegt auf der Hand: ist man einmal der Sprache mächtig, so ist es "kein Problem", auf ein anderes System umzusteigen, wenn es den SQL-Standard unterstützt. Alle wesentlichen Aktionen in einer Datenbank, wie Tabellen erzeugen, löschen, verändern oder abfragen, können mit SQL erledigt werden. Neu einarbeiten muß man sich "lediglich" in die vom DB Hersteller mitgelieferten Tools, wie Masken- und Reportgeneratoren etc., und da dies in der Regel aufwendig genug ist, ist die Existenz einer standardisierten Sprache von großem Wert. Der Wermutstropfen in dieser Geschichte ist nur, daß die seinerzeit großzügig mitstandardisierten Mängel der Sprache kaum noch behebbar sind und als Moral nur bleibt: besser ein Standard mit kleinen Mängeln, als kein Standard und allgemeines Chaos.

Inzwischen ist der SQL-Standard mehrfach verbessert, ergänzt und modernisiert worden. In der ersten Revision 1989 wurde der 86iger Standard als **SQL89/Level 1** deklariert und eine verbesserte Version als **SQL89/Level 2** definiert. Diese Stufe galt lange Zeit als "state of the art" und hat bis heute ihre Bedeutung behalten, denn erst in jüngster Zeit wird sie nach und nach vom neueren Standard, **SQL2** oder **SQL92** genannt, verdrängt. Um den Übergang zu SQL2 zu erleichtern, ist dieser Standard in drei Stufen (**Entry** -, **Intermediate** - und **Full Level**) unterteilt, wobei SQL89/Level 2 und SQL92/Entry Level nahezu identisch sind. Erst die weiteren Stufen bieten wesentliche Neuerungen und sind bisher nur von wenigen Herstellern implementiert. Der nächste und momentan aktuelle Standard **SQL3** stellt gewissermaßen einen ideologischen Schnitt dar, weil ab sofort nicht mehr die „reine mengenorientierte Lehre" Gültigkeit besitzt sondern zusätzlich prozedurale Elemente und objektorientierte Techniken Einzug halten.

Um kein falsches Bild entstehen zu lassen, muß allerdings gesagt werden, daß vielfach nicht der SQL-Standard, sondern die Anforderungen der Praxis die treibende Kraft für Neuerungen gewesen ist. Wie sonst läßt sich erklären, daß z.B. die Möglichkeit, Tabellen in einer Datenbank anzulegen seit der ersten Version von SQL vorhanden war, Tabellen zu löschen jedoch erst mit dem Erscheinen von SQL2 abgesegnet wurde? Natürlich war hier lange vor 1992 ausreichend Bedarf und kein Hersteller kam umhin, irgendeine private Variante anzubieten. (Alle nannten diesen Vorgang **drop table** und das ist jetzt Standard.) Ebenso bedeutet die Klassifizierung einer SQL Implementierung als SQL92/Entry, aber nicht als SQL92/Intermediate konform, daß keinerlei Funktionalität des Intermediate Level besteht. Nehmen wir beispielsweise den Outer Join (s. Kap.5), der dieser Stufe zugeordnet wird: lange vor Erscheinen des SQL2-Standards haben die meisten großen Hersteller ihren SQL-Interpretern die Fähigkeit zum Outer Join eingeimpft, weil halt in fast allen Anwendungen Bedarf dafür vorhanden ist. Hier ist allerdings ein Wildwuchs entstanden (nur die Syntax ist "Freistil", das Ergebnis ist stets prima), der im Nachhinein durch die Standardisierung beschnitten werden soll.

Um SQL nun in den großen Reigen der Programmiersprachen einzuordnen, mag die folgende Tabelle hilfreich sein, die in bekannter Weise Sprachen in Generationen einteilt.

SQL Überblick

1. Generation:	Maschinencode
2. Generation:	Assembler
3. Generation:	problemorientierte Sprachen (Fortran, PL/1, Cobol, Pascal, C, Basic, ...)
4. Generation:	Anwendersprachen (**SQL**, NPL, Natural, ...)
5. Generation:	logische und funktionale Sprachen (Prolog, Lisp, ...)

4GL SQL wird demnach zu den Sprachen der 4. Generation gezählt, die häufig Anwendersprachen genannt werden. Nun sagt diese Klassifizierung noch nichts über das Wesen der Sprache aus, und als erste Besonderheit von SQL ist zu erwähnen, daß es sich um eine logische, mengenorientierte, nicht-prozedurale Sprache handelt. Dies ist besonders gewöhnungsbedürftig für die Kenner einer gewöhnlichen Programmiersprache, womit wir eine Sprache der 3. Generation meinen, zu der ja fast alle Sprachen zählen, die einem spontan einfallen. Die wesentlichen Merkmale dieser (prozeduralen) Sprachen sind Datenstrukturen (Variablen, Datentypen) und Kontrollstrukturen (Verzweigungen, Schleifen), aber gerade diese bietet SQL nicht. An die Stelle von Anweisungen, die vom Rechner Schritt für Schritt abgearbeitet werden und am Ende das gewünschte Ergebnis erzeugen, tritt eine logische Beschreibung dessen, was als Resultat gewünscht wird. Wie dieser Wunsch in die Tat umgesetzt wird, ist dann nicht mehr das Problem des Anwenders, sondern das des SQL-Interpreters. Diese höhere Abstraktionsebene erklärt schließlich den Generationssprung von gewöhnlichen Sprachen zu SQL.

Was mit logischer oder nicht-prozeduraler Sprache gemeint ist, sei an einem kleinen Beispiel verdeutlicht. Wir möchten aus unserer Beispieltabelle **buecher** alle Autoren und Titel von ausleihbaren Büchern ausgeben. (Ausleihbare Bücher haben eine Leihfrist von mindestens einem Tag.) Die folgende Tabelle stellt die Lösung in einer (hypothetischen, C nachempfundenen) Sprache der 3. Generation und in SQL gegenüber:

problemorientierte Sprache (3GL)	SQL (4GL)
| ```
open( buecher );

while( not EOF( buecher ) )
{
   read(buch);
   if( buch.leihfrist > 0 )
       print(buch.autor, buch.titel);
}

close( buecher );
``` | ```
select   autor, titel
from     buecher
where    leihfrist > 0;
``` |

In einer problemorientierten Sprache müssen alle Sätze der Tabelle (Datei) explizit gelesen werden. Jeder Satz muß geprüft werden, ob er die geforderte Bedingung (ausleihbar) erfüllt, bevor er ausgegeben werden kann. Außerdem darf nicht über das Ende der Tabelle hinausgelesen werden (while not EOF). Die gesamte Verarbeitung erfolgt satzorientiert, wobei die Datei vor und nach dem Lesen zusätzlich geöffnet, bzw. geschlossen werden muß. Mit der mengenorientierten Arbeitsweise von SQL braucht man sich offensichtlich um all diese Belange nicht zu kümmern. Man sagt einfach, welchen Bedingungen die gewünschten Sätze genügen müssen (where leihfrist > 0), der Rest geschieht automatisch.

Ist SQL einfach?

Man mag sich bei der Betrachtung dieses Beispiels vielleicht daran erinnern, daß SQL häufig als die außerordentlich mächtige, dafür aber umso leichter erlernbare Datenbanksprache angepriesen wird, mit der man die kompliziertesten Dinge quasi im Handumdrehen erledigen kann. Diese Darstellungen sind leider etwas zu optimistisch. Richtig ist jedoch, daß der Einstieg in SQL wirklich sehr einfach ist. Wie man Tabellen erzeugt, Daten eingibt, verändert oder löscht, wie man einfache Abfragen zustande bringt, all das kann man in einer guten Stunde lernen ohne dabei heißzulaufen. Der Haken ist nur, daß Abfragen einer Datenbank mit mehreren, untereinander verknüpften Tabellen (und das ist der Normalfall), in der Regel nicht so einfach sind, oder schlimmer, einfach aussehen und sich nachträglich als ganz schön verzwickt herausstellen. In den folgenden Kapiteln werden wir ausführlich Gelegenheit haben, Beispiele dieser Art zu studieren.

SQL ist nicht universell

Ein weiterer Punkt, den man immer im Hinterkopf haben sollte ist, daß SQL keine vollständige Programmiersprache darstellt. Die Sprachen der 3. und 5. Generation sind alle trotz unterschiedlichstem Aufbau in dem

Sinne vollständig, als jeder erdenkliche Algorithmus in ihnen formulierbar ist. Das heißt, jedes Fortran- Programm kann in C oder Prolog (und prinzipiell auch umgekehrt) geschrieben werden. Es ist eine häufig anzutreffende Eigenschaft der Sprachen der 4. Generation, eben diese Vollständigkeit nicht zu besitzen. Diese Sprachen sind auf spezielle Anwendungen zugeschnitten, wie SQL auf die Bearbeitung relationaler Datenbanken, sie ermöglichen ein effektives Arbeiten mit diesen Anwendungen und versuchen einfach und übersichtlich zu bleiben, verzichten aber auf die Universalität einer "richtigen" Programmiersprache. Wie jede gute Bürokratie, so hat aber auch die Norm einer künstlichen Sprache wie SQL die Tendenz zu uneingeschränktem Wachstum. SQL86 war in vielerlei Hinsicht mangelhaft in dem Sinne, daß wesentliche Anforderungen der Praxis unberücksichtigt geblieben sind. Der (Papier-)Umfang des Standards hat sich bis zur Version 92 in etwa versechsfacht. Mit SQL3 steht uns in Zukunft nun das ins Haus, was viele Kritiker lange gefordert und einige Hersteller längst implementiert haben: die Erweiterung um prozedurale Elemente, die SQL dann auch den Status einer "salonfähigen" Programmiersprache beschehrt. Mit der Einfachheit der Sprache ist es dann wohl endgültig vorbei, jedoch hoffen wir in Kapitel 7 zeigen zu können, daß die Verbindung von SQL und prozeduralen Sprachkonstrukten sehr mächtig ist und vielfach zu wesentlichen Vereinfachungen der Anwendung führt.

Schnittstellen zu anderen Sprachen

Auch bisher ist das Fehlen prozeduraler Elemente weder ein bedauerliches Versehen, noch als wirklicher Mangel "konzipiert", denn die Sprache ist von Anfang an so angelegt, daß sie mit gewöhnlichen Programmiersprachen zusammenarbeiten soll. (ursprünglich PL1, COBOL, FORTRAN und Pascal, inzwischen auch C, Ada und MUMPS, eine spezielle Krankenhaussprache (kein Scherz)) Diese Absicht ist so tief verankert, daß der ANSI-SQL-Standard eigentlich gar nicht von dem "interaktivem SQL" spricht, wie die meisten vielleicht vermuten, sondern einen Mechanismus vorschreibt, wie SQL und eine problemorientierte Sprache zusammenzuarbeiten haben (s. Kapitel 7). In der Praxis zeigt sich, daß SQL allein für fast alle Belange außer komplizierten Berechnungen ausreicht. Jedoch ist die Verbindung von SQL und einer Sprache wie z.B. C oder ab SQL3 zusätzlich JAVA derart mächtig, daß jeder professionelle DB-Programmierer darauf zurückgreifen wird. Wir möchten den eingefleischten 3GL-Programmierer jedoch mit allem Respekt davor warnen, diese Schnittstellen nur zu benutzen, um nicht "unnötig viel" SQL lernen zu müssen. Man kann sicher SQL-Befehle vereinfachen und einen großen Teil der Arbeit auf die prozedurale Programmierung abwälzen. Man verliert dabei jedoch viel von der Effektivität dieser Verbindung und macht sich das Leben unnötig schwer. Außerdem gibt es häufig Abfragen, die schwer zu zergliedern sind, und für die man wohl oder übel alle SQL Register ziehen muß. In diesen Fällen hilft die andere Programmiersprache sowieso nichts. Fazit also: wer heute effektiv mit relationalen Datenbanken arbeiten will, kommt an einem gründlichen Studium von SQL nur schwerlich vorbei. Für alle Entwickler, die bereits mit einem SQL3-kompatiblen System arbeiten, wird sich diese „Schnittstellenproblematik" vermutlich ohnehin auf Dialogboxen und sonstige grafische Elemente beschränken, denn SQL3 ist gegenüber seinen Vorgängern „vollständiger" im Sinne der Proceduralität geworden.

SQL Befehlsklassen

Die Befehle der Sprache SQL werden gewöhnlich in drei Klassen eingeteilt:

- **DDL**-Befehle (**D**ata-**D**efinition-**L**anguage)
  Mit den Befehlen dieser Klasse werden Datenstrukturen (Tabellen, Indizes, etc.) erzeugt, verändert oder gelöscht (s. Kap. 4).

- **DCL**-Befehle (**D**ata-**C**ontrol-**L**anguage)
  DCL-Befehle dienen der Vergabe von Zugriffsrechten in einer Datenbank mit mehreren Benutzern. Man kann mit ihnen z.B. anderen Personen Lese- oder Schreibrechte auf die eigenen Tabellen einräumen und der DB-Administrator benutzt sie, um neue Benutzer einzurichten oder auch "böse Buben" zu maßregeln. (s. Kap. 8)

- **DML**-Befehle (**D**ata-**M**anipulation-**L**anguage)
  Mit diesen Befehlen werden Abfragen und Veränderungen der Datenbank durchgeführt. Sie sind Gegenstand der Kapitel 5 und 6 und das zentrale Thema dieses Buches.

Die Einteilung von SQL-Befehlen in diese Klassen ist formaler Natur, d.h., man braucht bei der Verwendung eines Kommandos nicht zu wissen, welcher Klasse es angehört, sie erleichtert jedoch die Übersicht über den Befehlsvorrat der Sprache.

SQL - Befehlsklassen		
DDL	DCL	DML
create table (Tabellen erzeugen)	grant (Zugriffsrechte gewähren)	select (Tabellen abfragen)
alter table (Aufbau von Tabellen ändern)	revoke (Zugriffsrechte entziehen)	delete (Zeilen einer Tabelle löschen)
drop table (Tabellen löschen)		
create index (Index für Tabellen anlegen)		insert (Zeilen in eine Tabelle einfügen)
create view (Erzeugen einer virtuellen Tabelle)		update (Daten in einer Tabelle verändern)
rename (Tabellen, Spalten, ... umbenennen)		
...		

Tabelle 3.1

DML-Befehle

Man kann mit gutem Gewissen sagen, daß die vier DML-Befehle die zentralen, aber auch kompliziertesten Anweisungen von SQL sind. (Auch der SELECT-Befehl wird üblicherweise hier eingeordnet, obwohl eine Abfrage natürlich keinerlei Veränderung von Daten bewirkt.) Die restlichen Befehle sind eher statischer Natur, die man ähnlich wie die Kommandos eines Betriebssystems verwendet und die nur wenig zur Dynamik von Transaktionen (s. Kap. 6) beitragen.

Etwas drastisch kann man sogar behaupten, wer **SELECT** kann, der kann SQL, denn auch um Daten zu löschen, einzufügen oder zu verän-

select	dern, muß man ja im wesentlichen die Daten finden, die man löschen, einfügen oder verändern will, und das geschieht mit der Technik von **SELECT**.
SQL ist formatfrei	In den folgenden Kapiteln haben wir uns bemüht, SQL-Befehle strukturiert und übersichtlich zu schreiben. Der Grund dafür ist nicht, daß es irgendwelche Regeln gibt, an die man sich halten müßte. Die Sprache SQL ist formatfrei und unterscheidet nicht zwischen Groß- und Kleinschreibung. Ein wenig Selbstdisziplin ist jedoch von Vorteil, besonders wenn man berücksichtigt, daß andere Personen (oder man selbst zu einem späteren Zeitpunkt, was erfahrungsgemäß fast dasselbe ist) eventuell um Verständnis von Sinn und Zweck eines Befehls ringen müssen.

Zusammenfassung

- SQL ist eine weitgehend standardisierte Sprache. Sie arbeitet mengenorientiert und zumindest bis SQL2 nicht-prozedural und wird den Sprachen der 4. Generation, den Anwendersprachen zugeordnet.

- SQL ist nicht nur eine Abfragesprache, sondern eine Sprache, die alle wesentlichen Operationen in einer relationalen Datenbank ausführen kann. Jedoch können nicht alle erdenklichen Programme in SQL formuliert werden. SQL ist keine vollständige Programmiersprache, sondern auf die Bearbeitung relationaler Datenbanken zugeschnitten. Berechnungen, die nicht mit SQL durchgeführt werden können, können in einer gewöhnlichen Programmiersprache formuliert werden. SQL bietet dazu einen Schnittstellenmechanismus.

- SQL Befehle werden in die Klassen DDL, DCL und DML eingeteilt. Die wichtigste (und schwierigste) ist die DML-Klasse mit den Befehlen **SELECT, DELETE, INSERT, UPDATE**.

4 Vom Entwurf zur Datenbank

create database

Der Weg zur praktischen Arbeit mit SQL führt zwangsläufig über die Erstellung einer Datenbank. Manche DB-Systeme verwalten mehrere Datenbanken, so daß hier der erste Schritt aus dem Erzeugen einer (zunächst leeren) Datenbank besteht. Dies geschieht gewöhnlich mit dem Befehl **CREATE DATABASE**. Mehr als daß man sich für seine Datenbank noch einen Namen ausdenken muß, ist zu diesem Befehl nicht zu sagen. Im Fall unserer Bibliothek wäre also der Befehl

```
create database bibliothek;
```

als angemessen anzusehen.

create table

Der nächste Schritt besteht aus der Realisierung des Datenbankentwurfs (s. Kap. 2). Für jede Relation des Entwurfs wird eine entsprechende Tabelle mit dem Befehl **CREATE TABLE** erzeugt. Die allgemeine Form des Kommandos lautet:

```
CREATE TABLE tabelle
(   spalte_1    typ_1 [column_constraint],
    spalte_2    typ_2 [column_constraint],
    ...
    spalte_n    typ_n [column_constraint]
    [, table_contraint]
);
```

Jede Spalte einer Tabelle bekommt einen Namen, einen Datentyp und wird bei Bedarf einem Constraint (s.u.) unterworfen. Dies sei am Beispiel der Tabelle **buecher** erläutert. Um diese Tabelle aus dem Entwurf korrekt zu erzeugen, könnte man das folgende Kommando eingeben:

```
create table buecher
```

```
(   buch_nr      char(5)      primary key,
    autor varchar(80),
    titel varchar(200),
    gruppe       char(1),
    leihfrist    smallint     not null,
    ausleihzahl smallint      not null
);
```

not null

Die angelegte Tabelle besteht aus sechs Spalten, wovon die erste, die **buch_nr**, durch das **Constraint primary key** zum Primärschlüssel der Tabelle bestimmt wurde und damit der eindeutigen Identifikation aller Tabellenzeilen, bzw. Bücher dient. Für einen Bibliotheksbetrieb ist sicher wichtig, jedes Exemplar eindeutig identifizieren zu können, also auch mehrere Exemplare eines Titels mit jeweils verschiedenen Nummern zu versehen. Eine Spalte einer Tabelle mit dem Constraint **NOT NULL** zu definieren bedeutet, daß in jedem Feld dieser Spalte tatsächlich ein Eintrag vorhanden sein muß, es darf also nicht leer sein. NULL hat daher nichts mit der Zahl 0 zu tun, sondern bedeutet soviel wie **NICHTS** oder **UNBEKANNT**. Spalten, die zum Primärschlüssel einer Tabelle gehören, sind sinnvollerweise automatisch als **NOT NULL** definiert. Ein Versuch, in die Tabelle **buecher** eine Zeile ohne konkrete Werte für die Spalten **buch_nr**, **leihfrist** oder **ausleihzahl** einzufügen, würde folglich unter Protest des Systems scheitern.

In vielen Fällen gibt es gute Gründe, fehlende Werte in bestimmten Spalten nicht zuzulassen. Der Wert der Spalte **leihfrist** soll ja z.B. benutzt werden, um im Fall einer Ausleihe sofort das Rückgabedatum berechnen zu können und in die Tabelle **verleih** einzutragen. Außerdem soll der Wert 0 für **leihfrist** eine Ausleihe überhaupt verhindern. Gäbe es nun Bücher ohne definierten Wert für **leihfrist** und käme ein Leser mit solch einem zweifelhaften Objekt zum Ausleihterminal, dann müßte das Ausleihprogramm irgendetwas mit diesem fehlenden Wert anfangen. Ein Programmierer kann für diesen Fall drei recht verschiedene Möglichkeiten vorsehen: Der vorsichtige Programmierer nimmt sicherheitshalber an, das Buch sei nicht ausleihbar und behandelt den fehlenden Wert wie eine numerische Null. Der großzügige Programmierer besinnt sich auf die eigentliche Funktion einer Bücherverleihanstalt und setzt einen Standardwert (z.B. 30 Tage) ein. Der sorglose Programmierer schließlich schenkt diesem Fall keine besondere Aufmerksamkeit und läßt das Programm abstürzen.

Klar ist also, daß fehlende Leihfristen nur zusätzlichen Aufwand oder gar Ärger verursachen, daher schiebt der umsichtige DB-Designer hier sofort einen Riegel vor und deklariert **leihfrist** als **NOT NULL**. Ein ähnlicher Grund liegt für die Spalte **ausleihzahl** vor. Ein Buch war entweder noch nie ausgeliehen (**ausleihzahl = 0**) oder es muß dort irgendeine positive ganze Zahl eingetragen sein. Ein fehlender Wert macht keinen Sinn.

Was man nun alles als **NOT NULL** definiert und was nicht, ist stark von der Anwendung abhängig und kann von "guten Gründen" bis zur "Geschmacksache" reichen. Daß es Bücher ohne Autor gibt, kann man nach kurzer Überlegung feststellen (Nachschlagewerke oder Die Bibel), also müssen **NULL**-Werte sein. Aber gibt es auch Bücher ohne Titel? Und wenn Nein, sollte man dann nicht auch **titel** mit besagtem Vermerk versehen?... Bei der Klassifizierung eines Buches als "Klassik", "Unterhaltung" oder "Sachbuch" usw. mag man unentschlossen sein oder diesem Attribut keine allzugroße Bedeutung beimessen und daher **NULLs** zulassen.

Sicher ist Ihnen aufgefallen, daß unsere Tabelle für einen praktischen Bibliotheksbetrieb wenig geeignet ist, weil wir einige wichtige Daten unter den Tisch gekehrt haben. Autoren haben Vornamen, Bücher haben häufig mehrere Autoren (siehe dieses) und manchmal auch Herausgeber. Zu einem Titel gesellt sich oft ein Untertitel, ein nächster Band, oder es erscheint eine neue Auflage und schließlich gibt es noch einen Verlag, der das Buch herausgebracht hat. Alle diese Dinge (und wahrscheinlich noch mehr) sind für einen echten Betrieb sicher zu berücksichtigen. Wir wollen uns hier aber auf die wesentlichen Abläufe konzentrieren und die Beispieltabellen übersichtlich halten. Der gesamte Aufbau der Datenbank und die zentralen Vorgänge (Ausleihe, Rückgabe, Vormerken, etc.) werden durch diese Vereinfachungen nicht berührt.

4.1 Datentypen

Für jede Spalte einer Tabelle muß ein Datentyp vergeben werden. Dabei kann es sich um standardisierte Typen handeln (s. folgende Tabelle) oder um selbstdefinierte Domains.

SQL - Datentypen	
Datentyp (mehrere Angaben in einer Tabellenzeile sind synonym)	Erläuterung
CHARACTER(n) CHAR(n)	Zeichenketten (Strings) mit fester Länge n.
CHARACTER VARYING(n) CHAR VARYING(n) VARCHAR(n)	Zeichenketten mit variabler Länge bis maximal n Zeichen
BIT(n)	Bitkette mit fester Länge n Bits
BIT VARYING(n)	Bitkette mit variabler Länge bis maximal n Bits
CHARACTER LARGE OBJECT(n) CLOB(n)	Zeichenkette für größere Fließtexte
BINARY LARGE OBJECT(n) BLOB(n)	Bitkette für größere Binärdaten
INTEGER INT	ganze Zahl mit Vorzeichen
SMALLINT	ganze Zahl mit Vorzeichen (gewöhnlich von kleinerem Umfang als INTEGER)
NUMERIC(m[,n])	Dezimalzahl, exakt m Stellen, davon n nach dem Komma; wenn n fehlt, gilt n=0
DECIMAL(m [,n])	Dezimalzahl mit mindestens m Stellen, n davon nach dem Komma; wenn n fehlt, gilt n=0

FLOAT(n)	Fließkommazahl mit n Stellen
REAL	=FLOAT(n); n systemabhängig
DOUBLE PRECISION	= FLOAT(n); n systemabhängig, gewöhnlich größer als REAL
DATE	Datum
TIME	Uhrzeit
TIMESTAMP	Datum und Zeit
INTERVAL	Zeitintervalle
BOOLEAN	Boolescher Wert

Tabelle 4.1

Darüber hinaus stellen verschiedene Hersteller noch weitere Typen zur Verfügung und man kann dieses Angebot ruhig nutzen um möglichst effizienten Umgang mit seiner Datenbank zu pflegen. Für optimale Portierbarkeit ist jedoch absolute Treue zum Standard Pflicht.

Obwohl fast keine Datenbank ohne Datum- und Zeittypen auskommt, sind diese erst mit SQL2 standardisiert worden. Folge davon ist, daß jedes Produkt seine eigene Version dieser Typen implementiert hat und gewöhnlich auch noch benutzt.

Im offiziellen Standard sind Ausdrücke der Form

```
datum1 - datum2
time1 - time2
timestamp1 - timestamp2
```

vom Typ **INTERVAL**. Entsprechend ist

```
datum +/- interval
```

vom Typ **DATE**,

```
time +/- interval
```

vom Typ TIME, vorausgesetzt, das Interval enthält nur Stunden, Minuten und Sekunden, sonst geht's nicht. Schließlich ist

```
timesstamp +/- interval
```

vom Typ **TIMESTAMP**.

Vom Typ **INTERVAL** gibt es zwei Sorten: Jahr-Monat Intervalle und Tag-Zeit Intervalle. Das liegt daran, daß man z.B. die Frage, was ist die Hälfte eines Intervals für 10 Jahre und 10 Monate exakt beantworten kann, ebenso wie für 10 Tage und 10 Stunden. Bei 10 Jahren, 10 Monaten und 10 Tagen jedoch geht das schief, weil dazu bekannt sein muß, von welchen Jahren und Monaten die Rede ist, bevor man die Frage nach der Hälfte davon sinnvoll beantworten kann.

Es folgen ein paar Beispieldeklarationen für Datum- und Zeittypen:

```
create table viel_zeit
(
    a    date default current_date
    b    time default current_time(2),
    c    timestamp default current_timestamp,
    d    interval year,
    e    interval month(2),
    f    interval year(3) to month,
    g    interval day,
    h    interval hour(6),
    i    interval day(3) to hour,
    j    interval day to minute,
    k    interval minute(4) to second,
    l    interval day(3) to second(2)
);
```

Die Spalten a-c dieser Tabelle werden bei fehlender Angabe durch die entsprechende **current**-Funktion auf die aktuellen Tageswerte gesetzt. Zahlen in Klammern geben die gewünschte Genauigkeit an. **current_time(2)** bedeutet beispielsweise Sekunden mit zwei Nachkommastellen, z.B. 10:31:15.78. Bei Intervallen kann außer bei **second** nur die erste Komponente eine Genauigkeitsangabe erhalten, da die weiteren dadurch festgelegt werden. Ein Tag-Zeit Interval **day(3) to hour** kann die Werte 0 bis 999 Tage, 23 Stunden annehmen, **hour** ist also automatisch zweistellig. Kombinationen wie 320 Tage, 250 Stunden sind verboten, da dies eben 330 Tage, 10 Stunden entspricht. Bei Sekunden bezieht sich die Genauigkeit wieder auf die Anzahl der Nachkommastellen, daher ist hier wie im letzten Beispiel die Angabe einer Genauigkeit gestattet.

4.2 Constraints und Assertions

Constraints sind Bedingungen, die an eine Spalte oder/und an eine Tabelle gebunden sind. Eine Bedingung, die nur eine Spalte betrifft, kann als Column- oder Table-Constraint formuliert werden, dagegen muß eine Bedingung, die mehrere Spalten betrifft, als Table-Constraint geschrieben sein. Assertions sind nicht an eine Spalte oder Tabelle gebunden, sondern an die gesamte Datenbank. Mit ihnen können also Bedingungen formuliert werden, die sich über mehrere Tabellen erstrecken. Das Datenbanksystem ist verpflichtet, all diese Bedingungen zu prüfen und ihre Erfüllung sicherzustellen, d.h., eine Operation, die zur Verletzung einer Bedingung führt, muß zurückgewiesen werden. Sorgfältig angewand sind Constraints und Assertions die ideale Gesundheitsvorsorge für eine Datenbank.

Für jede Tabelle sollte z.B. ein Primärschlüssel definiert sein:

```
create table buecher
(
   buch_nr    char(5)    primary key,
   ...
);
```

Dies legt die Spalte **buch_nr** als Primärschlüssel fest und das Datenbanksystem wird dafür sorgen, daß in diese Spalte weder ein **NULL**-Wert noch irgendein Wert, der schon einmal vorhanden ist, gelangt. Möchte man für eine Spalte, die nicht Primärschlüssel ist, Eindeutigkeit gewährleisten, so kann man statt **primary key unique** angeben und wenn einfach nur irgendwas drinstehen soll, so sagt man **not null**.

Besteht der Primärschlüssel nicht aus einer, sondern mehreren Spalten, so muß ein Table-Constraint zum Einsatz kommen.

```
create table vormerk
(
   leser_nr   char(5),
   buch_nr    char(5),
```

```
       ... ,
       ... ,
       primary key (leser_nr, buch_nr)
);
```

Nun wird sichergestellt, daß in den beiden Schlüsselspalten keine **NULL**s vorkommen und die Wertekombination von **leser_nr** und **buch_nr** stets eindeutig ist. Jeder Leser kann mehrere Bücher vorbestellen und jedes Buch kann von mehreren Lesern vorgemerkt sein. Was nicht sein soll ist, daß ein Leser ein bestimmtes Buch zu irgendeiner Zeit mehrfach reserviert hat, da dies ebenso wenig sinnvoll ist, wie sich einen Sitzplatz in der Bahn zweimal reservieren zu lassen. (Da eine Sitzplatzreservierung mit dringend benötigten Einnahmen verbunden ist, hat die Deutsche Bahn den entsprechenden Primärschlüssel natürlich nicht definiert. Zum Bedauern der Bahn wissen aber die meisten Leute, daß es keinen Vorteil bringt, doppelt auf einem Stuhl zu sitzen.)

Sollen subtilere Anforderungen gestellt werden, so hilft die **check**-Klausel weiter. Eine mögliche Anwendung für unsere Datenbank wäre, für die Leihfrist eines Buches einen maximalen Wert, z.B. 30 Tage festzulegen.

```
create table buecher
(
   buch_nr    char(5)    primary key,
   ...   ...,
   ...   ...,
   leihfrist  smallint,
   ...   ...,
   check ( leihfrist <= 30 )
);
```

Leider ist die gewählte **check**-Klausel nicht "idiotensicher". Eine an dieser Stelle nicht näher charakterisierte Person könnte die Leihfrist z.B.

munter auf -10 Tage setzen. Bevor wir anfangen die philosophischen Konsequenzen dieser Aktion zu erwägen, schaffen wir lieber Abhilfe:

```
create table buecher
(
   buch_nr    char(5)    primary key,
   ...        ...,
   ...        ...,
   leihfrist  smallint,
   ...        ...,
   check ( leihfrist >= 0 and leihfrist <= 30 )
);
```

Ganz gut, aber dafür gibt es eine etwas anschaulichere Ausdrucksmöglichkeit:

```
create table buecher
(
   buch_nr    char(5)    primary key,
   ...        ...,
   ...        ...,
   leihfrist  smallint,
   ...        ...,
   check ( leihfrist between 0 and 30 )
);
```

Noch besser ist wahrscheinlich, nur bestimmte Werte zuzulassen, etwa 0 (nicht ausleihbar), 3 (Kurzausleihe), 15 oder 30 Tage. Dies kann wie folgt erreicht werden:

```
create table buecher
(
   buch_nr    char(5)    primary key,
   ...        ...,
```

```
           ...    ...,
           leihfrist   smallint,
           ...    ...,
           check ( leihfrist in ( 0, 3, 15, 30 ) )
    );
```

Dies schafft, obwohl nicht zwingend erforderlich, eine gewisse Ordnung im Ausleihmodus einer Bibliothek und vermeidet ein Übermaß an Willkür. Welche Gründe sollte es schon geben, ein Buch nur 22 anstatt 23 Tage auszuleihen? Eine Wahl unter den vier noch gebliebenen Möglichkeiten fällt deutlich leichter.

Mit der **check**-Klausel können noch viel kompliziertere Bedingungen formuliert werden. Wir könnten sicherstellen wollen, daß kein Leser mehr als 100 Bücher gleichzeitig ausgeliehen hat, oder daß wir den Lesern einen Bestand von mindestens 50000 ausleihbaren Büchern bereitstellen wollen. Die Formulierung dieser Bedingungen erfordert aber den Einsatz des **select**-Befehls, deshalb müssen Beispiele dazu auf spätere Kapitel verschoben werden.

create assertion
Auch der Einsatz einer Assertion erfordert den Gebrauch von Abfragen, daher soll an dieser Stelle nur das Prinzip kurz vorgestellt werden. Wenn z.B. nicht mehr als 40% der ausleihbaren Bücher vorgemerkt sein sollen, dann kann das wie folgt zum Ausdruck gebracht werden:

```
    create assertion
    check
    (
        (    select anzahl_vorgemerkte_buecher
             from vormerk
        )
        /
        (    select anzahl_ausleihbare_buecher
             from buecher
        )
        < 0.4);
```

soll heißen, die Anzahl vorgemerkter Bücher geteilt (/) durch die Anzahl ausleihbarer Bücher soll stets kleiner sein als 0.4. Aber wie gesagt, die Ermittlung der jeweiligen Anzahlen ist hier nur angedeutet. Wie diese **SELECT**s tatsächlich aussehen müßten, steht im nächsten Kapitel. Auf jeden Fall wird an diesem Beispiel deutlich, daß in die Bedingung mehrere Tabellen eingehen (**vormerk, buecher**) und daher ein Constraint nicht benutzt werden kann.

Bevor wir nun endgültig unsere Beispieldatenbank erzeugen, noch ein paar Worte zum Thema "Gesundheitsvorsorge". Wie bei jeder wirksamen Medizin ist die korrekte Einnahme und Dosierung für den Erfolg ausschlaggebend. Wenn wir jede Frage, die wir sicher verneinen (wie z.B. "Wollen wir Leser mit einem Strafkonto von Euro 10000.- oder mehr?") mit einem Constraint oder einer Assertion beantworten, so kann der Schuß leicht nach hinten losgehen. Im Euro 10000.- Fall besteht Handlungsbedarf und die Implementierung scheint einfach,

```
create table strafen
(
   leser_nr   char(5)        primary key ...,
   strafe     decimal(6,2)   check ( strafe < 10000 ),
   ...        ...
);
```

die Wirkung dagegen ist fürchterlich. Klar ist, wenn dieser Fall eintritt, haben wir ein Problem. Mit diesem Constraint haben wir aber nicht nur ein, sondern zwei Probleme. Hohe Strafen kommen sinnvollerweise dadurch zustande, daß jemand seine ausgeliehen Bücher langfristig nicht zurückgibt. Für jede überzogene Woche (oder Tag) wird pro Buch ein bescheidener Betrag an "Überziehungskredit" auf das Strafkonto des Lesers bebucht. Wenn die magische Grenze überschritten wird, ist der Leser entweder zwischenzeitlich gestorben oder mit den geliehenen Büchern ausgewandert. Wenn dieser Fall also vorkommt, dann stellt unser DB-System sicher, daß wir ihm die Strafen jenseits der magischen Grenze nicht mehr "aufbrummen" können. Vielleicht sehr human, jedoch nicht sonderlich geschäftstüchtig. Schlimmer aber! Wenn wir annehmen, daß unsere Strafmaßnahmen täglich nach Schalterschluß für alle überfälligen Bücher eingeleitet werden, dann bedeutet diese "allgemeine Bestrafung" für die Datenbank eine einzige Transaktion, und die "klappt" oder sie "klappt nicht". (s. Kap. 6) Eine einzige mit Büchern verschollene Person kann also den gesamten Gebührenmechanismus der Datenbank lahmlegen, und ob das im Sinne des Erfinders der Gebühren ist ... ?

Ausgehend von diesem Beispiel kann man sich einen dicken Merkspruch an die Wand nageln: **Stelle mit Constraints und Assertions keine Sachverhalte in der Datenbank sicher, die du nicht aus eigener Kraft in der Realität sicherstellen kannst!**

Das betrifft selbst Fälle, wo wir uns als "Herr im Hause" fühlen. Viele Beispiele zu diesem Thema in Artikeln oder Büchern stellen sicher, daß irgendein Lagerbestand oder -wert (unser(!) Lagerbestand) nicht zu groß wird, was wirtschaftlich sicher sinnvoll ist. Nichts leicher als das, aber wenn wir ein Maximum von 100000 Büchern festgelegt haben und das 100001 Buch steht, warum auch immer, zur Numerierung an, sitzen wir wieder in der Tinte: das Buch ist ja schon gekauft und geliefert. Was jetzt? Wegwerfen? Bestenfalls irgendeine "uralte Schwarte" erstmal ausmustern, denn nachträglich ungeschehen machen geht nicht. Ein Constraint in der Tabelle **buecher** ist also eher fehl am Platz. Der Fall muß wenn schon vorher beim Bestellvorgang abgefangen werden. Was man in solchen Katastrophenfällen an dieser Stelle braucht ist kein Constraint, sondern ein "Tier", das bei Eintritt eines unerwünschten Ereignisses dieses nicht verhindert, sondern Alarm schlägt oder Schaden begrenzt. Ein solches Tier heißt **Trigger** und lauert seit SQL3 auf seine Beute. Sie können sich dieser Gefahr im Kapitel 11 stellen.

4.3 Referentielle Integrität

Eine ideal normalisierte Datenbank ist bis auf Schlüsselfelder redundanzfrei, d.h., alle Daten außer Schlüssel kommen nur einmal in der gesamten Datenbank vor. Auch wenn dies in der Praxis höchst selten der Fall ist, genügt es hier, die Aufmerksamkeit den Schlüsseln zu widmen. Schlüssel müssen mehrfach vorkommen, da mit ihnen ja gerade Beziehungen zwischen Objekten hergestellt werden. Leiht ein Leser ein Buch, dann wird die Lesernummer zusammen mit der Buchnummer in die Verleihtabelle eingetragen. Ändern wir jetzt aus irgendeinem Grund die Buchnummer, so muß bedacht werden, daß diese Nummer nicht nur in der Bücher- sondern auch in der Verleihtabelle geändert werden muß. Genau das ist das Problem der referentiellen Integrität. Die Spalte **buch_nr** in der Verleihtabelle wird Fremdschlüssel genannt. Sie hat nichts mit einem Schlüssel für diese Tabelle zu tun, sie ist weder Primär- noch Kandidatenschlüssel. Der Begriff Fremdschlüssel sagt nur aus, daß eine Spalte (oder Spaltenkombination) der Primärschlüssel einer anderen Tabelle ist und man beim Umgang mit einer solchen Spalte entsprechende Vorsicht walten lassen muß.

SQL bietet eine mit dem **foreign key** Constraint eine Möglichkeit, den geschilderten Sachverhalt zum Ausdruck zu bringen.

```
create table buecher
(
   buch_nr    char(5)    primary key,
   ...  ...,
   ...  ...
);

create table verleih
(
   leser_nr   char(5),
   buch_nr    char(5),
   ...  ...,
   ...  ...
```

```
            primary key ( leser_nr, buch_nr ),
            foreign key ( buch_nr ) references buecher,
            ...
);
```

Dem DB-System ist nunmehr der Sachverhalt bekannt und es wird sich ab sofort bemühen, den Anwender bei der Wahrung der referentiellen Integrität zu unterstützen. Was tut es genau? Einträge in und Löschungen aus der Verleihtabelle werden nach wie vor durchgeführt, vorausgesetzt, die entsprechende Buchnummer befindet sich in der Büchertabelle. Wird jedoch versucht, ein Buch aus der Büchertabelle zu entfernen, das als ausgeliehen in der Verleihtabelle geführt wird, dann wird dieses Vorhaben scheitern und das ist gut so. Ebenso wird der Versuch scheitern, eine Buchnummer in der Büchertabelle zu ändern, die ebenfalls in der Verleihtabelle vermerkt ist. Möchte man unbedingt Buchnummern von verliehenen Büchern ändern, so ist das nur sinnvoll, wenn die zugehörige Buchnummer in der Verleihtabelle ebenfalls geändert wird. Das kann man durch folgendes Constraint erreichen:

```
create table verleih
(
    leser_nr    char(5),
    buch_nr     char(5),
    ...   ...,
    ...   ...
    primary key ( leser_nr, buch_nr ),
    foreign key ( buch_nr )
    references buecher on update cascade
);
```

Die Änderung einer Buchnummer in der Büchertabelle wirkt sich nun auch in der Verleihtabelle aus, umgekehrt jedoch nicht. Die Verleihtabelle ist wohl auch nicht die geeignete Stelle um Buchnummern zu ändern. Aber mal ehrlich, sollte man Buchnummern von ausgeliehenen Büchern ändern? Besser nicht.

Insgesamt können drei verschiedene referentielle Aktionen durch **UPDATE** oder **DELETE** Operationen ausgelöst werden.

```
... on update cascade | set null | set default
... on delete cascade | set null | set default
```

Für welche der drei Möglichkeiten man sich entscheidet, ist empfindlich von der jeweiligen Anwendung abhängig.

4.4 Domains

Domains

Wird ein Datenytp mit gewissen Constraints mehrfach in den Tabellen einer Datenbank benötigt, so lohnt sich die Definition eines Domain. Ein einfaches Beispiel könnte wie folgt aussehen:

```
create domain strafgeld
decimal(6,2)
check
(
   value is null
   or
   value >=0
);
```

In der Tabelle **strafen** oder beliebigen anderen kann nun der Name **strafgeld** wie ein normaler Datentyp benutzt werden

```
create table strafen
(
   ...    ...,
   strafe     strafgeld
);
```

wobei stets sichergestellt ist, daß die Werte für Strafen den oben gestellten Bedingungen genügen, also entweder eine nicht negative Zahl mit zwei Nachkommastellen oder ein **NULL**-Wert.

4.5 Erzeugen der Beispieldatenbank

Wir wollen nun die Tabellen unserer Bibliotheksdatenbank noch einmal komplett so erzeugen, wie wir sie in Beipsielen der folgenden Kapitel benutzen. Aus Gründen der Übersichtlichkeit haben wir uns stets, wie bereits gesagt, mit der Vergabe von auch durchaus wichtigen Attributen zurückgehalten, sofern sie den prinzipiellen Ablauf des Betriebs nicht beeinträchtigen.

```
create table buecher
(
   buch_nr    char(5)      primary key,
   autor varchar(80),
   titel varchar(200)      default '?? kein Titel ??',
   gruppe     char(1),
   leihfrist   interval day(2)   default 30,
   ausleihzahl smallint    not null
);

create table leser
(
   leser_nr   char(5)      primary key,
   name  varchar(80) not null,
   wohnort    varchar(80) not null,
   ausleihzahl smallint    not null,
   eintrittsdatum    date  not null
);

create table verleih
(
   leser_nr   char(5),
   buch_nr    char(5),
   ausleihdatum      date not null,
   rueckgabedatum    date not null,

   primary key ( buch_nr ),
   foreign key ( buch_nr )
         references buecher ,
   foreign key ( leser_nr )
         references leser
         on update cascade
);
```

Da jedes Buch nur einmal verliehen werden kann, genügt die Buchnummer als Primärschlüssel für die Verleihtabelle. Der Fremdschlüssel **buch_nr** verhindert ein Ändern oder Löschen verliehener Bücher, der für **leser_nr** verhindert ein Löschen von Lesern, die Bücher geliehen haben, gestattet jedoch Änderungen von Lesernummer.

```
create table vormerk
(
   leser_nr    char(5),
   buch_nr     char(5),
   datum timestamp   not null,

   primary key ( leser_nr, buch_nr ),
   foreign key ( leser_nr )
       references leser
       on update cascade
       on delete cascade,
   foreign key ( buch_nr )
       references buecher
       on update cascade
);
```

Da das Vormerken von Büchern eine echte N:M Beziehung darstellt, genügt die Buch- oder Lesernummer allein nicht mehr für einen Primärschlüssel. Bei den Fremdschlüsseln können wir etwas großzügiger sein und auch die Änderung von Buchnummern zulassen, denn die Bücher sind ja im Haus. Wären sie das nicht, so würde der Fremdschlüssel in der gerade definierten Verleihtabelle eine Änderung verhindern. Löschen wir einen Leser, so sind automatisch auch seine Vormerkungen hinfällig (**on delete cascade**), bei Büchern verhindern wir eine Ausmusterung, wenn noch eine Reservierung vorliegt.

```
create table strafen
(
   leser_nr    char(5)       primary key,
   gebuehr     decimal(6,2)  default 0,
```

```
            sperre    date default null,

    foreign key (leser_nr)
        references leser
        on update cascade
);
```

Diese fünf, noch recht übersichtlichen Tabellen bilden für die folgenden Kapitel eine völlig ausreichende Grundlage selbst für anspruchsvolle Beispiele.

Zusammenfassung

- Mit dem Befehl **CREATE TABLE** werden Tabellen in einer Datenbank erzeugt. Jede Tabelle bekommt einen Namen und die Spalten einer Tabelle werden mit einem Namen, einem Datentyp und eventuell einem Constraint versehen. Alle Spalten, die zum Primärschlüssel einer Tabelle gehören, sollten auf jeden Fall als **PRIMARY KEY** definiert werden.

- Um Datenobjekte aus der Datenbank zu löschen, kann der Befehl **DROP** eingesetzt werden. Zum Ändern und Umbenennen stehen gewöhnlich die Befehle **ALTER** und **RENAME** zur Verfügung.

Übungen

4.1 Gegeben sei folgende Tabelle:

Vom Entwurf zur Datenbank

Zeilennr.	Spalte_1	Spalte_2	Spalte_3
1	A	0	x
2	A	1	z
3	C	1	z
4	B	0	y
5	D	1	y
6	B	1	x
7	A	1	x
8	B	0	z
9	D	0	z
10	C	1	z
11	B	0	y
12	B	1	y

(Die Spalte mit den Zeilennummern gehört natürlich nicht zur Tabelle und dient nur der Orientierung.)

Welche Zeilen dürfen in der Tabelle jeweils nicht vorkommen, wenn für die verschiedenen Fälle a - d) die angegebenen Constraints definiert werden sollen:

a) `primary key ( spalte_1 )`

b) `spalte_1 unique, spalte_3 primary key`

c) primary key (spalte_1, spalte_3)
d) primary key (spalte_1, spalte_2, spalte_3)

5 Datenbank Abfragen

Der **SELECT-Befehl** ist sicher der wichtigste und am meisten benutzte Befehl. Jede Anfrage an eine Datenbank beginnt mit dem Wort **SELECT** und je anspruchsvoller sie ist, umso mehr Mühe macht es in der Regel, das entsprechende **SELECT-Kommando** zu erstellen. Es kommt jedoch auch gar nicht so selten vor, daß sich eine Fragestellung recht einfach anhört, der entsprechende Befehl aber keineswegs einfach zu formulieren ist. Ein weiterer Grund, sich mit **SELECT** ausführlich zu beschäftigen ist, daß man alle Techniken zur Abfrage von Datenbanken auch zu deren Veränderung mit **DELETE, INSERT** und **UPDATE** einsetzen muß.

Als erstes wollen wir uns einen Überblick verschaffen, wie das **SELECT-Kommando** funktioniert.

Bild 5.1
Arbeitsweise
SELECT

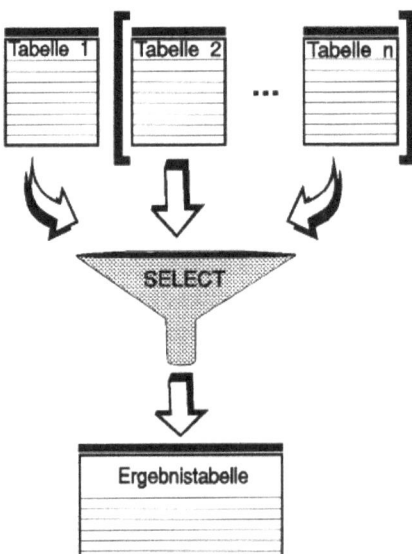

Der Befehl kann also auf eine oder mehrere Tabellen der Datenbank zugreifen und die gesuchten Informationen aus ihnen herausfiltern. Das Ergebnis der Suche ist grundsätzlich ebenfalls eine Tabelle, die zwar nicht automatisch in der Datenbank neu angelegt wird, sondern zunächst nur auf dem Bildschirm erscheint, die aber dem relationalen Modell entsprechend stets aus einer Anzahl Zeilen und Spalten besteht. Im Extremfall kann diese Ergebnistabelle natürlich sehr klein sein, z. B. eine Zeile und eine Spalte, oder falls die Anfrage kein Ergebnis bringt, überhaupt keine Zeilen und Spalten. Die Auswahl der Spalten für die Ergebnistabelle nennt man **Projektion**, die der Zeilen **Selektion**. Werden für die Anfrage Daten aus mehreren Tabellen benötigt, so spricht man von einem **Join**.

Als nächstes wollen wir nun einen Blick auf die Syntax des **SELECT-Befehls** werfen.

```
SELECT [ALL|DISTINCT] { spalten| * }
FROM tabelle [alias] [[jointyp|,]tabelle [alias]]...
[ WHERE { bedingung|subquery } ]
[ GROUP BY spalten [ HAVING {bedingung|subquery} ]]
[ ORDER BY spalten [ASC|DESC]... ]
```

Auf den ersten Blick wirkt das in dieser formalen Schreibweise etwas abschreckend, aber wenn man genauer hinschaut, erkennt man an den vielen eckigen Klammern, daß man fast alles weglassen kann, außer den zwei notwendigen Zutaten, die mit **SELECT** und **FROM** beginnen. Da die Ursprünge von SQL unter anderem in der mathematischen Logik liegen, spricht man bei den einzelnen Teilen des **SELECT-Befehls** von Klauseln, also von der SELECT-Klausel, der FROM-Klausel, der WHERE-Klausel, u.s.w.

In einer nicht-prozeduralen Sprache wie SQL sollte die Reihenfolge der Klauseln im Grunde keine Rolle spielen. Gerade diese Tatsache soll ja durch die Bezeichnung "nicht-prozedural" ausgedrückt werden. Dies ist ein wichtiger Unterschied zu gewöhnlichen Programmiersprachen.

Für die Reihenfolge der Klauseln des **SELECT-Befehls** gibt es jedoch einige rein formale Regeln, an die man sich halten muß. Die SELECT-Klausel muß am Anfang stehen, danach kommt FROM. Wenn es eine WHERE-Klausel gibt, so muß sie nach FROM kommen und ORDER BY hat immer am Ende zu erscheinen. Nimmt man das alles zusammen, so bleiben nicht mehr allzuviel Freiheiten übrig und man macht sich das Leben am leichtesten, wenn man die Klauseln stets in der oben angegebenen Reihenfolge angibt. Das bedeutet jedoch keineswegs, daß sie auch in dieser Reihenfolge abgearbeitet werden. Wie ein SQL-Befehl genau ausgeführt wird, ist letztlich Sache des SQL-Interpreters, und da wir es mit einer Sprache der 4. Generation zu tun haben, sollte uns das eigentlich auch nicht interessieren. Was wir natürlich benötigen, ist ein angemessenes Modell eines SQL-Interpreters, das uns erlaubt, aus einer aktuellen Fragestellung den richtigen SQL-Befehl abzuleiten, oder umgekehrt. Wir werden darauf zu einem späteren Zeitpunkt zurückkommen und wollen uns zunächst mit einfachen Anwendungen des Befehls beschäftigen.

5.1 Einfache Abfragen

Select ...
from ...

Wie sieht nun der einfachste aller möglichen **SELECT-Befeh**le aus? Sehen wir nochmal auf die Syntax, so stellen wir fest, daß wir am wenigsten Schreib- und Denkarbeit mit dem Befehl

```
SELECT    *
FROM      tabelle
```

haben. Natürlich muß für **tabelle** eine konkrete, in der Datenbank existierende Tabelle angegeben werden. Wählen wir z. B. unsere Tabelle **buecher**, so liefert das Kommando

```
select    *
from      buecher;
```

als Ergebnis den gesamten Inhalt der Tabelle **buecher** auf dem Bildschirm. Das Zeichen * ist dabei eine Abkürzung für alle Spalten der Tabelle. Natürlich können wir uns auch eine Auswahl von Spalten aus einer Tabelle anzeigen lassen, und der Befehl

```
select    autor, titel
from      buecher;
```

Einfache Abfragen

zeigt uns wieder alle Zeilen der Tabelle **buecher** an, diesmal jedoch nur die Spalten **autor** und **titel**. In der SELECT-Klausel sind die Spalten zu nennen, die in der Ergebnistabelle erscheinen sollen, also handelt es sich hier um den **Projektionsteil** des SELECT-Befehls. Es ist selbstverständlich nicht erlaubt, Spalten anzugeben, die nicht in der Tabelle existieren. (Im nächsten Abschnitt wird erläutert, welche Dinge man doch selektieren kann, auch wenn sie nicht in der Tabelle vorkommen.) Erlaubt ist jedoch, die Reihenfolge der Spalten zu verändern, und auf dem Monitor erscheinen diese dann in der Reihenfolge wie angegeben und nicht etwa wie in der Tabelle ursprünglich definiert.

order by

Ebenso nützlich wie einfach anzuwenden ist die ORDER BY Klausel. Sie bietet die Möglichkeit, durch Nennen einer oder mehrerer Spalten die Ausgabe nach beliebigen Kriterien zu sortieren. Wenn also das Ergebnis der obigen Abfrage nach Autoren sortiert sein soll, so brauchen wir nur ein **order by autor** anzufügen.

```
select      autor, titel
from        buecher
order by    autor;
```

Nun ist sichergestellt, daß alle vorhandenen Bücher nach Autoren alphabetisch sortiert ausgegeben werden. Die Reihenfolge der Titel eines Autors ist aber nach wie vor unbestimmt, so daß Goethes Werther eventuell vor Goethes Faust erscheinen würde. Sollen auch die einzelnen Werke eines Autors noch sortiert werden, so ist die Klausel einfach als **order by autor, titel** zu schreiben. Auf diese Weise können beliebige Sortierhierarchien aufgebaut werden.

Die Angabe von **order by autor** ist gleichbedeutend mit **order by autor asc**. Das bedeutet, ohne spezielle Zusätze wird stets aufsteigend sortiert. Nun kann es natürlich wünschenswert sein, die Sortierfolge umzukehren, z. B. wenn man nach Ausleihhäufigkeit sortieren möchte und dabei die am häufigsten verliehenen Bücher zuerst sehen möchte. In diesem Fall muß der Zusatz **desc** angegeben werden.

```
select      *
from        buecher
order by    ausleihzahl desc;
```

Aufsteigend und absteigend sortierte Spalten können auch gemischt werden, um etwa nach Autoren alphabetisch, verschiedene Büchern eines Autors aber absteigend nach Ausleihzahlen zu sortieren.

```
select      autor, titel, ausleihzahl
from        buecher
order by    autor, ausleihzahl desc;
```

Außerdem können die Spalten, nach denen sortiert werden soll, nicht nur über ihren Namen, sondern auch über ihre Position in der **SE-LECT-Klausel** angegeben werden. Der letzte Befehl kann daher auch als

```
select      autor, titel, ausleihzahl
from        buecher
order by    1, 3 desc;
```

angegeben werden. Diese Schreibweise ist insbesondere dann nützlich, wenn im Projektionsteil statt einer einfachen Spalte ein arithmetischer Ausdruck steht, dessen Wert wir zur Sortierung benutzen möchten. Als guter Stil wird diese Form inzwischen nicht mehr angesehen und statt dessen wird empfohlen, bei komplexen Ausdrücken im Projektionsteil mit Aliasnamen zu arbeiten. (s.Kap.5.2)

where

Eigentlich kommt es eher selten vor, daß alle Zeilen einer Tabelle angezeigt werden sollen. Vielmehr wird oft gezielt nach Zeilen gesucht, die für eine bestimmte Fragestellung interessant sind. Zur Realisierung dieser Selektion dient die WHERE-Klausel. Sie bewirkt, daß nur die Zeilen einer Tabelle ausgegeben werden, die den in der WHERE-Klausel gestellten Bedingungen genügen. Wollen wir uns z. B. alle noch nie verliehenen Bücher ausgeben lassen, also gewissermaßen unsere Ladenhüter entlarven, so müssen wir nach Büchern mit der Ausleihzahl Null Ausschau halten.

```
select      *
from        buecher
where       ausleihzahl = 0;
```

Einfache Abfragen

Diese Abfrage ist jedoch ungerecht, da sie auch alle Bücher erwischt, die zwangsläufig den Wert **ausleihzahl = 0** haben, weil sie nicht ausleihbar sind. Um also die tatsächlichen Ladenhüter zu bekommen, müssen wir zusätzlich zur Bedingung "noch nie verliehen" die Bedingung "jedoch ausleihbar" hinzufügen.

```
select    *
from      buecher
where     ausleihzahl = 0
and       leihfrist > 0;
```

Durch die zusätzliche Bedingung **leihfrist > 0** wird die Menge der auszugebenden Zeilen auf unsere gesuchten Exemplare eingeschränkt.

and, or, not

Mit dem Operator **AND** können beliebig viele Bedingungen verknüpft werden. Jede zusätzliche Bedingung schränkt dabei die Menge der Ergebniszeilen ein. Dies ist zwar die in der Praxis am häufigsten vorkommende Variante, jedoch gibt es wie in gewöhnlichen Programmiersprachen außer **AND** noch die logischen Operatoren **OR** und **NOT**. In der **WHERE-Klausel** können Bedingungen beliebig mit **AND** und **OR** verknüpft werden, bzw. einzelne Teilbedingungen mit **NOT** negiert werden. Wollen wir z. B. eine Übersicht aller ausleihbaren Bücher aus den Gruppen Unterhaltung und Sport, so können wir das wie folgt formulieren:

```
select    *
from      buecher
where     ( gruppe = 'U' or gruppe = 'S' )
and       not leihfrist = 0;
```

Treten in der **WHERE-Klausel** wie in diesem Beispiel **AND** und **OR** Bedingungen gemischt auf, so ist die Reihenfolge der Auswertung ggf durch Klammern festzulegen. (Eine Übersicht über Operatoren und ihre Prioritäten gibt Tabelle 5.1)

So ist
```
(gruppe = 'U' or  gruppe = 'S') and not leihfrist = 0
```

etwas anderes als
```
gruppe = 'U' or (gruppe = 'S' and not leihfrist = 0).
```

Im zweiten Fall werden nämlich alle Unterhaltungsbücher ausgegeben, und nur die Sportbücher werden auf Ausleihbarkeit überprüft. Sicher ist Ihnen auch aufgefallen, daß wir für **not leihfrist = 0** weiter oben die Formulierung **leihfrist > 0** benutzt haben. Da Leihfristen immer positive Zahlen sind, sind beide Bedingungen tatsächlich gleichwertig. Allgemeiner ist aber **not leihfrist = 0** immer gleichwertig mit **leihfrist <> 0**, wobei <> der Ungleich Operator ist, der manchmal auch als != geschrieben werden kann. Bei komplexen Verknüpfungen gibt es häufig mehrere Schreibweisen, deren Äquivalenz auf der Boolschen Algebra beruht. Hier zwei wichtige Beispiele (nach de Morgan):

not(gruppe=' U' and leihfrist=0)   ⇔   not gruppe=' U' or
not leihfrist=0

not(gruppe=' U' or leihfrist=0)   ⇔   not gruppe=' U' and
not leihfrist=0

in

Für die letzte vorgestellte Beispielabfrage gibt es eine Alternative für den Operator **OR**.

```
select    *
from      buecher
where     gruppe in ( 'U', 'S' )
and       not leihfrist = 0;
```

Die Bedingung mit dem **IN**-Operator ist dann erfüllt, wenn der Wert für **gruppe** mit einem der in Klammern angegebenen Werte übereinstimmt, und das trifft genau für den Fall **gruppe = 'U'** oder **gruppe = 'S'** zu. Natürlich können auch mehr oder weniger als zwei Werte in der Klammer angegeben werden.

like

Welche Mittel werden zur Mustersuche bereitgestellt? Hier glänzte SQL bisher durch spartanische Übersichtlichkeit, denn bis einschließlich SQL2 existiert nur der Operator **LIKE**. (Die meisten Hersteller haben weitere Operatoren bzw. Funktionen hinzugefügt.) Wie bekommen wir eine Liste von Büchern aller Autoren, die mit "A" beginnen?

Einfache Abfragen

```
select   *
from     buecher
where    autor like 'A%';
```

In einem String hat das Zeichen % eine Sonderbedeutung. Es steht für eine beliebige Zeichenkette, auch die leere. Die gestellte Abfrage erwischt also alle Autoren, die mit einem großen A beginnen, danach irgendetwas, notfalls auch gar nichts.

Manchmal ist es praktischer, einen Platzhalter für genau ein Zeichen zu verwenden, z.B. wenn wir einen Autor 'Meier' suchen und nicht wissen, ob er sich 'Meier', 'Meyer', 'Maier' oder 'Mayer' nennt. Mit dem Ausdruck **like 'M%er'** finden wir zwar alle gesuchten, aber eventuell noch viele, viele mehr (z.B. Müller) und effektiver geht es mit **like 'M _ _ er'**. Dabei ist _ der Platzhalter für ein beliebiges Zeichen (für DOS und UNIX Kenner: % entspricht * und _ entspricht ?). Mächtigere Mittel, wie z.B 'M[ae][iy]er' oder reguläre Ausdrücke sind mit LIKE nicht definierbar.

similar to

Die Lösung naht mit SQL3 und dem Schlüsselwort SIMILAR. Hier darf auch mit Bereichsangaben oder Alternativzeichen gearbeitet werden.

```
select   *
from     buecher
where    autor similar to  'M[ae][iy]er';
```

is null

Eine Besonderheit ist noch die Suche nach **NULL**-Werten. Wollen wir eine Liste aller gesperrten Leser ausgeben, so müssen wir in der Tabelle **strafen** nach Einträgen in der Spalte **sperre** Ausschau halten. Steht dort nichts (**NULL**), so hat der Leser Strafe für nicht rechtzeitig zurückgegebene Bücher zu zahlen, er ist jedoch nicht gesperrt. Man kann auf die Idee kommen, nach einem nicht leeren String zu suchen oder die Bedingung **not sperre = null** zu benutzen. Die zweite Idee ist besser und schon fast richtig, man muß sich nur die spezielle Formulierung merken.

```
select   *
from     strafen
where    sperre is not null;
```

Allgemein muß auf **NULL** Werte immer über **is null** oder **is not null** getestet werden. Das muß man sich halt einfach merken. (Der Grund für

Datenbankabfragen

diesen abweichenden Ausdruck ist, daß **NULL**-Werte unbestimmt und eigentlich zu nichts gleich sind, nicht einmal zu sich selbst und die Benutzung des Gleichheitszeichens daher unangemessen ist.)

between
Ein eigentlich überflüssiger, aber sehr praktischer Operator ist **BETWEEN**. Wollen wir alle Bücher ausgeben, deren Leihfrist zwischen einem und 14 Tagen liegt, so können wir das direkt hinschreiben.

```
select   *
from     buecher
where    leihfrist between 1 and 14;
```

Für **BETWEEN** gibt es stets eine, allerdings aufwendigere Alternative mit **AND**.

```
select   *
from     buecher
where    leihfrist >= 1
and      leihfrist <= 14;
```

Stellen wir nun die Operatoren, die uns SQL bietet, noch einmal übersichtlich zusammen.

SQL-Operatoren		
Operator	Bedeutung	Priorität
+ -	Vorzeichen (unär)	0
* /	Multiplikation, Division	1
+ -	Addition, Subtraktion	2
=	gleich	3
<>	ungleich	3
> bzw. >=	größer, größer gleich	3
< bzw. <=	kleiner, kleiner gleich	3
[NOT] LIKE	Suchmustervergleich mit % _	3
[NOT] SIMILAR TO	Suchmuster incl. Bereichsangaben und Alternativzeichen	3
[NOT] BETWEEN ... AND ...	[nicht] zwischen ... und ...	3
IS [NOT] NULL	[nicht] NULL-Wert	3
[NOT] IN	[nicht] in der Menge	3
NOT	Negation	4
AND	logisches UND	5
OR	logisches ODER	6

Tabelle 5.1

Datenbankabfragen

Eine kleinere Zahl bedeutet dabei wie üblich eine höhere Priorität, also eine stärkere Bindung, als dies bei einer größeren Zahl der Fall wäre. Die folgende monströse Bedingung

```
x > 1  and  not y < 2
or  z <> 7  and  x + y in (1,2,4,8)
or  x - z between 0 and x*z
```

würde so ausgeführt, als wäre sie geschrieben wie

```
((x > 1)  and  (not (y < 2)))
or  ((z <> 7)  and  ((x + y) in (1,2,4,8)))
or  ((x - z) between 0 and (x*z))
```

5.2 Built-In Funktionen und Arithmetik

Der SQL-Standard bietet neben den vier Grundrechnungsarten + , - , * , / genau fünf Funktionen (auch Aggregatfunktionen genannt) mit den Namen **min, max, sum, avg** und **count**. Viele Datenbankhersteller haben eine Fülle weiterer Funktionen hinzugefügt, die jedoch wegen ihrer Unterschiedlichkeit hier nicht behandelt werden sollen. Hinzu kommen die bereits erwähnten Funktion für aktuelle Datum- und Zeitangabe, **current_date, current_time, current_timestamp**.

Um den Einsatz der Grundrechnungsarten zu demonstrieren, wollen wir abweichend von unserem Standardbeispiel folgende Tabelle benutzen:

buchungen		
datum	einnahme	ausgabe
1. Juni	25.30	17.20
2. Juni	45.00	38.90
3. Juni	33.50	28.70

Der Befehl

```
select   einnahme,
         ausgabe,
         einnahme - ausgabe
from     buchungen;
```

liefert dann folgendes Ergebnis:

einnahme	ausgabe	einnahme - ausgabe
25.30	17.20	8.10
45.00	38.90	6.10
33.50	28.70	4.80

In der Ausgabe wird also zusätzlich zu den Daten aus der Tabelle die Differenz der Spalten angezeigt. Die Überschrift der neu erzeugten dritten Spalte ist gleich dem arithmetischen Ausdruck. Wir können nun die Abfrage ein wenig abwandeln, um die dritte Spalte mit einem anderen Namen zu versehen.

```
select   einnahme,
         ausgabe,
         einnahme - ausgabe  Gewinn
from     buchungen;
```

Wir erhalten dann das Ergebnis:

einnahme	ausgabe	Gewinn
25.30	17.20	8.10
45.00	38.90	6.10
33.50	28.70	4.80

Wir können für eine Spalte einen **Aliasnamen** vergeben, indem wir einfach hinter dem Spaltennamen oder arithmetischen Ausdruck einen anderen Namen angeben. Er darf jedoch keine Leer- oder Sonderzeichen enthalten.

Wir sehen in diesem Beispiel eine Möglichkeit, mit dem **SELECT-Befehl** eine Spalte auszugeben, die ursprünglich nicht in der Tabelle enthalten ist. Die Anzahl der Möglichkeiten, dies zu tun, sind jedoch beschränkt. Entweder handelt es sich um arithmetische Ausdrücke oder Funktionen, oder um Konstanten. Ein Beispiel für die Selektion einer Konstante wäre: (eine in ' ...' geschriebene Zeichenkette ist eine Stringkonstante)

```
select   'Gewinn: ',
         einnahme - ausgabe
from     buchungen;
```

Gewinn:	einnahme - ausgabe
Gewinn:	8.10
Gewinn:	6.10
Gewinn:	4.80

sum   Wie bekommen wir nun eine Übersicht über unsere Gesamtumsätze und Gewinne? Dazu kann die Funktion **sum** benutzt werden:

```
select   sum(einnahme) Einnahmen,
         sum(ausgabe) Ausgaben,
         sum(einnahme) - sum(ausgabe) Gewinn
from     buchungen;
```

Einnahmen	Ausgaben	Gewinn
103.80	84.80	19.00

Wir erhalten das gleiche Ergebnis, wenn wir die Spalte **Gewinn** durch den Ausdruck **sum(einnahme - ausgabe)** berechnen. Um zu bestimmen, mit welcher prozentualen Gewinnspanne wir im Mittel arbeiten, können wir folgenden Befehl eingeben

```
select   ( sum(einnahme) / sum(ausgabe)  - 1 ) * 100
from     buchungen;
```

und erhalten als Ergebnis den Wert (103.80 / 84.80 - 1) * 100 = 22.41.

avg   Um den Einsatz der restlichen SQL-Funktionen zu zeigen, kehren wir zu unserer Bibliothek zurück und berechnen als erstes die durchschnittliche Ausleihzahl von ausleihbaren Büchern.

```
select   avg(ausleihzahl)
from     buecher
where    leihfrist > 0;
```

Datenbankabfragen

Durch die **WHERE-Klausel** werden zunächst alle nicht ausleihbaren Bücher ausgeschlossen, d.h. sie gehen nicht in den Durchschnitt ein. Bei den übrigen Büchern wird über die Ausleihzahlen gemittelt. Suchen wir nun einmal die Ausleihzahl des am häufigsten verliehenen Buches. Dazu kann die Funktion **max** benutzt werden.

max

```
select   max(ausleihzahl)
from     buecher;
```

Damit kennen wir die Zahl, wissen aber noch nicht, welches Buch zu dieser Zahl gehört. Die naheliegende Idee, sich Autor und Titel dieses Buches durch die folgende Abfrage mit anzeigen zu lassen, ist **falsch!**

```
select   autor, titel, max(ausleihzahl)
from     buecher;
```

Warum? Nach der mengenorientierten Arbeitsweise von SQL werden bei einer Abfrage alle Zeilen einer Tabelle ausgegeben, die nicht durch Bedingungen im Selektionsteil ausgeschlossen werden. Der oben angegebene SQL-Befehl besitzt nun aber gar keinen Selektionsteil (keine **WHERE-Klausel**), folglich werden auch keine Zeilen ausgeschlossen, also alle Zeilen ausgegeben. Nehmen wir an, unsere Büchertabelle bestehe aus den folgenden Zeilen

Built-In Funktionen und Arithmetik

buecher		
autor	titel	ausleih-zahl
Goethe	Faust	10
Schiller	Die Räuber	12
Goethe	Wahlverwandtschaften	6
	Das Guinnessbuch der Rekorde	9
Lessing	Nathan der Weise	7
Goethe	Faust	5
	Enzyklopädie der Klassik	4

Im Projektionsteil wird festgelegt, welche Spalten angezeigt werden sollen, und das sind Autor, Titel und die größte aller Ausleihzahlen, was zum folgenden merkwürdigen Ergebnis führen könnte:

autor	titel	max(aus-leihzahl)
Goethe	Faust	12
Schiller	Die Räuber	12
Goethe	Wahlverwandtschaften	12
	Das Guinnessbuch der Rekorde	12
Lessing	Nathan der Weise	12
Goethe	Faust	12
	Enzyklopädie der Klassik	12

Standardmäßig wird die Bearbeitung des gerade gezeigten Beispiels jedoch verweigert, da im gemeinsamen Auftreten der Funktion **MAX**, die

Datenbankabfragen

als Ergebnis genau eine Zeile liefert, und anderen Spalten ein Widerspruch erkannt wird. (s. auch Abschnitt 5.3)

Der Versuch, das am meisten gelesene Buch zu ermitteln, scheitert zur Zeit sogar noch an zwei Dingen. Zum einen können wir zwar die richtige Zahl ermitteln, nicht aber Autor und Titel dazu, zum anderen handelt es sich dabei ja nur um das am meisten gelesene Exemplar. Ein Blick auf die Beispieltabelle zeigt, daß zwar bei Schillers Räubern die größte Ausleihzahl auftritt, daß aber die beiden Exemplare von Goethes Faust zusammen häufiger ausgeliehen wurden und ihm daher die Ehre zuteil werden müßte. Die Lösung dieses scheinbar so einfachen Problems müssen wir also auf die folgenden Abschnitte verschieben.

count

Wenden wir uns nun der Funktion **count** zu. Sie dient dem Zählen von Zeilen oder Spalteneinträgen. Eine Antwort auf die Frage "Wieviele Bücher haben wir eigentlich?" liefert die Abfrage:

```
select   count(*)
from     buecher;
```

und gemäß der letzten Beispieltabelle erhalten wir als Antwort die Zahl 7.

Die Formulierung **count(*)** bedeutet, daß alle Ergebniszeilen einer Anfrage gezählt werden und nur die Anzahl der Zeilen, nicht aber ihr Inhalt ausgegeben wird. So würde die Frage "Wieviele ausleihbare Bücher haben wir?" durch die Abfrage

```
select   count(*)
from     buecher
where    leihfrist > 0;
```

distinct

beantwortet. Außer **COUNT(*)** gibt es noch die Varianten **COUNT(spalte)** und **COUNT(DISTINCT spalte)**. Betrachten wir dazu nochmal einen Ausschnitt der Büchertabelle:

Built-In Funktionen und Arithmetik

buecher	
autor	titel
Goethe	Faust
Schiller	Die Räuber
Goethe	Wahlverwandtschaften
	Das Guinnessbuch der Rekorde
Lessing	Nathan der Weise
Goethe	Faust
	Enzyklopädie der Klassik

Diese Tabelle enthält 7 Zeilen. Stellen wir nun die Anfrage

```
select   count( autor )
from     buecher;
```

so erhalten wir als Antwort die Zahl 5, da in der Spalte **autor** 5 Felder einen von **NULL** verschiedenen Wert haben. Stellen wir die Anfrage in der Form,

```
select   count( distinct autor )
from     buecher;
```

dann bekommen wir den Wert 3, da in der Spalte **autor** nur 3 verschiedene Autoren aufgeführt sind. **DISTINCT** kann also benutzt werden, um mehrfach vorkommende Objekte nur einmal zu zählen. Genau denselben Zweck erfüllt **DISTINCT** auch in der **SELECT-Klausel** selbst. Wie ein kurzer Blick auf die Syntax des **SELECT-Befehls** zeigt, muß die Abfrage

```
select   distinct  autor, titel
from     buecher;
```

ein erlaubter Befehl sein. Wie in der **COUNT** Funktion bewirkt **DISTINCT** auch hier die Unterdrückung von mehrfach vorkommenden Zeilen. In diesem Beispiel erwischt es den Faust von Goethe, der ja zweimal vorkommt und als Ergebnis erhalten wir:

autor	titel
Goethe	Faust
Schiller	Die Räuber
Goethe	Wahlverwandschaften
	Das Guinnessbuch der Rekorde
Lessing	Nathan der Weise
	Enzyklopädie der Klassik

5.3 GROUP BY ... HAVING

Die **GROUP BY** Klausel dient dem Zweck, Informationen aus einer Tabelle gezielt zusammenfassen zu können. (Die Wirkung ist vergleichbar mit der von "Assoziativen Arrays", also Feldern, deren Indizes nicht aus ganzen Zahlen, sondern aus beliebigen Zeichenketten bestehen können.) Sie ist ein mächtiges Hilfsmittel und ersetzt ganze Programmabschnitte, wenn man die Lösung des gleichen Problems mit SQL und einer gewöhnlichen Programmiersprache vergleicht. Die Funktion dieser Klausel ist am einfachsten anhand einiger Beispiele zu verdeutlichen. Betrachten wir dazu wieder die kurze Version unserer Büchertabelle.

buecher			
buch_nr	autor	titel	ausleihzahl
1	Goethe	Faust	10
2	Schiller	Die Räuber	12
3	Goethe	Wahlverwandtschaften	6
4		Das Guinnessbuch der Rekorde	9
5	Lessing	Nathan der Weise	7
6	Goethe	Faust	5
7		Enzyklopädie der Klassik	4

group by Wir wollen nun die Summe der Ausleihzahlen nach Autoren aufgeschlüsselt ermitteln.

```
select   autor,
   sum( ausleihzahl )
from     buecher
group by autor;
```

autor	sum(ausleihzahl)
Goethe	21
Schiller	12
	13
Lessing	7

Pro Autor werden also die Werte in der Spalte **ausleihzahl** addiert. Auch die Zeilen ohne Autor haben wir in diesem Beispiel zusammengefaßt. Ob ein SQL-Interpreter das tut, ist nicht mit Sicherheit vorherzusagen. Im letzten Abschnitt haben wir noch als Begründung für die

Datenbankabfragen

Formulierung **IS NULL** die Ungleichheit von **NULL** zu allem, sogar zu sich selbst angeführt. Nach dieser Philosophie dürften die Bücher ohne Autor nicht zusammengefaßt werden, die meisten SQL-Interpreter liefern jedoch das gerade gezeigte Ergebnis ab.

having

Die **HAVING**-Klausel ist vergleichbar der **WHERE-Klausel**. Sie kann eingesetzt werden, um aus dem Ergebnis eines **SELECT** mit **GROUP BY** noch spezielle Zeilen auszuwählen. **HAVING** kann nur im Zusammenhang mit einem vorangestellten **GROUP BY** eingesetzt werden. Wollen wir z.B. nur Autoren mit hoher Gesamtausleihzahl sehen, z.B. mehr als 10, dann können wir folgende Abfrage einsetzen

```
select      autor,
            sum( ausleihzahl )
from        buecher
group by    autor
having      sum( ausleihzahl ) > 10;
```

und erhalten als Resultat

autor	sum(ausleihzahl)
Goethe	21
Schiller	12
	13

In dieser Tabelle tritt der Lessing nicht mehr auf, da er einen Wert von insgesamt mehr als 10 Ausleihen nicht erreicht hat.

GROUP BY ... HAVING und **WHERE** schließen sich keineswegs aus. Nehmen wir einfach den folgenden (nicht sonderlich sinnvollen) Befehl und analysieren das Ergebnis:

```
select      autor,
            sum( ausleihzahl )
from        buecher
where       ausleihzahl > 5
group by    autor
having      sum( ausleihzahl ) > 10;
```

autor	sum(ausleihzahl)
Goethe	16
Schiller	12

Das Zustandekommen dieser Ausgabe kann man sich folgendermaßen erklären: Im ersten Schritt werden alle Zeilen aus **buecher** gestrichen, die den Bedingungen der **WHERE-Klausel** nicht genügen. Das betrifft die beiden letzten Zeilen und für die nächsten Schritte bleibt übrig

buch_nr	autor	titel	ausleihzahl
1	Goethe	Faust	10
2	Schiller	Die Räuber	12
3	Goethe	Wahlverwandtschaften	6
4		Das Guinnessbuch der Rekorde	9
5	Lessing	Nathan der Weise	7

Im nächsten Schritt folgt das **GROUP BY**.

autor	sum(ausleihzahl)
Goethe	16
Schiller	12
	9
Lessing	7

Im letzten Schritt werden die Zeilen gestrichen, die nicht die **HAVING** Bedingung erfüllen und wir erhalten als Endergebnis

autor	sum(ausleihzahl)
Goethe	16
Schiller	12

Datenbankabfragen

Es ist sehr wichtig, sich das Zusammenspiel der drei Klauseln **WHERE**, **GROUP BY** und **HAVING** genau klarzumachen (s. Abschnitt 5.5), da sie den grundlegenden Mechanismus einer einfachen Abfrage bereitstellen, der bei komplexeren Vorgängen mehrfach und in geschachtelter Form auftreten kann.

Die Möglichkeiten der **GROUP-BY-Klausel** sind nicht auf die Gruppierung nach einer Spalte beschränkt. Wollen wir nicht die Summe der Ausleihzahlen pro Autor, sondern pro Buchtitel wissen, so ist die **GROUP-BY-Klausel** auf **autor** und **titel** anzuwenden.

```
select     autor,
           titel,
           sum( ausleihzahl )
from       buecher
group by   autor, titel;
```

autor	titel	ausleihzahl
Goethe	Faust	15
Schiller	Die Räuber	12
Goethe	Wahlverwandtschaften	6
	Das Guinnessbuch der Rekorde	9
Lessing	Nathan der Weise	7
	Enzyklopädie der Klassik	4

In dieser Abfrage werden nun die Ausleihzahlen für die Zeilen summiert, in denen die Werte für **autor** und **titel** übereinstimmen. Das betrifft in diesem Beispiel nur Goethes Faust, der als einziges Buch zweimal vorhanden ist.

Noch eine allgemeine Bemerkung zu **GROUP BY**. Jeder **SELECT**-**Befehl**, der ein **GROUP BY** enthält, muß gewissen formalen Ansprüchen genügen, damit er ausführbar ist. Betrachten wir folgenden Befehl:

```
select    s1, s2, s3
from      t
group by  s1, s2;
```

Dieser Befehl ist so sicher nicht ausführbar. Alle Zeilen, in denen s1 und s2 übereinstimmen, sollen ja durch die **GROUP-BY-Operation** zusammengefaßt werden. Was geschieht bei dieser Zusammenfassung aber mit den verschiedenen Werten von s3? Betrachten wir folgendes Beispiel

t		
s1	s2	s3
a	x	7
b	y	3
b	y	6
a	x	1
b	y	9

dann erkennen wir sofort die Unmöglichkeit dieses Befehls.

s1	s2	s3
a	x	7,1 ??
b	y	3,6,9 ??

Es ist also unbedingt erforderlich, die Werte der Spalte s3 in irgendeiner Form zu einem Wert zusammenzufassen, und das kann nur durch eine der Funktionen **min**, **max**, **sum**, **avg** oder **count** geschehen. Der Befehl kann daher nur in folgender Form korrekt sein:

```
select     s1, s2, f( s3 )
from       t
group by   s1, s2;
```

wobei f eine der 5 Funktionen ist. Entsprechend muß bei einer anderen Gruppierung auch die Funktion f auf eine andere Spalte angewendet werden, z.B.:

```
select      s1, f( s2 ),   s3
from        t
group by    s1, s3;
```

Das bedeutet, auf alle Spalten, die im Projektionsteil aufgeführt werden, die aber nicht in der **GROUP-BY-Klausel** stehen, muß eine der 5 SQL-Funktionen angewendet werden. (Falls Ihr SQL-Interpreter weitere Funktionen zu bieten hat, kann es natürlich auch eine andere geeignete sein.)

5.4 Joins I: Inner Joins

Bislang haben wir nur Daten aus einer Tabelle selektiert. Nun sind Datenbanken mit nur einer Tabelle allerdings eine ausgesprochene Seltenheit, und entweder handelt es sich dabei um eine langweilige Datenbank, wie eine einfache Telefonliste, oder um eine schlecht entworfene, nicht normalisierte. In unserem Fall haben wir es mit einer Reihe von Tabellen zu tun und die ebenso einfache wie wichtige Frage "Welcher Leser (mit Namen) hat welches Buch (mit Autor und Titel)" bringt die Information der drei Tabellen **buecher**, **leser** und **verleih** in Beziehung. Ein Blick auf die **SELECT**-Syntax zeigt, daß in der **FROM-Klausel** mehrere Tabellen angegeben werden können und immer dann, wenn dort mehr als eine Tabelle steht, spricht man von einem **Join**. Um die Leser zu den verliehenen Büchern zu ermitteln, ist es aber nicht damit getan, einfach die beteiligten Tabellen anzugeben, wie etwa

```
select   autor, titel,
         name,
         rueckgabedatum
from     buecher, leser, verleih;
```

Rein formal ist dieser Befehl korrekt. (Er liefert auch ein Ergebnis, sogar eines von überwältigendem Umfang.) Um aber einen vernünftigen Join zu bilden, der das gewünschte Ergebnis liefert, müssen (fast) immer zusätzliche Bedingungen implizit über die **JOIN-Klausel** oder explizit in der **WHERE-Klausel** formuliert werden, sogenannte **Join-Bedingungen**.

kartesisches Produkt

Einen Join zweier Tabellen kann man sich als eine neue Tabelle vorstellen, und zwar im allgemeinsten Fall die Kombination aller Zeilen der ersten Tabelle mit allen Zeilen der zweiten. Eine solche Verknüpfung nennt man das **kartesische Produkt** der Tabellen. Ein kurzes Beispiel soll das verdeutlichen. Gehen wir von zwei Tabellen **U** und **V** mit den Spalten **u1**, **v1** und **v2** und folgendem Inhalt aus:

U
u1
a
b
c

V	
v1	v2
x	2
y	1

Die Tabelle U besitzt eine Spalte und drei Zeilen, V besitzt zwei Spalten und zwei Zeilen. Die Kombination aller Zeilen aus U und V ergibt die Produkttabelle U x V.

U x V		
u1	v1	v2
a	x	2
a	y	1
b	x	2
b	y	1
c	x	2
c	y	1

Diese Tabelle hat drei Spalten, nämlich alle Spalten aus U und V, und sechs Zeilen, nämlich die Anzahl Zeilen in U mal der Anzahl Zeilen in V. (Die Spalten v1 und v2 der Tabelle V werden selbstverständlich nicht durchkombiniert. Der Partner von x bleibt immer 2 und der von y bleibt 1. Eine Vermischung der Zeilen innerhalb der Tabelle V würde ja deren Inhalt zerstören.)

Allgemein gilt: das kartesische Produkt einer Tabelle U mit u_1 Spalten und u_2 Zeilen und einer Tabelle V mit v_1 Spalten und v_2

Zeilen ist eine Tabelle U x V mit $u_1 + v_1$ Spalten und $u_2 v_2$ Zeilen.

Cross join

Für die Bildung eines solchen Produkts gibt es zwei gleichwertige SQL-Anweisungen.

```
select   *
from     u, v;
```

oder

```
select   *
from     u cross join v;
```

cross steht dabei für Kreuzprodukt, ein anderer Name für kartesisches Produkt.

Was können wir nun mit dem kartesischen Produkt **buecher x verleih** anfangen, um dem Ziel näherzukommen, eine Liste der ausgeliehenen Bücher mit Namen und Autoren erstellen zu können? Dazu konstruieren wir wieder ein kurzes Beispiel für die Tabellen.

Datenbankabfragen

buecher		
buch_nr	autor	titel
1	Goethe	Faust
2	Schiller	Die Räuber
3	Goethe	Wahlverwandtschaften
4		Das Guinnessbuch der Rekorde
5	Lessing	Nathan der Weise
6	Goethe	Faust
7		Enzyklopädie der Klassik

verleih	
leser_nr	buch_nr
A	3
C	1
A	6

Stellen wir nun die Anfrage

```
select   *
from     buecher, verleih;
```

so erhalten wir als Ergebnis in der Tat das Produkt **buecher x verleih**.

buch_nr	autor	titel	leser_nr	buch_nr
1	Goethe	Faust	A	3
2	Schiller	Die Räuber	A	3
3	Goethe	Wahlverwandtschaften	A	3
4		Das Guinnessbuch der Rekorde	A	3
5	Lessing	Nathan der Weise	A	3
6	Goethe	Faust	A	3
7		Enzyklopädie der Klassik	A	3
1	Goethe	Faust	C	1
2	Schiller	Die Räuber	C	1
3	Goethe	Wahlverwandtschaften	C	1
4		Das Guinnessbuch der Rekorde	C	1
5	Lessing	Nathan der Weise	C	1
6	Goethe	Faust	C	1
7		Enzyklopädie der Klassik	C	1
1	Goethe	Faust	A	6
2	Schiller	Die Räuber	A	6
3	Goethe	Wahlverwandtschaften	A	6
4		Das Guinnessbuch der Rekorde	A	6
5	Lessing	Nathan der Weise	A	6
6	Goethe	Faust	A	6
7		Enzyklopädie der Klassik	A	6

Dieses Ergebnis zeigt uns eine Menge von Zeilen, in denen uns die Information wie wahllos durcheinandergewürfelt erscheint. Vor allem erkennen wir, daß die Spalte **buch_nr** zweimal vorkommt, einmal aus der Tabelle **buecher** und einmal aus **verleih**. Dabei stehen z.B. Daten zum Buch 7 mit Daten zum Buch 1 in einer Zeile nebeneinander. Dies kann hier nicht sinnvoll sein und um die richtigen Zeilen herauszusuchen, müssen wir uns auf die Zeilen beschränken, in denen nur Daten zu einem einzigen Buch zu finden sind, d.h. die **buch_nr** auf der linken Seite muß gleich der auf der rechten sein. Wenn wir dies in ein SQL-

Datenbankabfragen

Kommando bringen wollen, tritt ein Problem auf. Wir müssen die beiden Buchnummern voneinander unterscheiden. Dazu bietet SQL die Möglichkeit, den Tabellennamen und einen Punkt vor einen Spaltennamen zu setzen, wenn in verschiedenen Tabellen Spalten mit gleichem Namen auftreten. Der Befehl lautet nun

```
select  *
from    buecher, verleih
where   buecher.buch_nr = verleih.buch_nr;
```

b.buch_nr	autor	titel	leser_nr	v.buch_nr
3	Goethe	Wahlverwandtschaften	A	3
1	Goethe	Faust	C	1
7	Goethe	Faust	A	7

Es erscheint überflüssig, die Buchnummer zweimal anzeigen zu lassen und wir können den Befehl wie folgt schreiben

```
select  buecher.buch_nr,
        autor,
        titel,
        leser_nr
from    buecher, verleih
where   buecher.buch_nr = verleih.buch_nr;
```

buecher.buch_nr	autor	titel	leser_nr
3	Goethe	Wahlverwandtschaften	A
1	Goethe	Faust	C
7	Goethe	Faust	A

An dieser Stelle haben wir immerhin schon einmal die Daten von verliehenen Büchern mit den zugehörigen Nummern der jeweiligen Leser zusammengestellt.

**Alias-
namen**

Joins in dieser Form kommen sehr häufig vor und SQL bietet die Möglichkeit, für Tabellennamen sogenannte Aliasnamen in der **FROM-Klausel** zu vergeben, die dann in den anderen Klauseln des Befehls benutzt werden **müssen**! Im folgenden Befehl vergeben wir für die Büchertabelle den Alias **b** und für die Verleihtabelle **v**.

```
select   b.buch_nr,
         autor,
         titel,
         leser_nr
from     buecher b, verleih v
where    b.buch_nr = v.buch_nr;
```

Im Projektionsteil ist die Angabe der Tabelle natürlich nur für die Spalten erforderlich, die in mehreren Tabellen mit gleichem Namen vorkommen. Bei eindeutigen Namen kann darauf verzichtet werden.

Warum wird nun für eine einfache Sache wie Joins ein so enormer Aufwand getrieben? Betrachten wir nochmals das kartesische Produkt der Tabellen **buecher** und **verleih**, so sehen wir, daß in der großen Mehrzahl der Zeilen schlicht und einfach Unsinn steht und wir niemals einen Join dieser Tabellen ohne die Bedingung **where b.buch_nr = v.buch_nr** benutzen werden. Warum macht SQL diese sinnvolle oder gar sinngebende Einschränkung nicht automatisch? Der Grund ist, daß wir Dinge wissen, von denen die Datenbank keine Ahnung hat. Wir haben auch keine Möglichkeit, der Datenbank unser Wissen mitzuteilen. Woher soll sie wissen, daß wir mit der Spalte **buch_nr** in den Tabellen **buecher** und **verleih** tatsächlich dasselbe Attribut desselben Objektes meinen und daher eine Verknüpfung unterschiedlicher Buchnummern in einer Zeile stets Unsinn ergibt? Und woher nehmen wir die Sicherheit, daß es grundsätzlich keine sinnvolle Verknüpfung ohne diese Join-Bedingung geben kann? (Wir werden in allen weiteren Beispielen zur Bibliothek keine finden, aber später ein anderes Beispiel konstruieren, bei dem solche Verknüpfungen Sinn machen.) Wir haben also durch die Join-Strategie von SQL zwar etwas mehr Schreib- und Denkarbeit, dafür aber die volle Freiheit zur Verknüpfung aller Informationen in der Datenbank, denn **das kartesische Produkt ist genau die Verknüpfung, die jede Information in der Datenbank zu jeder anderen in Beziehung setzen kann, ohne eine Vorauswahl zu treffen oder überflüssige Redundanz einzuführen.**

Datenbankabfragen

Im früheren SQL-Standard war es so, daß man tatsächlich für jeden Join über den Cross-Join gehen mußte und notwendige Join-Bedingungen in der **WHERE**-Klausel anzugeben hatte. Auf die Möglichkeit, das tun zu können, kann auch keinesfalls verzichtet werden. Nur ist die große Mehrheit aller Joins von einer Art, die nach Abkürzung schreit. **buch_nr** ist in der Büchertabelle der Primär-, in der Verleihtabelle ein Fremdschlüsel. In beiden Tabellen hat die Spalte den gleichen Namen. (Wir wären dumm, wenn wir uns für die gleiche Sache verschiedene Namen auszudenken würden, oder?) Beim Cross Join waren nun einfach die Spalten mit gleichem Namen explizit gleichzusetzen. Dies geschieht beim **NATURAL JOIN** automatisch.

```
select   *
from     buecher natural join verleih;
```

natural join

Im Allgemeinen werden beim **NATURAL JOIN** alle Spalten der beteiligten Tabellen mit gleichem Namen gleichgesetzt, wobei jede nur einmal ausgegeben wird. Es ist hier sogar verboten, doppelt vorhandene Spalten durch ein Tabellenpräfix zu kennzeichnen.

```
select   buecher.buch_nr,
         autor,
         titel,
         leser_nr
from     buecher natural join verleih;
```

Dagegen ist

```
select   buch_nr,
         autor,
         titel,
         leser_nr
from     buecher natural join verleih;
```

korrekt.

Wir sind mit unseren Joins nun soweit gelangt, daß wir uns zu den ausgeliehenen Büchern die entsprechende Nummer des Lesers anzeigen lassen können. Wir wollten uns aber ursprünglich auch den Namen des Lesers mit ausgeben lassen und dazu benötigen wir eine Information, die nur in der Tabelle **leser** vorhanden ist. Wir müssen in der **FROM-Klausel** jetzt drei Tabellen angeben und erhalten folglich auch das kartesische Produkt der drei Tabellen. Ob zwei oder drei (oder mehr) Tabellen ist aber kein grundsätzlicher Unterschied. Wie bei der gewöhnlichen Multiplikation dreier Zahlen, die man schlicht als **xyz** schreibt, ist die Reihenfolge beim Ausrechnen ohne Belang. Ob man **(xy)z** oder **x(yz)** rechnet, hat auf das Ergebnis keinen Einfluß. Genauso verhält es sich mit den Produkten von Tabellen. **(buecher x verleih) x leser** führt zum gleichen Ergebnis wie **buecher x (verleih x leser)**, daher kann man auf Klammern verzichten und einfach **buecher x verleih x leser**, oder in SQL-Form, **FROM buecher, verleih, leser** schreiben. (Wir wollen hier nicht Gefahr laufen, den Unterhaltungswert dieser Lektüre durch einen mathematischen Beweis empfindlich zu mindern. Der Ungläubige mag ihn selbst führen oder sich der Sache anhand eines kleinen Beispiels versichern.)

Um die Lösung unseres Problems zu finden, müssen wir uns nur klarmachen, daß alles, was bislang über **buecher** und **verleih** gesagt wurde, weiterhin gilt und die gleichen Dinge auch für **verleih** und **leser** zu beachten sind. Daher können wir schreiben:

```
select   b.buch_nr, autor, titel
         l.leser_nr, name
from     buecher b, verleih v, leser l
where    b.buch_nr = v.buch_nr
and      v.leser_nr = l.leser_nr;
```

Im Projektionsteil werden die Spalten angegeben, die im Ergebnis erscheinen sollen. Dabei ist es in diesem Fall natürlich egal, ob man die Buchnummer aus der Bücher oder der Verleihtabelle nimmt, da beide durch die erste Selektionsbedingung gleich sind. Entsprechendes gilt für die Lesernummer. In der **FROM-Klausel** müssen alle Tabellen genannt werden, auf die in anderen Klauseln Bezug genommen wird. Der erste Teil der **WHERE-Klausel** verhindert eine Vermischung der Buchnummern aus **buecher** und **verleih**, der zweite Teil entsprechend eine Vermischung der Lesernummern aus **verleih** und **leser**.

In Natural Join Syntax heißt das

```
select   buch_nr, autor, titel,
         leser_nr, name
from     buecher
         natural join
     verleih
         natural join
     leser;
```

Dies sieht einfacher aus, ist es aber nicht zwangsläufig. Abgesehen davon, daß am Ende das Ergebnis dasselbe ist, spielt hier die Reihenfolge der Tabellen eine wesentliche Rolle. Joins werden von links nach rechts abgearbeitet und daher wäre ein Vertauschen von **verleih** und **leser** sehr unvorteilhaft, denn **buecher natural join leser** degeneriert zum gewöhnlichen **cross join**, da die Tabellen keine Spalte(n) mit gleichem Namen haben.

Beispiele

Es folgen nun noch einige Join-Beispiele. Wir konzentrieren uns hier auf den Weg über den Cross Join, da dies, wenn auch nicht mehr in allen Fällen die schönste, aber immer noch die allgemeinste Variante ist (s. Beispiele in 5.11). Außerdem gibt es viele Produkte, die bis heute nur die einfache Cross Join Syntax beherrschen.

- Wenn wir am Rückgabeschalter der Bibliothek sitzen und uns morgens auf die Menge Arbeit einstellen wollen, die uns erwartet, können wir die Frage stellen: "Welche Bücher werden heute zurückgebracht, vorausgesetzt, niemand vergißt seinen Termin?"

```
select   autor, titel
from     buecher b, verleih v
where    b.buch_nr = v.buch_nr
and      rueckgabedatum = current_date;
```

- Durch die zusätzliche Bedingung **rueckgabedatum = current_date** werden aus der Liste aller verliehenen Bücher genau die ausgewählt, die heute zurückgebracht werden müssen.
- Erstelle eine alphabetische Liste der Namen von gesperrten Lesern.

```
select      name
from        leser l, strafen s
where       l.leser_nr = s.leser_nr
and         sperre is not null
order by    name;
```

- Welche Leser haben noch Bücher, die sie eigentlich schon hätten abgeben müssen und wieviele sind es pro Leser? Wir fragen hier also nach einer Tabelle mit folgendem Aussehen:

Leser_nr	name	Anzahl überzogener Bücher
...	...	...

```
select      l.leser_nr, name, count(*)
from        leser l, verleih v
where       l.leser_nr = v.leser_nr
and         rueckgabedatum < current_date
group by    l.leser_nr, name;
```

Wenn wir auf das Erscheinen des Lesernamens Wert legen, dann führt das zu einer merkwürdig erscheinenden **GROUP-BY-Klausel**. Wir müssen eine Gruppierung nach Lesernummern vornehmen, denn wir wollen ja für jeden Leser mit überzogenen Büchern genau eine Ausgabezeile erhalten und wenn ein Leser mehrere solcher Bücher hat, kommt er mehrmals in der Verleihtabelle vor. Das **group by ... name** hat überhaupt keine Auswirkung, da bei gleicher Lesernummer stets der gleiche Name auftritt, ist aber erforderlich, weil **name** im Projektionsteil ohne eine der fünf SQL-Funktionen angegeben wird. (s. Seite 79) Eine Alternative wäre, den Namen bei der Gruppierung wegzulassen und dafür eine der Funktionen **min** oder **max** auf dem Namen im Projektionsteil anzuwenden.

```
select      l.leser_nr,
            min( name ),
            count(*)
from        leser l, verleih v
where       l.leser_nr = v.leser_nr
```

```
        and        rueckgabedatum < current_date
        group by   l.leser_nr;
```

Das funktioniert, weil z.B. die kleinste von den Zahlen 7,7,7,7 die 7 ist und die Funktionen **min** und **max** nicht nur auf Zahlen sondern auch auf Zeichenketten angewendet werden können.

5.5 Ein Modell für SELECT

Wir haben inzwischen alle Klauseln des **SELECT-Befehl**s kennengelernt. Es verbergen sich zwar noch einige Spezialitäten hinter **WHERE** und **HAVING**, an der grundsätzlichen Abarbeitung des Befehls ändert das aber nichts. Fassen wir daher einmal zusammen, wie wir uns das Zustandekommen des Ergebnisses einer Abfrage veranschaulichen können. Dazu stellen wir uns vor, daß alle Klauseln in einer bestimmten Reihenfolge abgearbeitet werden und jeweils die nächste Klausel das Ergebnis der direkt zuvor bearbeiteten Klausel als Eingabe bekommt. Die folgende Tabelle stellt die Klauseln und die Reihenfolge der Bearbeitungsschritte mit einer kurzen Erläuterung zusammen.

Modell für SELECT		
Klausel	Schritt	Erläuterung
select	5	streiche alle Spalten, die nicht genannt wurden; wende evtl. genannte Funktionen (sum, avg, ...) an
from	1	bilde den geforderten Join oder das kartesische Produkt der angegebenen Tabellen
where	2	streiche alle Zeilen, die die Bedingung nicht erfüllen
group by	3	führe Gruppierung durch
having	4	streiche alle Zeilen, die die Bedingung nicht erfüllen
order by	6	sortiere

Tabelle 5.2

Datenbankabfragen

Mit diesem Schema vor Augen (oder im Kopf) sollte es immer möglich sein, das Ergebnis einer Abfrage zu erklären, bzw. eine Abfrage für ein gegebenes Problem zu konstruieren. Aber machen wir uns nichts vor. Kein SQL-Interpreter der Welt arbeitet genau nach diesem Prinzip. Schon der Schritt 1 wäre in vielen Fällen tödlich, wie eine kurze Rechnung zeigt. Stellen wir uns dazu eine Universitätsbibliothek mit ca. 1 Million Bücher (das ist normal) vor. Die Universität hat 10000 Studenten (= Leser; das ist eher wenig) und ein Prozent des Buchbestands sei ausgeliehen. Für eine Zeile der Bücher- und Lesertabelle benötigen wir je 100 Byte und für eine Zeile der Verleihtabelle 10. (Auch das ist alles knapp kalkuliert.) Das kartesische Produkt der Tabellen **buecher, leser** und **verleih** wäre dann von der Größe

$10^6 \cdot 10^4 \cdot 10^4 \cdot (10^2 + 10^2 + 10^1)$ Byte $= 2.1 \cdot 10^{16}$ Byte $=$ 21000 Terabyte

Diese Zahl ist so weit jenseits von Gut und Böse, daß niemand glauben kann, ein SQL-Interpreter würde dieses Produkt bilden, um die Namen der Leser und die Titel der verliehenen Bücher herauszubekommen. Würde allerdings ein Verrückter die Abfrage

```
select    *
from      buecher, leser, verleih;
```

eingeben, so müßte er es versuchen und falls er nicht irgendwann die Flügel streckt, wäre er mit der Bearbeitung bis zum Sankt Nimmerleinstag beschäftigt. (Bei einem mit 9600 Baud angeschlossenen Terminal ist dieser Tag in ca. 550000 Jahren.)

Welche Strategien und Verfahren ein SQL-Interpreter für die Auswertung einer Anfrage nun benutzt, kann von unserem Standpunkt aus ruhig sein Geheimnis bleiben. (Diese Frage ist natürlich interessant, bloß nicht das Thema dieses Buches. Zu diesem Thema verweisen wir auf [17]) Für uns ist an dieser Stelle wichtig, eine Vorstellung von den grundsätzlichen Prinzipien zu bekommen, nach denen SQL entworfen wurde, und diese sind hier dargestellt. Wie ein spezieller Interpreter mit geringstem Aufwand zu einem Ergebnis kommt und welche Algorithmen er dabei einsetzt, ist ein ganz anderes Problem und außerdem nicht unabhängig vom Hersteller.

5.6 Joins II: Outer Joins

Die bislang durchgeführten Joins enthielten nur die Zeilen aus den beteiligten Tabellen, für die ein passender Wert für die Join Bedingung vorhanden war. Verdeutlichen wir uns das nochmal an einem kurzen Beispiel.

u	
s1	s2
1	a
2	b
5	c
6	d

v	
s1	s2
2	x
3	y
6	z

Ein Join der Tabellen mit der Spalte **s1** als Join Zeile

```
select   *
from     u, v
where    u.s1 = v.s1;
```

liefert das Ergebnis

u.s1	u.s2	v.s1	v.s2
2	b	2	x
6	d	6	z

Zeilen mit einem der Werte 1,3 oder 5 in der Spalte **s1** kommen im Ergebnis nicht vor, da in der jeweils anderen Tabelle kein Partner für sie vorhanden ist. Joins dieser Art (und nur solche haben wir bislang benutzt) nennt man "**Inner Joins**". Nun ist es aber manchmal zweckmäßig, alle Zeilen einer Tabelle im Ergebnis zu haben, auch wenn kein passender Partner in der anderen Tabelle gefunden wird. Solche Joins nennt man "**Outer Joins**" und ein vollständiger äußerer Join der Tabellen u und v hätte folgendes Aussehen:

u.s1	u.s2	v.s1	v.s2
2	b	2	x
6	d	6	z
1	a		
5	c		
		3	y

Das heißt, ein **vollständiger äußerer Join** besteht aus den Zeilen des inneren Joins und den übriggebliebenen Zeilen der einzelnen Tabellen. An die Stelle der Partner aus der anderen Tabelle treten **NULL-Werte**. Außer dem vollständigen äußeren Join ist der sogenannten **einseitige äußere Join** eine sinnvolle Verknüpfung, die entsprechend nur die übriggebliebenen Zeilen aus einer Tabelle enthält. Ein einseitiger äußerer Join, bei dem die Tabelle u am äußeren und die Tabelle v nur am inneren Join beteiligt ist, liefert demnach das Ergebnis

u.s1	u.s2	v.s1	v.s2
2	b	2	x
6	d	6	z
1	a		
5	c		

Der Outer Join gehört nicht zum Umfang des alten SQL-Standards, erst der SQL2- Standard schließt ihn mit ein. Dennoch ist er eine aus der Relationentheorie bekannte und wünschenswerte Verknüpfung und folglich haben ihn viele DB-Hersteller längst in ihre SQL-Implementierungen integriert. Die Schreibweisen sind jedoch unterschiedlich, und in der Regel ist nur der einseitige Outer Join realisiert. Bei einseitige Outer Joins wird zwischen **links- und rechtsseitigen Outer Joins** unterschieden, allerdings nur der Vollständigkeit halber, denn das Ergebnis eines linksseitiger Join verwandelt sich in das eines rechtsseitigen, wenn man die Reihenfolger der Tabellen in der From-Klausel vertauscht. Versuchen wir nun mit den Mitteln des Outer Join eine Tabelle aller Bücher zu erstellen, in der für den Fall eines verliehenen Buches in der letzten Spalte die entsprechende Lesernummer erscheint. Unsere Ausgangstabellen seien

Buecher		
buch_nr	autor	titel
1	Goethe	Faust
2	Schiller	Die Räuber
3	Goethe	Wahlverwandtschaften
4		Das Guinnessbuch der Rekorde
5	Lessing	Nathan der Weise
6	Goethe	Faust
7		Enzyklopädie der Klassik

verleih	
leser_nr	buch_nr
A	3
C	1
A	7

left join

Stellen wir nun die Anfrage

```
select  buch_nr, autor, titel, leser_nr
from    buecher  left outer join verleih;
```

Datenbankabfragen

dann erhalten wir das Ergebnis

buch_nr	autor	titel	leser_nr
1	Goethe	Faust	C
2	Schiller	Die Räuber	
3	Goethe	Wahlverwandtschaften	A
4		Das Guinnessbuch der Rekorde	
5	Lessing	Nathan der Weise	
6	Goethe	Faust	A
7		Enzyklopädie der Klassik	

right join

Das Schlüsselwort **outer** kann in diesem wie allen anderen Fällen weggelassen werden, da die Spezifikation von **left** oder **right** als Anweisung für einen Outer Join ausreichend ist. Links und rechts können, wie im täglichen Leben, ohne Gefahr vertauscht werden, vorausgesetzt man vertauscht zweimal. So liefert das folgende Beispiel dasselbe Resultat wie das letzte.

```
select  buch_nr, autor, titel, leser_nr
from    verleih right outer join buecher;
```

Im nächsten Beispiel wollen wir ermitteln, wieviel Prozent unserer Bücher ausgeliehen sind. Die Rechnung ist im Prinzip sehr einfach.

```
Anteil Verliehene (%)   =   Fehler!
```

Allerdings kann das Verfahren nicht direkt in einen **SELECT-Befehl** umgesetzt werden. Eine Konstruktion wie

```
select count(*) * 100 from verleih
/
select count(*) from buecher;
```

ist natürlich Unsinn, obwohl in einer Check-Klausel korrekt und sinnvoll. Mit einem gewöhnlichen (inneren) Join bekommen wir auch Probleme, denn

```
select   count(*)
from     buecher b, verleih v
where    b.buch_nr = v.buch.nr;
```

liefert ja nichts als die Anzahl verliehener Bücher, da durch die Join-Bedingung bereits alle nicht verliehenen Bücher ausgeschlossen werden. Wir wissen aber, daß jedes Buch in der Verleihtabelle höchstens einmal vorkommen kann, folglich könnten wir über das volle kartesische Produkt versuchen, alle verschiedenen Vorkommen von Büchern zu zählen

```
select   count(distinct v.buch_nr) * 100 /
         count(distinct b.buch_nr)
from     buecher b, verleih v;
```

Eine gesündere Möglichkeit scheint aber der Outer Join zu bieten, denn ein Blick auf das letzte Beispiel dieser Art zeigt uns, daß wir im Grunde nur die gesamte Anzahl der Zeilen und die Einträge in der Spalte **leser_nr** zählen müssen, um zu dem gewünschten Ergebnis zu kommen.

```
select   count(leser_nr) * 100 / count(*)
from     buecher left join verleih;
```

Diese Formulierung ist recht praktisch. Es gibt jedoch noch eine andere Möglichkeit, die Anzahl Zeilen zweier Tabellen ins Verhältnis zu setzten. (s. Übung 12)

5.7 Subqueries I: Single-Row-Subqueries

Kommen wir nun zum Problem zurück, das am häufigsten ausgeliehene Buch zu ermitteln. Beschränken wir uns zunächst auf das meistgelesene Exemplar und vernachlässigen den Umstand, daß es von einem Titel viele Exemplare geben kann, die zusammen eine größere Ausleihzahl erreichen, als das meistgelesene Einzelexemplar. Stellen wir uns also zuerst die Frage, welches ist die Zeile in der Büchertabelle mit dem größten Wert für die Ausleihzahl. Wir haben eingesehen, daß der Befehl

```
select   autor, titel,
         max(ausleihzahl)
from     buecher;
```

nicht funktionieren kann. Nicht so leicht zu akzeptieren ist, daß

```
select   autor, titel, ausleihzahl
from     buecher
where    ausleihzahl =
         max(ausleihzahl);
```

ebensowenig funktioniert. Die SQL-Funktionen arbeiten nicht so wie Funktionen in gewöhnlichen Sprachen, die überall dort eingesetzt werden können, wo ein beliebiger Ausdruck stehen kann, und die an dieser Stelle den entsprechenden Wert liefern. Etwas klarer wird die Geschichte, wenn wir uns überlegen, daß die Funktion **max(ausleihzahl)** aus der SQL-Perspektive tatsächlich in der Luft hängt. Eine Funktion in einer gewöhnlichen Sprache bekommt mit ihren Parametern alle Daten, die sie zur Ausführung benötigt. Wie können wir aber hier z.B. der Funktion mitteilen, daß wir uns lieber auf die Ausleihzahlen der Tabelle **leser** beziehen wollen, was zwar nicht sonderlich sinnvoll erscheint, aber doch prinzipiell möglich sein sollte. Die SQL-Funktionen arbeiten daher nur in Zusammenhang mit einer Abfrage, also mit **SELECT** und **FROM**. Konsequenterweise ist es deshalb möglich, innerhalb eines

SELECT-Befehls eine weitere Abfrage unterzubringen. Eine solche Konstruktion nennt man **Subquery**.

```
select    autor, titel, ausleihzahl
from      buecher
where     ausleihzahl =
          (    select    max(ausleihzahl)
               from      buecher
          )
;
```

Subqueries sind nicht nur im Zusammenhang mit Funktionen, sondern universell einsetzbar. Jede Abfrage kann selbst eine Unterabfrage sein und Unterabfragen können weitere Subqueries enthalten. Dennoch sind einige Dinge zu beachten. **Unterabfragen dürfen nur als Bestandteil einer WHERE- oder HAVING-Klausel vorkommen.** In unserem Beispiel muß außerdem dafür gesorgt sein, daß aus der Subquery genau eine Zahl herauskommt, sonst funktioniert der Vergleich mit **ausleihzahl** nicht. Es darf kein String herauskommen und es dürfen auch nicht 2, 3, ... Zahlen oder gar keine sein. In unserem Fall ist das durch den Funktionsaufruf **max(ausleihzahl)** garantiert. Allgemein ist bei der Formulierung von Subqueries auf die Anzahl zurückgegebener Zeilen und deren Datentyp zu achten. Man unterscheidet insbesondere **Single-Row-Subqueries**, wie in unserem Beispiel, und **Multiple-Row-Subqueries**, die eine beliebige Anzahl Zeilen zurückgeben können, auch keine.

Um vom meistgelesenen Exemplar zum meistgelesenen Buch zu gelangen, fehlt offenbar eine Zusammenfassung über gleiche Bücher bei gleichzeitiger Summierung der Ausleihzahlen. Sieger ist das Buch mit der größten Summe. Die Abfrage erfordert also ein **group by autor, titel**. Die gruppierte Tabelle erhalten wir durch

```
select      autor, titel,
            sum(ausleihzahl)
group by    autor, titel
```

Wir müssen nur die Bedingung einbauen, daß die Ausleihsumme die größte von allen sein soll. Eine **WHERE-Klausel** nützt nichts, weil sie die Zeilen vor der Gruppierung eliminiert, also bleibt nur **HAVING**. Um

die Bedingung zu formulieren, müßten wir aus den Ausleihsummen die
größte herausfischen, aber wie?

```
 ...
having   sum(ausleihzahl) =
    (    select     max(sum(ausleihzahl))
         ....  ?????
```

Zunächst einmal ist die Formulierung **having sum(ausleihzahl) =** ... in Ordnung. Die Funktion **sum(ausleihzahl)** verhält sich hier nicht wie eine Funktion, sondern wie eine gewöhnliche Spalte. Am Projektionsteil erkennen wir, daß sie sich als gewöhnliche Spalte in der **GROUP-BY**-Tabelle befindet und wir gewohnt sind, mit **HAVING** Bedingungen an die Zeilen der Gruppentabelle zu knüpfen, also auch an **sum(ausleihzahl)**. Anders ist es mit der Funktionenverschachtelung in der Subquery. Sie ist grundsätzlich nicht erlaubt (im Standard). (Es gibt SQL-Interpreter, die eine Verschachtelung von Funktionen beherrschen (z.B. Oracle), darauf wollen wir aber hier nicht eingehen.) Ist das Problem nun unlösbar? SQL ist ja keine vollständige Sprache. Es mag also unlösbare Probleme geben. So schlimm ist es jedoch nicht. Wir haben es hier nur mit einem der vielen Fälle zu tun, wo das Problem so einfach erscheint (Welches ist das meistgelesene Buch?) und SQL sich gegen eine Lösung zu sträuben scheint. Wir werden das Problem im nächsten Abschnitt mit einem einzigen **SELECT-Befehl** lösen. Hier wollen wir jetzt aber einen anderen Weg gehen.

temporäre Tabellen

Der SQL2-Standard erlaubt die Erzeugung temporärer Tabellen mittels eines **CREATE TEMPORARY TABLE** ... **(col, typ, ...)** Befehls. Diese Tabellen werden nach Ende einer Sitzung vernichtet und haben auch im Hinblick auf Transaktionsprogramme einige Vorteile. Die Möglichkeit, eine temporäre Tabelle in einem Rutsch zu definieren und mit Daten zu füllen, besteht im Standard jedoch nicht.

Macht eine Abfrage Schwierigkeiten, so ist es meistens der Mühe wert, sich Gedanken über eine Zerlegung in Teilschritte zu machen. Eigentlich alle SQL-Interpreter bieten (über den Standard hinaus) die Möglichkeit, das Ergebnis einer Abfrage in einer Tabelle zu speichern. (Diese Tabelle muß nicht notwendig temporär sein, d.h., nach Ende der Sitzung wieder zu verschwinden.) Die Syntax dazu ist unterschiedlich. Wir haben uns repräsentativ für die Oracle- Variante **CREATE TABLE tabelle AS SELECT** ... entschieden. Gehen wir nun das Problem damit nochmal an.

```
create table    temp as
select          autor, titel,
                sum(ausleihzahl) ausleihsumme
from            buecher
group by        autor, titel;


select          autor, titel, ausleihsumme
from            temp
where           ausleihsumme =
        (       select      max(ausleihsumme)
                from        temp
        )
;


drop table temp;
```

Mit dem ersten Befehl wird die **GROUP-BY**-Tabelle als Tabelle **temp** zwischengespeichert. Sie besitzt als Spalten den Projektionsteil des **SE-LECT-Befehl**s, also **autor, titel** und **ausleihsumme**. In diesem Fall **müssen** wir für die Spalte **sum(ausleihzahl)** einen Aliasnamen angeben, da sonst versucht würde, eine Spalte mit dem Namen **sum(ausleihzahl)** anzulegen, und das ist nicht erlaubt. Der zweite Befehl ist nun genau der, mit dem wir schon das meistgelesene Exemplar ermittelt haben, wir setzten ihn aber auf die gerade erzeugte Gruppentabelle an, in der bereits die Ausleihsummen pro Titel erfaßt sind. Damit haben wir das Ergebnis. Der Ordnung halber werfen wir temporäre Tabellen nach Gebrauch sofort weg. Das geschieht mit dem letzten Befehl.

Wie man sieht, lohnt sich der Einsatz von temporären Tabellen und man kann sich damit häufig einige Knoten in den kostbaren Hirnwindungen ersparen. Sie sind in der Tat das einzige Mittel, aus den hohen Sphären der Logik heraus ein wenig Berührung mit den bekannten Niederungen der prozeduralen Welt zu bekommen. Eine Abfrage erzeugt ein Zwischenergebnis, eine neue erzeugt ein weiteres, ..., und eine letzte ermittelt das Endresultat, alles Schritt für Schritt. Das kommt einem doch irgendwie bekannt vor. Allerdings ist die Vermutung, ab jetzt sei alles ganz einfach, nicht zutreffend. Man kann Abfragen nicht einfacher und einfacher machen, indem man sie in immer mehr und mehr Schritte zerlegt. Manche Dinge kann man nicht aufteilen. Wie würden Sie z.B. das gerade vorgestellte Beispiel weiter vereinfachen, um den Einsatz von Subqueries überflüssig zu machen?

Beispiele Sehen wir uns lieber noch einige Beispiele mit Subqueries an.

- Erzeuge eine Liste der überdurchschnittlich häufig verliehenen Bücher.

Beschränken wir uns auch hier zunächst wieder auf Exemplare. Ein Exemplar wurde überdurchschnittlich oft gelesen, wenn seine Ausleihzahl größer ist, als der Durchschnitt aller Ausleihzahlen.

```
select      *
from        buecher
where       ausleihzahl >
            (   select      avg(ausleihzahl)
                from        buecher
            )
;
```

Um von den einzelnen Exemplaren zu den überdurchschnittlich häufig gelesenen Titeln zu gelangen, können wir exakt wie oben verfahren, erzeugen aber zunächst eine Zwischentabelle, die alle gleichen Titel zusammenfaßt.

```
create table    temp as
select          autor, titel,
                sum(ausleihzahl) ausleihsumme
from            buecher
group by        autor, titel;


select      *
from        temp
where       ausleihsumme >
            (   select      avg(ausleihsumme)
                from        temp
            )
;
```

```
drop table temp;
```

- Ermittle alle Daten aus der Lesertabelle für den Leser mit den höchsten Gebühren.

  Lösung 1: Join von **leser** und **strafen** mit Subquery

```
select    l.leser_nr, name, wohnort,
          ausleihzahl, eintrittsdatum
from      leser l, strafen s
where     l.leser_nr = s.leser_nr
and       gebuehr =
          (    select      max(gebuehr)
               from        strafen
          )
;
```

Lösung 2: Zweifache Subquery

```
select    *
from      leser
where     leser_nr =
          (    select      leser_nr
               from        strafen
               where       gebuehr =
                           (    select      max(gebuehr)
                                from        strafen
                           )
          )
;
```

Datenbankabfragen

5.8 Subqueries II: Multiple-Row-Subqueries

IN, ANY, ALL, EXISTS

in

Bis hierher mußten wir peinlichst darauf achten, daß eine Subquery genau eine Zeile zurückliefert. Eine sichere Möglichkeit dazu ist, im Projektionsteil der Subquery eine der fünf SQL-Funktionen zu benutzen. Ein solches Vorgehen ist aber nicht für jede Fragestellung geeignet, und die Operatoren IN, ANY, ALL und EXISTS können im Zusammenhang mit Subqueries eingesetzt werden, die eine beliebige Anzahl von Zeilen an den übergeordneten SELECT-Befehl liefern. Der Operator IN ist schon aus einem früheren Abschnitt bekannt und wir wollen ihn hier nochmal im Zusammenhang mit einer Subquery einsetzen, um eine Tabelle der ausgeliehenen Bücher zu erhalten. Dieses Problem haben wir bereits in dem Abschnitt über Joins gelöst, im folgenden dazu eine alternative Lösung.

```
select    *
from      buecher
where     buch_nr in
          (     select    buch_nr
                from      verleih
          )
;
```

Die Unterabfrage ermittelt alle Buchnummern, die in der Verleihtabelle eingetragen sind. Die Hauptabfrage gibt alle Bücherdaten zu den Büchern aus, deren Nummern **IN** der Menge der durch die Unterabfrage zurückgegebenen Nummern enthalten sind.

Any, all

Betrachten wir nun die Operatoren **ANY** und **ALL**. Sie sind etwas gewöhnungsbedürfiger als **IN**, da ihre Einsatzmöglichkeiten nicht so offensichtlich sind. Im Grunde sind sie sogar (fast) überflüssig, da es in nahezu allen Fällen alternative Formulierungen gibt, die ohne sie auskommen. **ANY** und **ALL** können nicht allein benutzt werden, sondern müssen immer mit einem der Operatoren =, <>, <, <=, >, >= kombiniert werden. Wir erläutern ihre Funktion im folgenden anhand von Beispielen.

- Erstelle (zum x-ten Mal) eine Liste der verliehenen Bücher. (**=ANY**)

```
select    *
from      buecher
where     buch_nr = any
          (    select    buch_nr
               from      verleih
          )
;
```

Der Operator **= ANY** bedeutet soviel wie "gleich **irgendein**em der Werte in der folgenden Menge". Die Menge wird im Beispiel von der Subquery geliefert, nämlich alle Buchnummern von verliehenen Büchern. Ohne Einschränkung kann festgehalten werden: = ANY ist identisch mit **IN**.

- Welches ist das (zur Abwechslung) am wenigsten ausgeliehene, aber ausleihbare Exemplar? (<= ALL)

```
select    *
from      buecher
where     ausleihzahl <= all
          (    select    ausleihzahl
               from      buecher
               where     leihfrist > 0
          )
;
```

Der Operator **<= ALL** (oder **< ALL**) bedeutet "kleiner gleich (oder kleiner) als **alle** in der folgenden Menge vorkommende Werte." Auch hierfür gibt es eine gleichwertige Formulierung:

```
select    *
from      buecher
where     ausleihzahl <=
          (    select    min(ausleihzahl)
               from      buecher
               where     leihfrist > 0
          )
;
```

- Entsprechend gibt es eine Variante mit **ALL** zur Bestimmung des meistgelesenen Exemplars. (>= **ALL**)

```
select    *
from      buecher
where     ausleihzahl >= all
          (    select    ausleihzahl
               from      buecher
          )
;
```

Eine alternative Formulierung dafür ist schon aus einem früheren Abschnitt bekannt.

Fassen wir das nochmal komplett zusammen: (❖ steht dabei symbolisch für einen der sechs Vergleichsoperatoren { = | <> | > | >= | < | <= })

$$y \; ❖ \; \text{ANY} \; (\; x_1, \; x_2, \; ..., \; x_N \;)$$

ist genau dann erfüllt, wenn $y \; ❖ \; x_i$ für mindestens ein (irgendein) i, $1 <= i <= N$, erfüllt ist. Entsprechend ist

$$y \; ❖ \; \text{ALL} \; (\; x_1, \; x_2, \; ..., \; x_N \;)$$

genau dann erfüllt, wenn $y \; ❖ \; x_i$ für alle i, $1 <= i <= N$, erfüllt ist.

exists

Der **EXISTS**-Operator findet bei Abfragen im Grunde wenige Einsatzgebiete. Wichtiger ist er im Zusammenhang mit Manipulationen der Datenbank, also in Verbindung mit den Befehlen **DELETE**, **INSERT** und **UPDATE**. Wir wollen ihn jedoch hier schon kurz vorstellen und zeigen, daß auch **EXISTS** stets durch logisch äquivalente Befehle umgangen werden kann. **EXISTS** kann nur im Zusammenhang mit einer nachfolgenden Subquery eingesetzt werden und die **EXISTS** Bedingung ist genau dann wahr, wenn die folgende Subquery mindestens eine Zeile als Ergebnis liefert. Man kann also mit **EXISTS** prüfen, ob gewisse Daten in der Datenbank vorhanden sind und gegebenenfalls angemessen reagieren. Ein einfaches (nicht ganz zwingendes) Beispiel wäre: Wenn in der Bibliothek Bücher von Lessing vorhanden sind, dann wollen wir nicht nur die Werke von Lessing, sondern zur Übersicht gleich die aller Klassiker, also auch Goethe, Schiller, etc. sehen.

```
select    *
from      buecher
where     gruppe = 'K'
and       exists
  (       select      *
          from        buecher
          where       autor = 'Lessing'
  )
;
```

Liefert die Subquery kein Ergebnis (haben wir also keinen Lessing), dann ist die **EXISTS**-Bedingung nicht erfüllt. Da sie aber mit **AND** an die **WHERE**-Bedingung geknüpft ist, ist die gesamte **WHERE**-Bedingung nicht erfüllt und es wird überhaupt nichts ausgegeben. Haben wir dagegen einen Lessing, werden alle Klassiker ausgegeben. An der etwas gequälten Sinnhaftigkeit dieses Problems kann man schon erkennen, daß der **EXISTS** Operator in gewöhnlichen Abfragen nicht allzu häufig erforderlich sein wird. (Vielleicht fällt Ihnen ein besseres Beispiel ein.) Wir werden ihn jedoch später noch mehrmals äußerst sinnvoll einsetzen und wollen hier zunächst zum Verständnis eine allgemeinere Formulierung entwickeln.

Alle nach **EXISTS** eingesetzten Subqueries kann man ohne Einschränkung mit (**select * from...**) beginnen lassen, da es nur um die Existenz von gewissen Daten geht und die Angabe von bestimmten Spalten im Projektionsteil dabei völlig nutzlos ist. Genauso gut kann man stattdessen (**select 1 from...**) oder (**select ' ' from...**) schreiben, was zwar nichts ändert, wahrscheinlich aber Performancevorteile bringt. Die **EXISTS** Bedingung ist dann wahr, wenn die Anzahl der von der Subquery zurückgegebenen Zeilen größer als 0 ist, und das kann man hinschreiben.

```
select    ...
from      ...
where     0 <
  (       select      count(*)
          from        ...
  )
;
```

Diese Bedingung ist also einem **EXISTS** gleichwertig, nur die Schreibweise ist gewöhnungsbedürftig, da die Seiten der Ungleichung entgegen der Gewohnheit vertauscht sind. Natürlich ist aber
```
...where 0 < ( select count(*)... )
```

dasselbe wie
```
...where ( select count(*)... ) > 0
```

nur ist die letzte Formulierung syntaktisch nicht zulässig. Der Verzicht auf den **EXISTS**-Operator führt sogar zu einer allgemeineren Formulierung, da wir die Bedingung der Existenz von mindestens einem Satz auf mindestens 2 Sätze (**where 1 <** ...), genau 3 (**where 3 =** ...) oder weniger als 5 (**where 5 >** ...) abwandeln können, ohne die Syntax auch nur anzutasten.

Nun sollte man aber den **EXISTS**-Operator nicht vorschnell über Bord werfen, denn erstens drückt er häufig einen Sachverhalt sehr treffend aus, was der Lesbarkeit eines Befehls zugute kommt, und zweitens kann eine mit **EXISTS** eingeleitete Subquery effizienter bearbeitet werden. Eine Gegenüberstellung zeigt, daß die Unterabfrage

```
...
where exists ( select ...  from t ... )
```

dann abgebrochen werden kann, sobald ein einziger Datensatz aus t selektiert wurde. Eventuell muß dazu nur ein Bruchteil der gesamten Tabelle gelesen werden. Im anderen Fall muß die Unterabfrage

```
...
where 0 < ( select count(*) from t ... )
```

auf jeden Fall die gesamte Tabelle **t** lesen, um die **count**-Funktion korrekt ausführen zu können.

Fassen wir den Einsatz der besprochenen Operatoren und den jeweils äquivalenten Befehlen nochmal systematisch zusammen.

Alternativen für ANY, All, EXISTS	
ANY / ALL / EXISTS	Alternative
where x = any (select s from ...)	where x in (select s from ...)
where x <[=] any (select s from ...)	where x <[=] (select min(s) from ...)
where x >[=] any (select s from ...)	where x >[=] (select min(s) from ...)
where x <> any (select s from ...)	(fast immer erfüllt) (s. Übung 13)
where x = all (select s from ...)	(fast nie erfüllt) (s. Übung 13)
where x <[=] all (select s from ...)	where x <[=] (select max(s) from ...)
where x >[=] all (select s from ...)	where x >[=] (select max(s) from ...)

Datenbankabfragen

where x <> all (select s from ...)	where x not in (select s from ...)
where exists (select * from ...)	where 0 < (select count(*) from ...)
where not exists (select * from ...)	where 0 = (select count(*) from ...)

Tabelle 5.3

Bislang haben wir jede Abfrage mit **ANY** und **ALL** durch eine andere ersetzen können. Und auch wenn in der Tabelle alle Bedingungen als WHERE-Klausel formuliert sind, so geschieht absolut nichts Neues, wenn wir **WHERE** durch **HAVING** ersetzen. Gibt es nun überhaupt eine Anwendung, wo sie unersetzbar und somit unverzichtbar sind? Wir haben noch ein offenes Problem, und zwar die Ermittlung des meistgelesenen Buches (nicht Exemplar!) mit einem **SELECT-Befehl**. Unter Einsatz von **ALL** können wir folgendes schreiben:

```
select      autor, titel
            sum(ausleihzahl)
from        buecher
group by    autor, titel
having      sum(ausleihzahl) >= all
        (   select    sum(ausleihzahl)
            from      buecher
            group by  autor, titel
        )
;
```

Sehen wir nochmal auf die Tabelle 5.3, so finden wir für die soeben gebrauchte Form eine Ersetzung.

where x >[=] all	where x >[=]
(select s	(select max(s)
from ...	from ...
)	)

Der Gebrauch von **>= all** bewahrt uns vor der Notwendigkeit, eine Funktionenschachtelung in der Subquery einzusetzen, denn dort müßte dann ja die größte der Ausleihsummen, also **max(sum(ausleihzahl))** herausgesucht werden. Gerade diesen Ansatz haben wir schon beim letzten Lösungsversuch aufgeben müssen und haben dort als Alternative den Weg über eine temporäre Tabelle gewählt.

Damit ist klar: die Operatoren **ANY** und **ALL** sind überflüssig. Wir können immer auf ihren Einsatz verzichten, auch wenn wir eine Abfrage eventuell dazu in zwei Schritte zerlegen müssen. Würde SQL eine sinnvolle Schachtelung von Funktionen zulassen, so gäbe es für jede **ANY** und **ALL** Anwendung eine direkte Übersetzung, die man einer Tabelle entnehmen könnte. Warum erlaubt SQL die Schachtelung von Funktionen nicht? Der Befehl

```
select    sum(ausleihzahl)
from      buecher;
```

gibt nur eine Zahl aus, nämlich die Gesamtsumme aller jemals durchgeführten Ausleihen. Obwohl im Befehl keine **WHERE-Klausel** enthalten ist, liefert die Abfrage nicht für jede Zeile der Tabelle eine Ausgabezeile, wie es der Fall wäre, wenn wir **select ausleihzahl from buecher;** schreiben würden. Es ist die Funktion **sum**, die eine Zusammenfassung und Unterdrückung der mehrfachen Ausgabe von Zeilen bewirkt. Sehen wir uns nun den Befehl

```
select      sum(ausleihzahl)
from        buecher
group by    autor, titel;
```

an, so wissen wir, daß die Funktion **sum** auf jede Autor-Titel-Gruppe angewendet wird. Wir erhalten als Ausgabe also mehrere Zahlen. Wir können die **GROUP-BY**-Tabelle jedoch als neue, eigenständige Zwischentabelle interpretieren, und es spricht eigentlich nichts gegen eine Anwendung einer Funktion auf eine Spalte der **GROUP BY** Tabelle. Daher sollte die Abfrage

```
select      sum(sum(ausleihzahl))
from        buecher
group by    autor, titel;
```

dasselbe Ergebnis bringen, wie **select sum(ausleihzahl) from buecher;**, nur auf eine umständlichere Art und Weise. Wir vermögen keinen Grund im Verbot einer sinnvollen Funktionenschachtelung zu erkennen, und wahrscheinlich wäre es konsequenter, sie zu erlauben und evtl. auf die Operatoren **ANY** und **ALL** zu verzichten.

5.9 Subqueries III: Correlated Subqueries

In den beiden letzten Abschnitten waren alle Subqueries, ob sie nun keine, eine oder viele Ergebniszeilen lieferten, syntaktisch wie eine unabhängige Abfrage formuliert. Jede Unterabfrage hätten wir aus dem Gesamtbefehl herausschneiden können und stets hätten wir wieder eine korrekte und ausführbare Anweisung erhalten. Dies ist bei den Correlated Subqueries nicht mehr der Fall. Dort gibt es zwischen Haupt- und Unterabfrage immer eine gemeinsame Spalte (auch Korrelationsvariable genannt), auf die sich beide Teile beziehen. Eine herausgeschnittene Correlated Subquery ist folglich auch keine syntaktisch korrekte Anfrage mehr.

Eine Bemerkung noch vorab. Correlated Subqueries gehören zu den unanschaulichsten Elementen von SQL. Außerdem werden wir gleich und speziell noch im nächsten Abschnitt sehen, daß man für Abfragen in sehr vielen Fällen auf Correlated Subqueries verzichten kann, weil man auch mit anderen Mitteln zum Ergebnis kommt. Dennoch ist geboten, sich intensiv mit ihnen zu befassen, denn auch wenn man bei Abfragen noch weitgehend auf sie verzichten kann, so sind sie schon bei einfachsten Problemstellungen mit **DELETE** und **UPDATE** völlig unverzichtbar (s.Kap.6.5).

subqueries

Was eine Correlated Subquery ist, zeigen wir an einem Beispiel. Versuchen wir dazu einmal die uns inzwischen wohlbekannte Liste der verliehenen Bücher zu erstellen.

```
select      *
from        buecher
where       buch_nr =
            (    select      buch_nr
                 from        verleih
                 where       buch_nr = buecher.buch_nr
            )
;
```

Korrelationsvariable Als erstes fällt deutlich auf, daß die Subquery tatsächlich nicht mehr selbstständig ist, da sie mit **buecher.buch_nr** auf die Spalte einer Tabelle Bezug nimmt, die in der **FROM-Klausel** der Subquery überhaupt nicht genannt wurde. Sie nimmt vielmehr auf eine Spalte der Tabelle Bezug, die in der Hauptabfrage auftaucht. Die **buch_nr** der Tabelle **buecher** ist daher die **Korrelationsvariable** dieser Abfrage. Um die Abfrage im Detail zu analysieren, konstruieren wir eine (sehr!) kleine Datenbank mit zwei Büchern, von denen eines verliehen ist.

buecher	
buch_nr	autor
1	Goethe
2	Schiller

verleih	
leser_nr	buch_nr
A	1

Die Hauptabfrage arbeitet wie gewohnt alle Zeilen der Büchertabelle ab und prüft, ob die gerade aktuelle Zeile die Bedingung der **WHERE-Klausel** erfüllt. Dazu ist offensichtlich erforderlich, daß die Subquery für jede Zeile der Büchertabelle neu ausgewertet wird, da die Buchnummer ja stets eine andere ist. Dies ist ein weiterer wichtiger Unterschied zu gewöhnlichen Subqueries. Wenn wir uns die Unterabfragen aus allen vorangegangenen Beispielen ansehen, so stellen wir nämlich fest, daß eine einmalige Auswertung vor der Ausführung der Hauptabfrage ausreicht.

Datenbankabfragen

In der ersten Zeile der Hauptabfrage treffen wir auf die Buchnummer 1. Die Correlated Subquery ermittelt nun die Buchnummer aus der Verleihtabelle, die mit der aus der Büchertabelle übereinstimmt und findet folglich die 1 mit dem Leser A. In der zweiten Zeile der Hauptabfrage erscheint die Buchnummer 2. Die Unterabfrage versucht nun, aus der Verleihtabelle einen Eintrag mit der Buchnummer 2 zu finden. Dieses Unternehmen scheitert aber, da das Buch mit der Nummer 2 nicht in der Verleihtabelle geführt wird. Nun soll die zweite Zeile der Büchertabelle auch nicht ausgegeben werden, da das Buch nicht verliehen ist. Genau an dieser Stelle aber scheitert die gesamte Abfrage, denn wir haben offenbar eine Kleinigkeit nicht bedacht. Ein Blick auf die **WHERE-Klausel** der Hauptabfrage zeigt uns, daß die Correlated Subquery eine Single-Row-Subquery ist und wir daher in jedem Fall genau eine Ergebniszeile benötigen. Eine kleine Änderung behebt diesen Fehler:

```
select    *
from      buecher
where     buch_nr in
          (     select    buch_nr
                from      verleih
                where     buch_nr = buecher.buch_nr
          )
;
```

Ersetzen wir nun die Werte für **buch_nr** und das Ergebnis der Subquery für den Gang der Abfrage, so erhalten wir für die erste Zeile

```
select    *
from      buecher
where     '1' in ('1');
```

Diese Bedingung ist sicher wahr und die Zeile wird ausgegeben. Für die zweite Zeile erhalten wir

```
select    *
from      buecher
where     '2' in ( );
```

Da die Subquery gar nichts zurückliefert, kann auch die 2 nicht dabei sein. Die Bedingung ist also nicht erfüllt und die Zeile wird nicht ausgegeben. Wir haben hier die (hoffnungslos umständliche) Möglichkeit, die Daten aller verliehenen Bücher zu ermitteln und an einem bekannten Beispiel den Mechanismus von Correlated Subqueries vorzuführen. Darüber hinaus ist es schwer, Anwendungen für Correlated Subqueries in Abfragen zu finden, die nicht mit anderen Mitteln zu lösen sind.

Versuchen wir es mit Folgendem: Ermittle für jede Stadt den Leser mit den höchsten Gebühren.

```
select   name, wohnort, gebuehr
from     leser l, strafen s
where    l.leser_nr = s.leser_nr
and      gebuehr =
         (    select    max(gebuehr)
              from      leser ll, strafen ss
              where     ll.leser_nr = ss.leser_nr
              and       ll.wohnort = l.wohnort
         )
;
```

Diese Abfrage ist erheblich komplizierter als das letzte Beispiel und man muß schon gut hinsehen, um die Korrelation überhaupt zu entdecken. Wir haben hier für alle Tabellen Aliasnamen eingeführt, d.h. wir müssen uns an den Aliasnamen orientieren. In der Subquery ist der Alias l für Leser nicht definiert, denn für die Lesertabelle haben wir hier den Namen ll eingeführt und das ist etwas anderes. Der Alias l kommt aus der Hauptabfrage und der Ausdruck **l.wohnort** der Subquery korreliert offensichtlich mit der Spalte **wohnort** aus der Hauptabfrage.

Wir wollen versuchen, uns den Ablauf dieses Befehls deutlich zu machen. Dazu stellen wir uns wieder ganz kurze Beispieltabellen vor.

Datenbankabfragen

leser		
leser_nr	name	wohnort
A	Heinz	Dortmund
B	Hugo	Bochum
C	Otto	Dortmund
D	Karl	Witten

Strafen	
leser_nr	gebuehr
A	5.00
C	10.00
D	7.00

Die Joins von **leser** und **strafen** sind in beiden Teilen notwendig, da wir zwei Dinge aneinander gekoppelt haben, nämlich Wohnort und Gebühren, die in verschiedenen Tabellen stehen.

Wir können zunächst die Hauptabfrage teilweise auswerten, indem wir uns ansehen, was nach

```
select  name, wohnort, gebuehr
from    leser l, strafen s
where   l.leser_nr = s.leser_nr
```

noch übrigbleibt, denn aus diesem Zwischenergebnis können durch weitere mit **AND** angefügte Bedingungen nur noch zusätzlich Zeilen entfernt werden. Das Ergebnis zeigt die nächste Tabelle

leser_nr	name	wohnort	gebuehr
A	Heinz	Dortmund	5.00
C	Otto	Dortmund	10.00
D	Karl	Witten	7.00

Auf dieser Tabelle arbeitet nun die Correlated Subquery. Sie sucht die maximalen Gebühren aus dem Join von **leser** und **strafen** für die Stadt heraus, die in der Spalte Wohnort der Tabelle steht, die gerade von der Hauptab frage bearbeitet wird. Das ist aber die oben angegebene Tabelle. Ersetzen wir einmal die Werte für die Bearbeitung der ersten Zeile.

```
select    name, wohnort, gebuehr
from      leser l, strafen s
where     l.leser_nr = s.leser_nr
and       gebuehr =
          (    select      max(gebuehr)
               from        leser ll, strafen ss
               where       ll.leser_nr = ss.leser_nr
               and         ll.wohnort = 'Dortmund'
          )
;
```

Die Subquery liefert den höchsten Gebührenwert von allen Lesern, die ausschließlich Dortmunder sind. In unserem Beispiel liefert sie also den Wert 10.00. Eingesetzt ergibt das

```
select    name, wohnort, gebuehr
from      leser l, strafen s
where     l.leser_nr = s.leser_nr
and       gebuehr = 10.00;
```

Für die erste Zeile trifft das nicht zu, da hier die zu zahlenden Gebühren nur 5.00 betragen. Wir sehen aber schon hier, daß diese Bedingung für die nächste Zeile zutrifft und diese folglich auch ausgegeben wird. Auch wird die letzte Zeile sicher ausgegeben, da wir nur einen bestraften Wittener haben, der damit zwangsläufig das schwarze Schaf seiner Gemeinde ist.

Gibt es nun keine andere Möglichkeit zur Ermittlung aller schwarzen Schafe? Doch, es gibt, wenn man wieder mit einer temporären Tabelle arbeitet. Erzeugen wir eine Tabelle, in der für jeden Ort die höchsten Gebühren festgehalten werden. Mit einem Join können anschließend die gesuchten Leser herausgefischt werden.

```
create table    temp as
select          wohnort,
                max(gebuehr) maxgebuehr
from            leser l, strafen s
```

```
where      l.leser_nr = s.leser_nr
group by   wohnort;
```

Diese Tabelle hat den Inhalt

temp	
wohnort	maxgebuehr
Dortmund	10
Witten	7

Der nächste Befehl liefert die gesuchten Übeltäter

```
select      l.leser_nr, name, wohnort, maxgebuehr
from        leser l, strafen s, temp t
where       l.leser_nr = s.leser_nr
and         l.wohnort = t.wohnort
and         gebuehr = maxgebuehr;
drop table  temp;
```

Als Ergebnis erhalten wir

leser_nr	name	wohnort	maxgebuehr
C	Otto	Dortmund	10
D	Karl	Witten	7

5.10 Kombination von unabhängigen Abfragen

SQL erlaubt, die Ergebnisse von mehreren Abfragen durch eine Mengenoperation zu einem Ergebnis zusammenzufassen. Dies geschieht mit einem der Operatoren UNION, INTERSECT oder EXCEPT. Die allgemeine Syntax lautet:

Datenbankabfragen

```
SELECT ...
UNION | INTERSECT | EXCEPT
SELECT ...
[ UNION | INTERSECT | EXCEPT SELECT ... ]...
[ ORDER BY ... ]
```

Die einzelnen **SELECT-Befehl**e können dabei alle bekannten Klauseln inklusive Subqueries beinhalten, mit Ausnahme eines **ORDER BY**, das wenn überhaupt, nur am Ende einer gesamten Kette vorkommen darf, um das Endresultat zu sortieren. Bedingung ist allerdings, daß die Projektionsteile der beteiligten Abfragen gewissermaßen kompatibel zueinander sind. Die Anzahl der Spalten muß übereinstimmen und die Datentypen pro Spalte müssen kombinierbar sein, d.h. Zeichenketten, Zahlen und Datumstypen können jeweils nur untereinander zusammengefügt werden. Das folgende Beispiel ist gutmütig: wenn wir zusätzlich zu unserer Büchertabelle eine Tabelle mit neu bestellten Büchern verwalten, dann können wir ohne Probleme den Befehl

union

```
select      autor, titel
from        buecher
union
select      autor, titel
from        bestell
order by    1,2
;
```

eingeben, um eine besonders aktuelle Liste unserer Bücher zu bekommen. In der **ORDER-BY-Klausel** müssen die zu sortierenden Spalten über ihre Position im Projektionsteil angegeben werden, da die mit **UNION** zusammengefügten Spalten nicht identische Namen haben müssen. Die folgende Abfrage ist zwar wenig sinnvoll, zeigt aber die Problematik:

```
select      autor
from        buecher
union
select      name
```

Kombination von unabhängigen Abfragen

```
from       leser
order by   ???
;
```

Da der Name der Spalte nicht eindeutig bestimmt ist, muß zur Sortierung halt die Position der Spalte, also **order by 1** angegeben werden. Eine weitere Frage betrifft doppelte Ergebniszeilen. Da die Theorie etwas gegen mehrfach vorkommende Zeilen in einer Tabelle hat, werden diese bei der **UNION**-Operation (im Widersruch zum einfachen **SELECT**) unterdrückt. Wenn wir also alle verliehenen und alle vorgemerkten Bücher in einer Liste durch den Befehl

```
select   b.buch_nr, autor, titel
from     buecher b, verleih v
where    b.buch_nr = v.buch_nr
union
select   b.buch_nr, autor, titel
from     buecher b, vormerk v
where    b.buch_nr = v.buch_nr
;
```

ausgeben wollen, dann erscheint der Großteil der vorgemerkten Bücher nicht doppelt, obwohl ja vorgemerkte Bücher im Normalfall an einen anderen Leser verliehen sind. Möchte man aus welchen Gründen auch immer doppelte einbeziehen, so sagt man **UNION ALL**.

UNION ist der einzige Operator im alten Standard, der zur Verbindung mehrerer Abfragen eingesetzt werden kann. Vorsicht ist auch bei Verwendung von **UNION** in Subqueries geboten. Eine Konstruktion wie

```
... where    x in
        (
             select    ...
             union
             select    ...
        );
```

Datenbankabfragen

ist zwar vollkommen korrekt, wird jedoch nur von fortschrittlichen SQL-Interpretern verdaut. Ist ein Interpreter mit dieser Konstruktion überfordert, kann als Alternative der Weg über eine temporäre Tabelle gewählt werden.

Aus der Relationentheorie sind aber noch zwei weitere wichtige Operationen bekannt, die der Bildung von Schnitt- (**INTERSECT**) und Differenzmenge (**EXCEPT**) aus der Mengenlehre entsprechen.

intersect

Um eine Liste aller Bücher, die sowohl verliehen als auch vorgemerkt sind, können wir zwei Abfragen wie folgt kombinieren:

```
select      b.buch_nr, autor, titel
from        buecher b, verleih v
where       b.buch_nr = v.buch_nr
intersect
select      b.buch_nr, autor, titel
from        buecher b, vormerk v
where       b.buch_nr = v.buch_nr
;
```

Oder falls ein SQL-Interpreter verfügbar ist, der den Schnittmengenoperator auch in einer Subquery beherrscht, geht es wesentlich eleganter:

```
select      buch_nr, autor, titel
from        buecher
where       buch_nr in
            (      select      buch_nr
                   from        verleih
                   intersect
                   select      buch_nr
                   from        vormerk
            )
;
```

except

War bei Einsatz von **UNION** und **INTERSECT** die Reihenfolge der beteiligten Abfrage unerheblich, so ist das im Zusammenhang mit **EXCEPT** nicht mehr der Fall. Die Menge der ausleihbaren Bücher kann man (umständlich) wie folgt ermitteln:

```
select    *
from      buecher
except
select    *
from      buecher
where     leihfrist = 0;
```

Dabei wird von der Menge aller Bücher (1. Abfrage) die Menge der nicht ausleihbaren Bücher (2. Abfrage) abgezogen. Als Ergebnis erhält man folglich alle ausleihbaren Bücher. Vertauscht man dagegen die beiden **SELECT**s, dann wird man als Ergebnis die leere Menge erhalten, da die Menge der (nicht) ausleihbaren Bücher eine echte Teilmenge aller Bücher ist. Ein abstraktes Beispiel soll abschließend die allgemeine Wirkung von **EXCEPT** verdeutlichen. Gegeben seien folgende zwei Tabellen:

u
1
2
4

v
2
3
4
5

Die Abfrage

```
select    *
from      u
except
select    *
from      v
;
```

erzeugt das Ergebnis,

1

während die umgekehrte Version

```
select  *
from    v
except
select  *
from    u
;
```

die Tabelle

3
5

als Resultat liefern würde.

5.11 Weitere Beispiele zu SELECT

Beispiele

Nachdem wir nun alle Sprachmittel der **SELECT** Anweisung systematisch bearbeitet haben und dabei schon mehrfach klar wurde, daß oft verschiedene Abfragen zum gleichen Ergebnis führen, wollen wir im letzten Abschnitt dieses Kapitels nochmal an einem anderen Beispiel Anwendungen des **SELECT-Befehl**s zeigen und uns dabei besonders auf unterschiedliche Lösungen für das gleiche Problem konzentrieren. Dazu benutzen wir nur eine Tabelle der ersten 25 Primzahlen. Diese Beispiele zeigen außerdem die Notwendigkeit zum Einsatz des Cross Joins bei Problemen, die Informationen einer Tabelle zu anderen Informationen aus derselben Tabelle in Beziehung bringen.

prim	
n	p
1	2
2	3
3	5
4	7
5	11
6	13
7	17
8	19
9	23
10	29
11	31
12	37
13	41
14	43
15	47
16	53
17	59
18	61
19	67

Datenbankabfragen

20	71
21	73
22	79
23	83
24	89
25	97

Primzahlen sind Zahlen, die nur durch 1 und sich selbst ohne Rest teilbar sind. In der linken Spalte n steht eine fortlaufende Nummer, in der rechten Spalte p steht die entsprechende Primzahl. Bei den Primzahlen ist auffällig, daß sich zwei aufeinanderfolgende häufig durch die Differenz 2 unterscheiden, z.B. 3 und 5, oder 5 und 7, oder 29 und 31, oder 41 und 43, u.s.w. Diese Primzahlpaare mit der Differenz 2 nennt man auch Primzahlzwillinge. Stellen wir uns die Aufgabe, eine Tabelle der Zwillinge zu erstellen, also eine Übersicht mit folgendem Anfang:

p	p + 2
3	5
5	7
11	13
17	19
...	...

- Selektiere alle Primzahlzwillinge (Correlated Subquery)

```
select   p1.p,
         p1.p + 2
from     prim p1
where    exists
         (    select    *
              from      prim p2
              where     p2.p = p1.p + 2
```

```
        )
;
```

In dieser Abfrage wird für jede Primzahl der Tabelle explizit nachgesehen, ob in der Tabelle eine Zahl existiert, die um 2 größer ist als sie selbst.

- Selektiere alle Zwillinge (Einfache Subquery)

```
select    p, p + 2
from      prim
where     p + 2  in
          (      select       p
                 from         prim
          )
;
```

Hier werden durch die Subquery alle Primzahlen zur Verfügung gestellt, und die Hauptabfrage liefert diejenigen Primzahlen p, für die p+2 in der Liste enthalten ist.

- Selektiere alle Zwillinge (Join)

Wenn man zum erstenmal mit Joins konfrontiert wird, kommt man nicht auf Anhieb darauf, was aber spricht eigentlich dagegen, eine Tabelle mit sich selbst zu "joinen"? Nichts! Da bei diesem sogenannten **Autojoin** oder **Selfjoin** jedoch alle Spalten einer Tabelle doppelt vorhanden sind, muß zur Unterscheidbarkeit **zwingend** mit Aliasnamen gearbeitet werden.

```
select    p1.p, p2.p
from      prim p1, prim p2
where     p2.p = p1.p + 2;
```

Bei Autojoins ist die Join-Bedingung typischerweise nicht die Gleichheit zweier Werte aus beiden Tabellenteilen. Die Bedingung **where p2.p = p1.p** würde im Grunde nichts weiter liefern als die ursprüngliche Tabelle selbst. Verknüpfen wir zwei verschiedene Tabellen, so erreichen wir durch Gleichsetzen zweier Spalten in der Regel, daß nur zusammengehörende Daten kombiniert werden. Verknüpfen wir dagegen eine Tabelle mit sich selbst, dann tun wir das zum Zweck der Kombina-

Datenbankabfragen

tion von Daten aus verschiedenen Zeilen einer Tabelle. Die Gleichsetzung von Spalten aber hätte genau den gegenteiligen Effekt.

Wir können nun die Fragestellung einmal umkehren und nach partnerlosen Primzahlen suchen. Dabei ist die Lösung dieses Problems nicht einfach die Negation des ersten. Um ein Zwillingspaar zu finden, mußten wir für eine Zahl p nur untersuchen, ob p+2 in der Primzahltabelle vorhanden ist. Wenn ja, so hatten wir ein Paar gefunden und konnten es ausgeben. Um aber sicher zu sein, daß eine Zahl p nicht zu einem Zwilling gehört, müssen wir sicherstellen, daß sowohl p-2, wie auch p+2 nicht in der Tabelle stehen. Der Aufwand ist also größer als vorher.

- Selektiere alle Primzahlen, die nicht zu einem Zwilling gehören. (Correlated Subqueries)

```
select    p
from      prim p
where     0 =
          (   select      count(*)
              from        prim pp
              where       p.p = pp.p - 2
          )
and       0 =
          (   select      count(*)
              from        prim pp
              where       p.p = pp.p + 2
          )
;
```

Wir verwenden hier die gleiche Technik wie im ersten Beispiel, nur daß wir für **not exists** eine gleichwertige Formulierung benutzen und wir natürlich zwei Correlated Subqueries zur Überprüfung beider Bedingungen benötigen. Da die Subqueries aber voneinander unabhängig sind, gibt es für den Aliasnamen **pp** keine Zweideutigkeit. Jedes **pp** steht für sich.

- Selektiere alle Primzahlen, die nicht zu einem Zwilling gehören. (Einfache Subqueries)

```
select   p
from     prim
where    p-2 not in
         (    select      p
              from        prim
         )

and      p+2 not in
         (    select      p
              from        prim
         )
;
```

- Selektiere alle Primzahlen, die nicht zu einem Zwilling gehören. (Join)

Wer meint, man könne die Abfrage aus der ersten Beispielreihe einfach wie folgt modifizieren,

```
select   p1.p
from     prim p1, prim p2
where    p1.p <> p2.p-2
and      p1.p <> p2.p+2;
```

der täuscht sich gewaltig. Alle anderen Operatoren als = hinterlassen aus dem kartesischen Produkt in der Regel ein gewaltiges Erbe. Anschaulich kann man sich das in diesem Beispiel so vorstellen, daß es für zwei Zahlen viel mehr Möglichkeiten gibt ungleich zu sein, als gleich. Die Lösung mit einem Join ist in diesem Fall durchaus nicht einfach und man muß sich die einzelnen Bedingungen sehr genau überlegen. Wir benötigen sogar einen zweifachen Autojoin.

```
select   p1.p
from     prim p1, prim p2, prim p3
where    p1.n = p2.n - 1
and      p1.n = p3.n + 1
```

Datenbankabfragen

```
            and     p1.p <> p2.p - 2
            and     p1.p <> p3.p + 2;
```

Wir benutzen die Spalte **n**, um die folgenden <> Bedingungen nur noch für benachbarte Zeilen zuzulassen, denn genau dort müssen sie zutreffen. Da nämlich die Differenz z.B. der 7. und der 21. Primzahl sicher auch ungleich zwei ist, müssen wir diese störende Tatsache dadurch unterdrücken, daß wir die 7. Primzahl nur mit der 6. und der 8. vergleichen.

- Selektiere alle Primzahlen, die nicht zu einem Zwilling gehören. (EXCEPT)

Die Ermittlung der partnerlosen Primzahlen kann unter Verwendung des **EXCEPT** Operators (falls vorhanden) auf die der Zwillinge zurückgeführt werden, da die partnerlosen Zahlen ja alle Primzahlen abzüglich der Zwillinge sind.

```
select     p
from       prim
except
select     p
from       prim
where      p+2  in
           (     select     p
                 from       prim
           )
or p-2 in
           (     select     p
                 from       prim
           )
;
```

Zusammenfassung

- Mit dem **SELECT**-Befehl können Anfragen an die Datenbank gestellt werden. Dabei kann auf Daten aus einer oder mehrerer Tabellen Bezug genommen werden. Gehen Daten aus mehreren Tabellen in die Abfrage ein, so spricht man von einem **Join**. Ein Join zweier Tabellen wird aus dem **kartesischen Produkt** der Tabellen gebildet, das ist die vollständige Kombination aller Zeilen der ersten mit allen Zeilen der zweiten Tabelle. Das Ergebnis einer Abfrage wird in Tabellenform ausgegeben.

- Die **WHERE-Klausel** wird benutzt, um das Ergebnis einer Anfrage gezielt auf bestimmte Daten einzuschränken. Dabei können aus einfachen Bedingungen unter Verwendung der Operatoren **AND**, **OR** und **NOT** komplexe Gesamtbedingungen an die **Selektion** geknüpft werden. **Bei Joins ist eine WHERE-Klausel in der Regel bereits notwendig, um das kartesische Produkt der Jointabellen auf sinnvolle Zeilen einzuschränken. Spezielle Join-Typen, wie Natural- oder Outer-Join erfordern z.T. keine WHERE-Klausel, da sie die Auswahl der potentiell sinnvollen Zeilen implizit erledigen.**

- Mit der **GROUP-BY**-Klausel können Informationen gezielt **zusammengefaßt** werden. Es ist allerdings darauf zu achten, daß die Spalten, die nicht in der **GROUP-BY-Klausel** aufgeführt sind, mit einer der **SQL-Gruppenfunktionen** versehen werden. Mit der **HAVING**-Klausel können im Anschluß an eine Gruppierung weitere Bedingungen an das Ergebnis einer Anfrage geknüpft werden.

- Die Reihenfolge der Zeilen in einer Tabelle ist prinzipiell bedeutungslos. Das Ergebnis einer Abfrage soll zur übersichtlichen Darstellung in der Regel aber nach bestimmten Kriterien **sortiert** ausgegeben werden. Mit der **ORDER-BY**-Klausel ist es möglich, die Ausgabe nach beliebigen Kriterien auf- oder absteigend zu sortieren.

- Der **SELECT-Befehl** wird zu den sog. **DML**-Befehlen gezählt, obwohl eine Abfrage natürlich keine wirkliche Manipulation (Veränderung) der Datenbank bewirkt. Er ist aber mit den anderen **DML**-Kommandos verwandt und beinhaltet alle in dieser Klasse anzutreffenden Sprachmittel. Eine intensive Beschäftigung mit diesem Befehl ist daher die beste und sicherste Möglichkeit, sich in das z.T. schwierige Gebiet der Konstruktion von **DML**-Befehlen einzuarbeiten.

Übungen

1. Ermitteln Sie alle ausleihbaren Klassiker.
2. Erstellen Sie eine Übersicht über Ihre "jungen" Leser. Es sollen alle Leser ausgegeben werden, die erst höchstens ein Jahr zu Ihrem Leserstamm gehören.

3. Erstellen Sie eine Übersicht über die Verteilung der Bücher auf die einzelnen Gruppen. Wieviele Bücher gibt es pro Gruppe?

4. Wie sieht die prozentuale Verteilung der Bücher auf die einzelnen Gruppen aus?

5. Sie haben in Ihrer Bibliothek teils nur ein Exemplar, teils aber auch mehrere Exemplare eines Buches angeschafft. Sie möchten wissen, ob Sie wegen starker Nachfrage von einigen Büchern weitere Exemplare beschaffen sollen, bzw. ob sich die Anschaffung mehrerer Exemplare gelohnt hat. Erstellen Sie dazu folgende Übersicht:

Autor	titel	Anz. Exempl.	durchschnittl. Ausleihe pro Exemplar
...	...	...	...

Erstellen Sie eine weitere Liste, in der nur noch die Bücher auftauchen, für die Sie weitere Exemplare bestellen möchten. Setzen Sie sich dazu eine geeignete Schwelle, z.B. durchschnittliche Ausleihe pro Exemplar größer 50.

6. Welche Leser haben zur Zeit Bücher aus allen Buchgruppen entliehen?

7. Wieviele Leser haben zur Zeit mehr als ein Buch geliehen?

8. Wieviel Prozent der Leser aus dem gesamten Leserstamm haben zur Zeit keine Bücher geliehen?

9. Ermitteln Sie die Stadt, deren Leser insgesamt am häufigsten ausleihen.

10. Ermitteln Sie **buch_nr**, **autor** und **titel** von vorgemerkten Büchern, die nicht verliehen sind.

11. Gegeben seien die folgenden zwei Tabellen:

u	
s1	s2
1	4
2	4
3	2

v
s3
b
a

Welches Ergebnis liefert die Abfrage
```
select   distinct  sum(s2)
from     u, v v1, v v2
where    s2 >
               (    select   max(s1)
                    from     u
               )
and      v1.s3 <> v2.s3
group by v1.s3, v2.s3
;
```

12. Ermitteln Sie den prozentualen Anteil der verliehenen Bücher am gesamten Buchbestand. Verwenden Sie zur Lösung eine temporäre Tabelle.

13. Konstruieren Sie je einen Fall, für den die Bedingung

    a) where x <> any (...)

    nicht erfüllt ist,

    b) where x = all (...)

    erfüllt ist.

6 Transaktionsprogrammierung

Bislang haben wir ausschließlich Fragen an unsere Datenbank gestellt. Es gibt durchaus Anwendungen, an die nach einmaligem Erstellen einer Datenbank fast nur noch Anfragen gestellt werden. Wollen wir zu wissenschaftlichen Zwecken etwa alle bekannten Maler und Werke vom Mittelalter bis zum Impressionismus katalogisieren, so ist die Datenbank nach ihrer Erstellung statisch. Im Idealfall kommt nichts mehr dazu und nichts geht verloren. Andererseits gibt es Datenbanken, die sich nahezu pausenlos ändern, da sie stets den aktuellen Zustand eines sich ständig wandelndes Systems repräsentieren sollen. Beispiele für solche **Transaktionssysteme** gibt es reichlich. Buchungssysteme aller Art, Lagerverwaltungen und natürlich auch beliebige Miet- und Leihgeschäfte, wie unsere Bibliothek. Eine derartige Datenbank soll zu jedem Zeitpunkt den korrekten Zustand für die Anwendung widerspiegeln. Welche Bücher haben wir, welcher Leser hat welches Buch, wieviel Gebühren hat ein Leser zu zahlen? All das ändert sich in einer großen Bibliothek mit mehreren Terminals bei Hochbetrieb unter Umständen mehrmals pro Sekunde. Immer wenn wir jemandem mit freundlichem Lächeln ein Buch für einen Monat lang in die Hände drücken, ist unsere Datenbank solange veraltet, bis die Tatsache "Leser X hat Buch Y" in der Verleihtabelle erscheint. Hier wird das Problem der Konsistenz einer Datenbank berührt.

DB-Konistenz

Eine Datenbank ist inkonsistent, wenn ihr Inhalt nicht mit den äußeren Gegebenheiten übereinstimmt, die sie widerspiegeln soll. Die Möglichkeiten dazu sind in der Regel vielfach gegeben. In unserem Beispiel haben wir nicht nur darauf zu achten, daß eine Ausleihe eingetragen wird, sondern wir müssen neue Bücher in die Büchertabelle eintragen, die Adresse eines Lesers bei Umzug ändern, Gebühren für jeden Tag pro überzogenem Buch berechnen, gezahlte Gebühren verbuchen, keine Bücher an gesperrte Leser verleihen, u.s.w. Im Fall einer schlecht normalisierten Datenbank steht uns noch mehr Ärger ins Haus. Führen wir die Adressen von Lesern in zwei verschiedenen Tabellen, so können wir aus Versehen bei einem Umzug nur eine der beiden ändern. Wir haben dann eine Datenbank, deren Daten sogar schon mit sich selbst in Widerspruch stehen, ein Zustand, den es um jeden Preis zu verhindern gilt.

Im Verlauf dieses Kapitels wollen wir uns denn auch nicht ausschließlich mit der Anwendung der DML-Befehle befassen, sondern dabei immer ein wachsames Auge auf die Konsistenz unserer Datenbank haben und die Mittel, die SQL dazu bereitstellt, sorgfältig einsetzen.

6.1 Das Transaktionskonzept

Unter einer Transaktion versteht man die Überführung einer konsistenten Datenbank in einen neuen konsistenten Zustand. Dabei kann es sich um eine einzige Änderung in einer Tabelle oder um viele, logisch voneinander abhängige Veränderungen mehrerer Tabellen handeln. Wieviele und welche Änderungsbefehle eine Transaktion bilden, ist von der Art und Folge der Anweisungen völlig unabhängig, die Datenbank kann es daher nicht automatisch erkennen. Ausschließlich aus der Anwendung selbst geht hervor, welche Manipulationen voneinander abhängig sind.

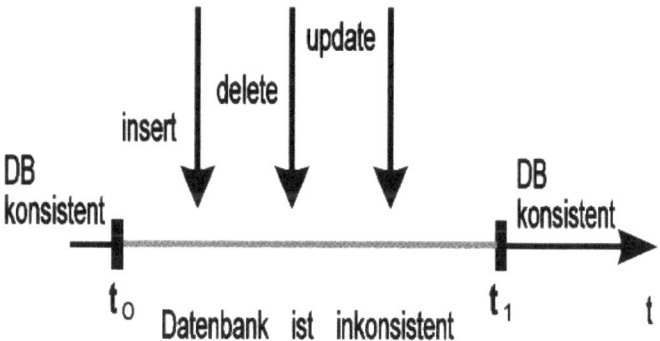

Bild 6.1:
Ablauf einer Transaktion

Eine Transaktion mit einem Schritt ist in unserem Beispiel der Umzug eines Lesers. Wir ändern seine Adresse in der Lesertabelle. Zwei Schritte benötigen wir, wenn ein Leser gesperrt werden soll. Im ersten Schritt müssen wir nachsehen, ob der Leser bereits Gebühren zu zahlen hat und daher schon in der Straftabelle auftaucht. In diesem Fall muß das noch leere Feld **sperre** auf das aktuelle Datum gesetzt werden. Taucht er darin nicht auf, muß mit einem zweiten Befehl ein neuer Satz in die Straftabelle für diesen Leser eingetragen werden. Um eine Buchausleihe

Transaktionsprogrammierung

zu bewerkstelligen, benötigen wir drei Schritte. Leser und Buch müssen in die Verleihtabelle eingetragen werden, die Ausleihzahl des Buches muß um eins erhöht werden, ebenso wie die Ausleihzahl des Lesers.

Eine Transaktion wird immer als eine Einheit behandelt. Entweder werden alle Schritte erfolgreich ausgeführt oder die Transaktion wird abgebrochen und die Datenbank in den alten Zustand versetzt.

commit

Für ein Single-User System genügen zwei SQL-Befehle zum Abschluß einer Transaktion. Ein Befehl zur Transaktionseröffnung existiert nicht, da nach Abschluß einer Transaktion durch die nächste Operation automatisch eine neue geöffnet wird. Durch den Befehl

```
commit [work];
```

wird eine offene Transaktion abgeschlossen. Der Abschluß einer Transaktion bedeutet, daß alle bis dahin durchgeführten Änderungen festgeschrieben werden. In einer nicht abgeschlossenen Transaktion gibt es die Daten noch in doppelter Form, einmal im ursprünglichen Zustand und einmal in der geänderten Version. Durch **commit** werden die ursprünglichen Daten gelöscht und die Datenbank befindet sich in einem neuen Zustand (der hoffentlich konsistent ist).

rollback

Treten im Verlauf einer Transaktion Fehler oder andere unerwünschte Ereignisse auf, so können alle Änderungen seit Beginn der Transaktion durch den Befehl

```
rollback [work];
```

rückgängig gemacht werden. Die Datenbank befindet sich dann wieder im alten Zustand (der hoffentlich konsistent war).

Das Transaktionskonzept

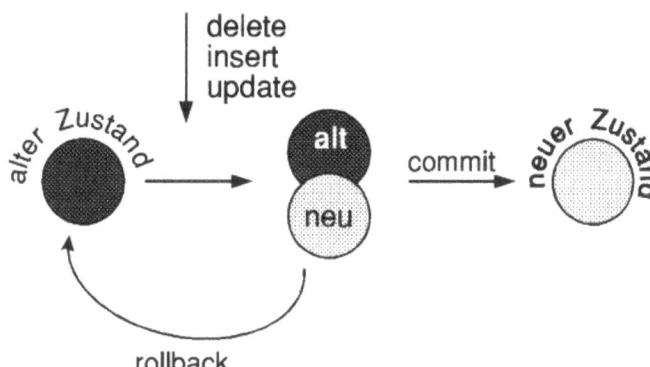

Bild 6.2
Wirkung von commit
und rollback

DB-Recovery

Treten in einer Transaktion Fehler ohne unser Verschulden auf, z.B. ein Constraint wird verletzt oder das Einfügen neuer Daten scheitert aufgrund von Plattenplatzmangel, dann führt das DB-System automatisch ein **ROLLBACK** für die laufende Transaktion aus. Was geschieht, wenn ein Rechner inmitten einer offenen Transaktion abstürzt? Da wir zu diesem Zeitpunkt weder ein **COMMIT**, noch ein **ROLLBACK** stattgefunden hat, befindet sich die Datenbank in einem Zwischenzustand. Für eine große Datenbank in einem Produktionsbetrieb ist die Konsistenz ein derart wichtiger Aspekt, daß alle großen Datenbanksysteme über ein automatisches **Recovery-System** verfügen. Dieses System hat Kenntnis über abgeschlossene Transaktionen und führt beim Hochfahren des Datenbanksystems ein automatisches **ROLLBACK** für alle offenen Transaktionen durch. Kommt man in die unglückliche Lage, bereits abgeschlossene Transaktionen rückgängig machen zu müssen, so bietet das Recovery-System selbst dazu Mittel und Wege an. Diese erfordern aber in der Regel die Unterstützung des Datenbank-Administrators.

In einer Multi-User Datenbank wird die Sache etwas komplizierter. Da hier mehrere Anwender gleichzeitig verschiedene Transaktionen mit der gleichen Datenbank durchführen, kann es zu seltsamen Erscheinungen kommen, die hier kurz erläutert werden sollen.

Dirty Read

Kümmert sich eine Transaktion überhaupt nicht um ihre "Kollegen", so liest sie Daten, die von anderen Transaktionen evtl. gerade geändert oder gelöscht werden und die widersprüchlich sein können und sich in keinem definierten Zustand befinden, da noch unbekannt ist, ob diese anderen Transaktionen mit **COMMIT** oder **ROLLBACK** enden werden.

Transaktionsprogrammierung

Ein solch unsauberes Vorgehen wird als **Dirty Read** bezeichnet und ist wenn überhaupt nur für lesende Transaktionen mit Verzicht auf Exaktheit geeignet. Ein Beispiel könnte die Erstellung einer umfangreichen Statistik sein, auf deren vierte Stellen nach dem Komma sowieso niemand achtet. Der Vorteil dieses Verfahrens ist, daß andere Transaktionen eben nicht berücksichtigt werden und somit auch keine Wartezeit entstehen kann oder andere Transaktionen blockiert werden.

Non Repeatable Read

Wird auf andere Transaktionen insoweit Rücksicht genommen, daß nur Daten, die von anderer Seite mit COMMIT festgeschrieben sind, zugrunde gelegt werden, so können sog. **Non-Repeatable-Reads** auftreten. Liest unsere aktuelle Transaktion aus irgendwelchen Gründen bestimmte Daten zweimal, so liest sie beim ersten mal die Daten seit dem letzten COMMIT irgendeiner diese Daten betreffende Transaktion. Hat nun eine zweite Transaktion diese Daten zwischenzeitlich erneut geändert und durch festgeschrieben, so wird unsere Transaktion beim zweiten Lesen der Daten andere Werte erhalten als zuvor, was ebenfalls sehr unangenehm sein kann. Wenn z.B. ein Ausleihvorgang die Ausleihzahl für ein ausleihbares Buch erhöht, beim Eintrag in die Verleihtabelle aber plötzlich feststellt, daß das Buch nicht mehr ausleihbar ist, dann stimmt irgendetwas nicht.

Phantom Read

Eine mit dem Non-Repeatable-Read verwandte Erscheinung tritt auf, wenn sich in der aktuellen Transaktion Datensatzmengen durch den Einfluß paralleler Transaktionen ändern. Dies wird **Phantom-Read** genannt. Das kann z.B. auftreten, wenn wir umfangreiche Statistiken über ausleihbare Bücher erstellen, wobei wir mehrere Operationen mit der Menge der ausleihbaren Bücher durchführen. Eine zweite Transaktion, die die Menge der ausleihbaren Bücher ändert (manche werden ausleihbar, manche werden nicht ausleihbar) zum "Phantom" führen. Eine zweite Auswertung der Daten für ausleihbare Bücher basiert dann auf einer völlig anderen Grundmenge als die erste, wobei an den "eigentlichen" Daten der Bücher nichts geändert wurde.

Will eine Transaktion perfekt sein, so dürfen alle genannten Erscheinungen nicht auftreten. Das ist gleichbedeutend mit der Tatsache, daß ein Lesen von gleichen Daten, wie oft auch in der laufenden Transaktion vorgenommen, von anderen Transaktionen nicht beeinflußt werden darf und damit immer zum gleichen Ergebnis führt. Oder einfacher ausgedrückt: eine perfekte Transaktion ist von allen anderen vollständig isoliert.

set tranaction

Die gewünschten **Isolationslevel** können mit dem SQL-Befehl SET TRANSACTION eingestellt werden. Die allgemeine Form lautet

```
set transaction
    {    read only | read write },
isolation level
    {    read uncommitted |
         read committed   |
         repeatable read  |
         serializable
    }
```

Wollen wir für eine Statistik die unsauberste aller Transaktionen, so definieren wir

```
set transaction read only,
isolation level read uncommitted;
```

Für eine Buchausleihe dagegen darf's schon perfekt sein, was auch die Default Einstellung ist.

```
set transaction read write,
serializable;
```

Zusammengefaßt erlauben die vier Isolationslevel folgende der drei genannten "Unschönheiten":

	Dirty Read	Non-Repeatable-Read	Phantom-Read
read uncommitted	ja	ja	ja
read committed	nein	ja	ja
repeatable read	nein	nein	ja
serializable	nein	nein	nein

Der SQL-Standard schreibt nicht vor, daß jedes DB-System diese vier Level exakt implementieren muß. Es darf jedoch nicht schlechter sein als gefordert, d.h., ein **repeatable read** darf als **serializable**, nicht aber als **read committed** realisiert werden.

Transaktionsprogrammierung

Savepoints Mit dem SQL3-Standard wurde die Möglichkeit geschaffen, „Zwischentransaktionspunkte" sogenannte Savepoints zu setzen. Mit ihnen können Teiltransaktionen bei Bedarf rückgängig gemacht werden. Besteht eine Transaktion z.B. aus drei Buchungen und ist die letzte fehlerhaft, so kann der Transaktionsnutzer den letzten Teilschritt durch den Befehl „rollback to *sp-name*" zurücknehmen, statt die komplette Transaktion zurücksetzen zu müssen. Ein Savepoint wird durch den Befehl „savepoint *sp-name*" gesetzt. Die maximal mögliche Anzahl an Zwischenpunkten ist vom DB-System abhängig.

6.2 INSERT

Mit dem **INSERT**-Befehl können Daten in eine Tabelle eingefügt werden. Einfügen bedeutet immer eine oder mehrere Zeilen zu einer Tabelle hinzufügen. Die Vervollständigung von fehlenden Daten in bereits vorhandenen Zeilen (**NULL**-Werte) fällt in das Arbeitsgebiet von **UPDATE**. **INSERT** gibt es in zwei Varianten. Mit der ersten nennt man die Spalten und die zugehörigen Werte für die neue Zeile.

```
INSERT INTO tabelle
[   (    spalte  [, spalte]...   )   ]
VALUES (    wert  [, wert]...    );
```

Wollen wir ein neues Buch in unsere Büchertabelle aufnehmen, z.B.

buch_nr	99999
autor	(keine Angabe)
titel	noACCESS
gruppe	(noch offen: Unterhaltung oder Tragödien?)
leihfrist	30 Tage
ausleihzahl	0 (weil neu)

so müssen wir darauf achten, für jede als **NOT NULL** definierte Spalte der Tabelle auf jeden Fall einen Wert parat zu haben, da wir die Zeile sonst überhaupt nicht einfügen können. Der **INSERT**-Befehl lautet dann:

```
insert into buecher
( buch_nr, titel, leihfrist, ausleihzahl )
 values
( '99999', 'noACCESS', 30, 0 );
```

Wenn wir für alle Spalten der Tabelle Werte angeben und die bei der Definition ursprünglich angegebene Reihenfolge beachten, dann können wir die Aufzählung der Spalten weglassen. Fehlende Werte können wir auch als **NULL** angeben.

```
insert into buecher values
( '99999', null, 'noACCESS', null, 30, 0 );
```

Natürlich müssen wir darauf achten, für jede Spalte auch einen Wert mit dem richtigen Datentyp anzugeben. Der **INSERT**-Befehl erzeugt in dieser Variante genau einen neuen Satz in der Tabelle. Die zweite Version ermöglicht das Einfügen eines oder mehrerer Sätze mit einem Befehl, vorausgesetzt, die Daten sind bereits in anderen Tabellen vorhanden.

```
INSERT INTO tabelle
SELECT ...
```

Mit einem gewöhnlichen **SELECT-Befehl** können Daten in eine Tabelle eingefügt werden, wobei man allerdings genau zu beachten hat, daß der Projektionsteil des **SELECT-Befehl**s genau die Spalten mit den entsprechenden Datentypen festlegt, die zum Einfügen in die Tabelle benötigt werden.

6.3 DELETE

Mit dem **DELETE**-Befehl können Zeilen aus einer Tabelle entfernt werden. Die Syntax dazu ist:

Transaktionsprogrammierung

```
DELETE FROM tabelle [alias]
[    WHERE ...    ]
```

Die **WHERE**-Klausel des Befehls bietet die gleichen Möglichkeiten wie die des **SELECT**-Befehls. **Vorsichtig müssen wir nur beim Weglassen des Selektionsteils sein. Der Befehl**

```
delete from buecher;
```

löscht ohne zusätzliche Einschränkung alle Zeilen der Büchertabelle. Wollen wir eine bestimmte Zeile einer Tabelle löschen, so sollte das stets über den Schlüssel der Tabelle geschehen, da dieser eindeutig ist. Man vermeidet so die Gefahr, in einer großen Tabelle versehentlich mehr zu löschen, als eigentlich geplant. Um ein bestimmtes Buch aus der Büchertabelle zu löschen, sollten wir also die entsprechende Buchnummer angeben. Wählen wir das Buch mit der Nummer 99999, dann lautet der Befehl

```
delete
from     buecher
where    buch_nr = '99999';
```

Um alle noch nie verliehenen, aber ausleihbaren Bücher zu löschen, können wir

```
delete
from     buecher
where    ausleihzahl = 0
and      leihfrist > 0;
```

eingeben.

6.4 UPDATE

Mit dem **UPDATE**-Befehl werden Daten in bereits vorhandenen Zeilen einer Tabelle verändert. **UPDATE** existiert ebenfalls in zwei Varianten. Die erste lautet

```
UPDATE   tabelle [alias]
SET      spalte = ausdruck [, spalte = ausdruck]...
[   WHERE ...  ]
```

Auch hier ist wieder zu beachten: **ohne WHERE-Klausel werden alle Zeilen der Tabelle verändert.**

Wollen wir nun die Leihfrist "15 Tage" abschaffen und alle entsprechenden Bücher für 30 Tage ausleihen, dann schreiben wir den Befehl

```
update   buecher
set      leihfrist = 30
where    leihfrist = 15;
```

Soll genau eine Zeile geändert werden, empfiehlt es sich wieder, in der **WHERE**-Klausel den Schlüssel der Tabelle anzugeben.

Die zweite Form des **UPDATE**-Befehls lautet

```
UPDATE tabelle [alias]
SET ( spalte  [, spalte]... ) = SELECT ...
[ WHERE ... ]
```

Zu beachten ist, daß die Subquery in der **SET**-Klausel eine Single-Row-Subquery ist und die Angabe der Spalten im **SET**-Teil mit dem Projektionsteil der Subquery übereinstimmen muß. Wollen wir z.B. die Leihfrist für alle Werke von Goethe gleichsetzen, und zwar auf den größten der bereits vorhandenen Werte, dann schreiben wir

```
update   buecher
set      leihfrist =
```

```
            (    select   max(leihfrist)
                 from     buecher
                 where    autor = 'Goethe'
            )
   where    autor = 'Goethe';
```

6.5 Probleme mit DELETE und UPDATE

Aus den letzten drei Abschnitten geht hervor, daß für den Einsatz der DML-Befehle keine grundsätzlich neuen Techniken und Sprachkonstrukte zu erlernen sind. Trotzdem bereitet der Umgang mit DELETE und **UPDATE** häufig unerwartete Probleme. Der Grund dafür liegt in diesem Fall eben nicht in den zusätzlichen Möglichkeiten der Befehle, sondern in der Einschränkung der zur Verfügung stehenden Sprachmittel. Im letzten Abschnitt des **SELECT** Kapitels haben wir gezeigt, daß das gleiche Problem häufig mit unterschiedlichen Sprachmitteln gelöst werden kann. In manchen Fällen konnten wir sogar Lösungen mit Joins, Subqueries und Correlated Subqueries alternativ anbieten. Nicht selten war dabei die Lösung über einen Join die einfachste Variante und eben darauf müssen wir bei **DELETE** und **UPDATE** verzichten. Die Syntax erfordert im Zusammenhang mit diesen Befehlen stets die Angabe genau einer Tabelle und die Möglichkeit, auf Daten aus anderen Tabellen Bezug zu nehmen, kann nur noch über eine Subquery wahrgenommen werden. **In vielen, zum Teil ganz einfachen Fällen, kann dabei keine Lösung ohne Correlated Subquery gefunden werden**.

Konstruieren wir dazu ein einfaches, alltägliches Beispiel, wie es in jeder Datenbank in ähnlicher Form vorkommen kann. Wir haben uns dazu entschlossen, unsere Buchnummernsystematik zu ändern und müssen dazu einen Teil der Bücher umnumerieren. Der direkte Weg, mit **UPDATE** interaktiv die Büchertabelle zu ändern, ist viel zu fehleranfällig und wir wollen zunächst in einer Hilfstabelle die Nummern der zu ändernden Bücher erfassen und die neuen Nummern dazu eintragen. Ist sie korrekt und vollständig, dann sollen mit einem Befehl die Buchnummern in der Büchertabelle gemäß dieser Hilfstabelle umgesetzt werden. Sehen unsere Tabellen wie folgt aus:

Probleme mit DELETE und UPDATE

buecher	
buch_nr	autor
1	Goethe
2	Schiller
3	Goethe
4	Lessing
5	Goethe

wechsel	
alt	neu
2	X
4	Y

In der Tabelle **wechsel** haben wir festgehalten, daß die Buchnummer 2 auf den Wert X und die 4 auf Y geändert werden sollen, der Rest bleibt unverändert. Wir suchen nun einen **UPDATE**-Befehl, der aufgrund dieser Tabelle die Werte in der Büchertabelle ändert. Könnten wir einen Join einsetzen, wäre die Sache ganz einfach:

```
update   buecher natural join wechsel
set      buch_nr = neu;
```

Dieser Befehl ist aber nicht erlaubt. Es erscheint zunächst auch natürlich, für einen **UPDATE**-Befehl nur eine zu verändernde Tabelle zuzulassen. Damit hat man allerdings den Join, eines der mächtigsten Konstrukte, fallengelassen und auch nach einiger Überlegung läßt sich kein zwingender Grund für ein Verbot eines Join im **UPDATE**-Befehl finden, solang die Eindeutigkeit der zu ändernden Spalten gewährleistet ist. Fairerweise muß man zugeben, daß ein solcher Ansatz sehr radikal auf dem deskriptiven Charakter der Sprache aufsetzt und sich nicht für das Problem interessiert, wie man von Änderungen einer neuen (virtuellen) Tabelle, eben dem Join, Änderungen auf die Originaltabellen zurückführt. (Entsprechendes gilt für **DELETE**.)

Formulieren wir den Befehl also ohne Join:

Transaktionsprogrammierung

```
update   buecher
set      buch_nr =
         (    select    neu
              from      wechsel
              where     buch_nr = alt
         )
where    buch_nr in
         (    select    alt
              from      wechsel
         )
;
```

Das Besondere an diesem Befehl ist, daß sich die Correlated-Subquery mit **buch_nr** als Korrelationsvariable in der SET-Klausel befindet. Jeder SQL-Interpreter sollte heutzutage diese Variante beherrschen. Falls wider Erwarten nicht, besteht immer noch die Möglichkeit, das Problem in mehreren Schritten unter Einsatz temporärer Tabellen zu lösen.

Das folgende Bild verdeutlicht die Abarbeitung dieses Befehls.

Bild 6.3
Correlated
Subquery

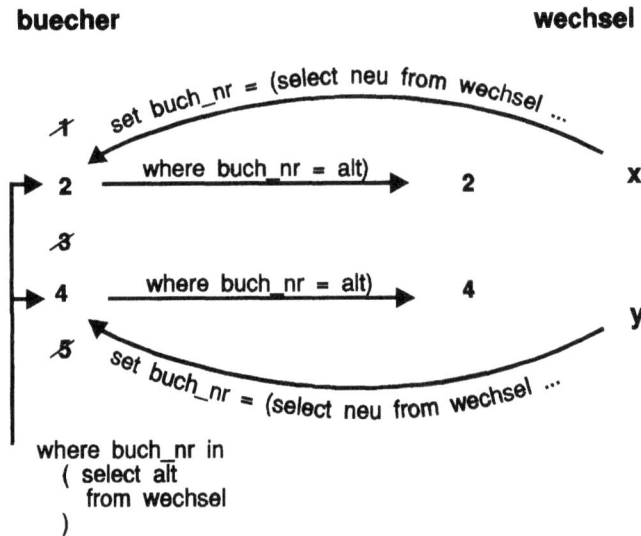

Die **WHERE**-Klausel zum **UPDATE** ist unbedingt notwendig, um die Menge der zu ändernden Zeilen in der Büchertabelle auf die Bücher in der Tabelle **wechsel** einzuschränken, denn sonst würden alle Buchnummern geändert. Erstens soll das nicht sein und zweitens funktioniert das auch nicht, da die Correlated Subquery in der **SET**-Klausel nicht für alle Buchnummern ein Ergebnis liefert und der Befehl beim ersten Vorkommen dieser Art abbricht. Die Correlated Subquery dient dem Zweck, aus der Spalte **alt** der Tabelle **wechsel** die zur Büchertabelle passende Buchnummer herauszusuchen und den Wert **neu** aus der gleichen Zeile in die Büchertabelle einzusetzen.

Noch schwieriger wird es bei einem anderen Alltagsproblem, wenn wir nämlich nicht nur einen neuen Wert aus einer zweiten Tabelle holen, sondern den alten und neuen Wert miteinander verrechnen müssen. In unserem Bibliotheksbetrieb haben wir dafür noch kein direktes Beispiel (es folgt später), es ist aber schnell eines geschaffen. Nehmen wir an, wir verwalten ein Lager und führen dazu eine Tabelle **bestand**. Bei Eintreffen einer Lieferung werden zunächst die eingetroffenen Waren in einer gesonderten Tabelle erfaßt und später zur Bestandstabelle hinzugefügt.

bestand	
artikel	anzahl
1	3
2	5
3	0
4	5
5	10

lieferung	
artikel	anzahl
2	5
3	10
5	2

Nachdem die Lieferung erfaßt ist, soll nun mit einem Befehl die Bestandstabelle auf den neuen Stand gebracht werden. Dazu müssen für die gelieferten Artikel die Anzahlen aus **bestand** und **lieferung** addiert werden. Die neue Bestandstabelle muß nach diesem Befehl die folgenden Daten enthalten:

Transaktionsprogrammierung

bestand	
artikel	anzahl
1	3
2	10
3	10
4	5
5	12

Dem erfahrenen Programmierer kommt sofort die naheliegende Idee, ähnlich wie im letzten Beispiel zu verfahren und er beginnt:

```
update  bestand
set     anzahl = anzahl + ( select...
```

Wer bis hierher ein wenig Gespür für SQL entwickelt hat, den beschleicht jetzt ein ungutes Gefühl. Und in der Tat, diese Formulierung ist zu kühn für einen schlichten SQL-Interpreter. Entweder steht in der **SET**-Klausel ein arithmetischer oder sonstiger Ausdruck, oder nach dem Gleichheitszeichen beginnt eine Subquery. Da jedoch eine Subquery ähnliche Aufgaben wie eine Funktion in einer gewöhnlichen Programmiersprache erfüllt, sollte an diesem Problem gearbeitet werden. Jetzt aber hilft' s nichts, wir müssen das Problem anders lösen.

```
update  bestand bst
set     anzahl =
        (   select   b.anzahl + l.anzahl
            from     bestand b, lieferung l
            where    b.artikel = l.artikel
            and      l.artikel = bst.artikel
        )
where   artikel in
            (   select      artikel
```

Probleme mit DELETE und UPDATE

```
            from      lieferung
      )
;
```

Grundsätzlich ist der Ablauf dieses Befehls der gleiche wie beim Umnummerieren der Bücher, nur daß in der Correlated Subquery jedesmal zusätzlich ein Join der Tabellen **bestand** und **lieferung** bemüht werden muß, um die Summe der Anzahlen aus beiden Tabellen zu ermitteln.

Beispiele

Es folgen nun noch einige Beispiele zu **DELETE** und **UPDATE**.

- Hebe die Sperren für alle Leser auf, die keine Gebühren und weniger als 10 Bücher geliehen haben.

```
delete
from     strafen s
where    (     gebuehr = 0   or  gebuehr is null    )
and      10 >
    (    select     count(*)
         from       verleih v
         where      v.leser_nr = s.leser_nr
    )
;
```

Oder als Alternative ohne Correlated Subquery

```
delete
from     strafen s
where    (     gebuehr = 0   or  gebuehr is null    )
and      leser_nr in
    (    select     leser_nr
         from       verleih
         group by   leser_nr
         having     count(*) < 10
    )
;
```

- Stelle sicher, daß von den Büchern, die mehr als fünfmal vorhanden sind, mindestens ein Exemplar nicht ausleihbar ist. Wenn wir also einen Buchtitel, z.B. Goethes Faust mindestens sechsmal haben und eins, zwei, oder mehr Exemplare davon sind nicht ausleihbar, dann geschieht gar nichts. Sind dagegen alle Exemplare ausleihbar, dann wird von einem die Leihfrist auf den Wert 0 gesetzt. Hier stellt sich das Problem, wie wir die Forderung "irgendeines wird nicht ausleihbar" umsetzen wollen. Wenn wir irgendeine der in Frage kommenden Nummern auswählen können, dann spricht nichts dagegen, die erste, kleinste Nummer zu nehmen und das durch min(buch_nr) auszudrücken. Ein geeigneter Befehl wäre also

```
update   buecher
set      leihfrist = 0
where    buch_nr in
   (
      select    min(buch_nr)
      from      buecher
      group by  autor, titel
      having    count(*) > 5
      and       min(leihfrist) > 0
   )
;
```

6.6 SQL-Programme

In diesem Abschnitt wollen wir uns mit der Programmierung der zentralen Vorgänge in unserem Bibliotheksbetrieb befassen. Dazu zählen wir

- Sperren und Gebührenrechnung für überzogene Bücher
- Vormerken eines Buches
- Ausleihe eines Buches
- Rückgabe eines Buches

Es sollen jedoch nicht seitenweise Listings von perfekten Programmen folgen, sondern wir wollen uns mit dem logischen Kern der Transaktionen beschäftigen. Dabei vernachlässigen wir eine komfortable Benutzerumgebung. Mit SQL allein ist die Erstellung eines kompletten Softwaresystems ohnehin nicht möglich, da die Sprache selbst keine Hilfsmittel für komfortable Ein- und Ausgabe, Modularisierung und Fehlerbehandlung bereitstellt. Ein komplettes Anwendersystem wird in der Regel durch Einbettung der SQL-Teile in eine gewöhnliche Programmiersprache aufgebaut (s. Kap. 7: Embedded SQL). Wir wollen zu-

SQL-Programme

nächst kurz erläutern, was man sich überhaupt unter einem SQL-Programm vorzustellen hat.

Aufruf eines SQL-Programms

Alle SQL-Interpreter bieten zwei Möglichkeiten zur Befehlseingabe an. Sie erlauben die interaktive Eingabe von Kommandos genauso wie die Eingabe über eine Datei. Die in dieser Datei (die Dateinamen haben in der Regel die Endung **.sql**) stehenden Befehle werden vom Interpreter gelesen und ausgeführt. Der Inhalt einer solchen Datei wird **SQL-Programm** oder **SQL-Script** genannt. Aufruf und Interpretation solcher Programme sind nicht Bestandteil des SQL-Standards und damit herstellerabhängig. Wir nehmen hier an, daß der Aufruf eines Programms durch die Eingabe von

```
RUN dateiname [ parameter_1, parameter_2, ... ]
```

erfolgt. Die Endung **.sql** des Dateinamens braucht beim Aufruf nicht angegeben zu werden. Die Parameter, falls vorhanden, können im Programm durch **$1, $2,** ... in der Reihenfolge ihres Auftretens angesprochen werden. Außerdem soll unser Interpreter an beliebigen Stellen einen in /* ... */ eingeschlossenen Kommentar zulassen. Zwei Minuszeichen als Kennzeichnung eines einzeiligen Kommentars sind ebenfalls zulässig (-- Kommentar).

Ein Mitarbeiter der Bibliothek hat beispielsweise eine Liste von bisher ausleihbaren Bücher erstellt, die in Zukunft zum Präsenzbestand gehören, also die Leihfrist 0 bekommen sollen. Die Liste der Bücher hat er in einer Tabelle **festhalten** erfaßt, die nur eine einzige Spalte **buch_nr** besitzt, in der alle zu bearbeitenden Buchnummern eingetragen sind. Nun könnte er die Leihfristen in einem Rutsch auf 0 setzen, ohne Rücksicht darauf, ob das betreffende Buch gerade ausgeliehen ist oder nicht. Diese Lösung gefällt ihm jedoch nicht, da ein Kollege, der von dieser Aktion keine Kenntnis hat, durch Zufall feststellen könnte, daß scheinbar nicht ausleihbare Bücher verliehen sind. Diesen Schreck möchte er ihm ersparen und deshalb erstellt er lieber ein kurzes Programm, das nur die Bücher bearbeitet, die zur Zeit nicht ausgeliehen sind. Ruft er nun dieses Programm in der folgenden Zeit häufiger auf, so müßte er nach und nach alle Bücher erwischen, und die Aktion sollte nach spätestens einem Monat (maximale Leihfrist ist 30 Tage) beendet sein.

/* Bücher, die in der Tabelle festhalten stehen, */

/* bekommen leihfrist = 0 */

```
/* read/write und Isolationlevel setzen */

set transaction read write,
isolation level serializable;
```

/* läßt man's weg, so gelten genau diese Einstellungen */

/* 1. Nicht verliehene Bücher erfassen*/

```
update  buecher
set     leihfrist = 0
where   buch_nr in
    (   select    buch_nr
        from  festhalten
    )
and     buch_nr not in
    (   select    buch_nr
        from  verleih
    )
;
```

/* 2. Erfaßte Bücher aus **festhalten** löschen

```
delete
from    festhalten
where   buch_nr not in
    (   select    buch_nr
        from      verleih
    )
;
```

commit ;   /* Transaktion abschließen*/

```
                    /* 3.   Meldung ausgeben, wenn alle erfaßt
                       sind                                        */

        select    'Tabelle festhalten ist leer'
        from      dummy
        where     not exists
            (     select      *
                  from        festhalten
            )
        ;
```

Dummy Tabelle

Im letzten Befehl erscheint eine Tabelle **dummy**. Diese Tabelle sei in der Datenbank vorhanden und bestehe aus genau einer Zeile und einer Spalte mit beliebigem Inhalt. Wir benutzen sie für den Fall, daß der Projektionsteil eines **SELECT-Befehl**s nur aus Konstanten besteht, da die **FROM** Klausel nicht fehlen darf und wir dort irgendeine Tabelle angeben müssen. Es ist sehr praktisch, sich eine Tabelle für solche Zwecke einzurichten, wenn sie nicht bereits bei der Systeminstallation angelegt wird. (In einer Oracle Datenbank existiert z.B. aus diesem Grund stets die Tabelle **dual**.)

Hat unser freundlicher Mitarbeiter dieses Programm in einer Datei **festhalten.sql** gespeichert und führt er es täglich einmal durch den Aufruf

```
run festhalten
```

aus, dann sind seine Aussichten gut, nach vier Wochen die Meldung **'Tabelle festhalten ist leer'** zu bekommen. Es könnte ihm natürlich ein Buch entwischen, wenn es zurückgegeben und am gleichen Tag wieder ausgeliehen wird, bevor er sein Programm gestartet hat. Dann klappt es wahrscheinlich bei der nächsten Rückgabe.

Aufrufparameter

Um den Einsatz eines Parameters bei Aufruf von SQL-Programmen zu erläutern, erstellen wir ein Programm, das die Sperre eines Lesers aufhebt. Der Parameter für dieses Programm ist die Lesernummer.

Transaktionsprogrammierung

```
                /* Sperre eines Lesers aufheben */


                /* sperre auf NULL setzen */

      update    strafen
      set       sperre = null
      where     leser_nr = '$1';



                /* Zeile löschen, wenn keine Gebühren
                vorhanden */

      delete
      from      strafen
      where     leser_nr = '$1'
      and       (    gebuehr is null  or  gebuehr = 0   );
```

Heißt dieses Programm **freigabe.sql** und soll die Sperre für einen Leser mit der Nummer **12081** aufgehoben werden, dann kann das duch den Aufruf

    run freigabe 12081

geschehen. Im Programmtext wird dann überall der Platzhalter **$1** durch den aktuellen Wert beim Aufruf ersetzt. Kommen mehrere Parameter vor, so heißt der erste **$1**, der zweite **$2**, u.s.w.

6.6.1 Sperren und Gebührenberechnung

Um einen Leser zu sperren, (warum, sei im Moment egal) muß in der Tabelle **strafen** eine Zeile mit der Lesernummer und ein Datum, das Sperrdatum, in der Spalte **sperre** eingetragen werden. Nun kann es sein, daß der Leser bereits gesperrt ist. Dann wollen wir überhaupt nichts ändern. Der Leser kann bereits Gebühren haben. Dann wollen wir das noch leere Feld **sperre** in der Tabelle auf das aktuelle Datum setzen. Schließlich kann der Leser noch eine weiße Weste haben und er taucht in der Straftabelle bisher überhaupt nicht auf. In diesem Fall müssen wir eine neue Zeile für diesen Leser in die Tabelle einfügen.

Für einen alten Programmierhasen klingt das alles sehr nach einigen **if** - Anweisungen, mit SQL wird aus diesem Vorhaben jedoch nichts. Mit einem einzigen SQL-Befehl können wir das Problem offensichtlich nicht lösen, da wir, abhängig von der Ausgangssituation, einmal gar nichts, einmal **UPDATE** und einmal **INSERT** anwenden müssen. Hier müssen wir das Problem in mehrere, voneinander unabhängige SQL-Befehle zerlegen, die an geeignete logische Bedingungen geknüpft sind, um sich nicht gegenseitig ins Gehege zu kommen.

```
            /* Leser hat bereits Gebühren */

update   strafen
set      sperre = current_date
where    leser_nr = '$1'
and      sperre is null;
```

```
            /* Leser hat bisher eine weiße Weste */

insert into   strafen
select   '$1', null, current_date
from     dummy
where    not exists
   (     select    leser_nr
         from      strafen
         where     leser_nr = '$1'
   )
;
```

```
commit ;
```

Versuchen wir nun, ein Verfahren zur Vergabe von Gebühren und Sperren nach folgenden Regeln einzurichten:

Transaktionsprogrammierung

- Ein Leser wird gesperrt, wenn er mehr als 20 Bücher geliehen, Bücher länger als 30 Tage überzogen oder mehr als Euro 100.- Gebühren zu zahlen hat.
- Für jedes überzogene Buch werden die bereits angefallenen Gebühren täglich um Euro 1.50 erhöht.

Wir wollen dazu ein SQL-Programm erstellen, das einmal täglich, z.B. abends nach Schalterschluß, aufgerufen werden kann und dabei alle erforderlichen Aktionen durchführt. Sicher gibt es verschiedene Wege zur Lösung dieses Problems. Wir wollen hier ein möglichst klares, schrittweises Vorgehen einsetzen, auch wenn das nicht zur kürzesten der möglichen Lösungen führt.

Im ersten Schritt erzeugen wird eine temporäre Straftabelle mit den für den heutigen Tag angefallenen Gebühren. Dann fügen wir alle Leser hinzu, die aus irgendeinem Grund gesperrt werden müssen. Zu diesem Zeitpunkt kann jeder Leser noch mehrfach in der temporären Tabelle auftauchen. Im nächsten Schritt fassen wir alle Daten pro Leser zusammen. Danach übertragen wir die Daten aus der temporären Tabelle in die Straftabelle. Bei dieser Übertragung (Schritt 5) tritt das bereits angesprochene Problem eines **UPDATE** mit Addition zweier Spalten auf.

```
/* Strafen und Gebührenrechnung */


/* 1. Temporäre Tabelle erzeugen; Gebühren
   für den heutigen Tag berechnen */

create table   neue_strafen as
select         leser_nr,
               count(*) * 1.5,
               null
from           verleih
where          rueckgabedatum <= current_date
group by       leser_nr;



/* 2. Leser erfassen, die mehr als 20 Bücher
   haben */

insert into    neue_strafen
select         leser_nr, 0, current_date
from           verleih
```

```
                group by        leser_nr
                having          count(*) > 20;
```

/* 3. Leser erfassen, die Bücher länger als 30 Tage   */
/* überfällig haben */

```
                insert into     neue_strafen
                select          leser_nr, 0, current_date
                from            verleih
                group by        leser_nr
                having          min(rueckgabedatum) <= current_date - 30;
```

/* 4. Daten pro Leser zusammenfassen */

```
                create table    neue_strafen_2 as
                select          leser_nr,
                                sum(gebuehr) gebuehr
                                min(sperre) sperre
                from            neue_strafen
                group by        leser_nr;
```

/* 5. Gebühren in **strafen** übertragen */
/* (s. Abschnitt:Probleme bei **DELETE**
       und **UPDATE**) */

```
update      strafen
set         gebuehr =
   (        select      s.gebuehr + n.gebuehr
            from        strafen s,
                        neue_strafen_2 n
            where       s.leser_nr = n.leser_nr
            and    n.leser_nr = strafen.leser_nr
   )
where       leser_nr in
   (        select      leser_nr
```

```
                    from        neue_strafen_2
         );




                    /* 6. Sperren in strafen übertragen */

         update     strafen
         set        sperre = current_date
         where      sperre is null
         and        leser_nr in
            (       select      leser_nr
                    from        neue_strafen_2
                    where       sperre is not null
            )
         ;




                    /* 7. Leser aus neue_strafen_2 übernehmen,
                       die in strafen bislang nicht vorhanden sind */

         insert into strafen
         select     *
         from       neue_strafen_2
         where      leser_nr not in
            (       select      leser_nr
                    from        strafen
            )
         ;




                    /* 8. Sperre Leser, die mehr als 100.- Gebüh-
                       ren haben */

         update     strafen
         set        sperre = current_date
         where      sperre is null
         and        gebuehr > 100;
```

```
commit ;
```

```
drop table neue_strafen;
drop table neue_strafen_2;
```

6.6.2 Vormerken eines Buches

Die Vormerkung eines Buches ist ein recht einfacher Vorgang. Wegen des Primärschlüssels aus der Spaltenkombination **leser_nr, buch_nr** ist schon gewährleistet, daß ein Leser ein bestimmtes Buch höchstens einmal zur gleichen Zeit für sich reservieren kann. Darüber hinaus wollen wir folgende Bedingungen an eine Vormerkung knüpfen:

- das Buch soll z.Z. ausgeliehen sein
- der Leser soll nicht gesperrt sein
- das Buch soll nicht bereits öfter als fünfmal von anderen Lesern vorgemerkt sein

Diese Bedingungen können ohne Probleme an einen **INSERT** Befehl gebunden werden. Wir benötigen jedoch in diesem Fall für ein Programm zwei Eingabeparameter, nämlich die Lesernummer und die Buchnummer.

```
/* Vormerken eines Buches */
/* Im folgenden gilt:*/
/* $1 = aktuelle Lesernummer */
/* $2 = aktuelle Buchnummer */

insert into    vormerk
select    '$1', '$2', current_date
from      dummy
where     exists     /* Buch ist verliehen */
    (     select     *
          from       verleih
          where      buch_nr = '$2'
    )
and       not exists /* Leser ist nicht gesperrt */
    (     select     *
          from       strafen
          where      leser_nr = '$1'
```

```
                and       sperre is not null
          )
          and     5 >   /* nicht zu oft reserviert   */
          (       select    count(*)
                  from      vormerk
                  where     buch_nr = '$2'
          )
      ;


      commit ;
```

6.6.3 Ausleihe eines Buches

Die Ausleihe eines Buches ist der komplexeste Vorgang in unserer Bibliothek. Wir haben dabei eine ganze Reihe von Aktionen und Bedingungen zu berücksichtigen, die wir hier zunächst zusammenfassen wollen.

♦ Aktionen

- Eintrag des Lesers und Buches in die Verleihtabelle
- Erhöhung der Ausleihzahl des Lesers
- Erhöhung der Ausleihzahl des Buches
- Löschen der Vormerkung, falls ein Leser ein von ihm reserviertes Buch abholt

♦ Bedingungen

- der Leser darf nicht gesperrt sein
- das Buch muß ausleihbar sein
- das Buch darf nicht von jemand anderem zu einem früheren Zeitpunkt vorgemerkt worden sein

Wir werden die Ausleihe in zwei Varianten vorstellen. Zuerst programmieren wir eine Minimalform, die die o.g. Bedingungen in möglichst direkter Form realisiert. Dabei knüpfen wir alle Bedingungen an den **IN-SERT**-Befehl, der Buch und Leser in die Verleihtabelle einträgt. Die

SQL-Programme

anderen Aktionen machen wir dann davon abhängig, ob der Eintrag in die Verleihtabelle geschehen ist, d.h., jeder der folgenden Befehle beinhaltet eine Subquery, die das Vorhandensein des Eintrags des aktuellen Lesers mit dem gerade entliehenen Buch in der Verleihtabelle überprüft. Diese offensichtlich doppelt und dreifach ausgeführte Überprüfung ist mit SQL Mitteln allein nicht zu umgehen.

Da die letzte der drei genannten Bedingungen für eine Ausleihe sehr komplex ist, wollen wir sie zunächst gesondert behandeln. Sie ist ein Teil der **WHERE**-Bedingung, die wir an die Einfügeoperation in die Verleihtabelle stellen müssen. Der **INSERT**-Befehl hat insgesamt folgenden Aufbau:

```
insert into verleih
/* Lesernummer, Buchnummer und Rückgabedatum einfügen */
select   '$1', '$2', current_date + leihfrist
from     buecher
where    buch_nr = '$2'
and      ...   /* Buch ist ausleihbar */
and      ...   /* Leser ist nicht gesperrt */
and      ...   /* Niemand hat ältere Rechte */
;
```

Um die letzte Bedingung zu prüfen, könnte man denken, es genügt in der Vormerktabelle nachzusehen, ob eventuell für dieses Buch ein anderer Leser mit kleinstem, d.h. am weitesten zurückliegenden Datum eingetragen ist. In diesem Fall müßten wir eine Ausleihe verhindern, was mit dem **EXISTS** Operator möglich ist:

```
and  not exists
   ( select  *
     from    vormerk
     where   buch_nr = '$2'
     and     leser_nr <> '$1'
     and     vormerkdatum in

                ( select   min(vormerkdatum)
                  from     vormerk
                  where    buch_nr = '$2'
                )
   )
```

Das funktioniert, solange ein anderer Leser mit einem früheren Datum in der Vormerktabelle auftaucht, es geht aber schief, wenn zwei Leser ein Buch am gleichen Tag vorgemerkt haben. Kommt Leser A und möchte sein Buch abholen, so findet der **SELECT**-Befehl Leser B, der das Buch ebenfalls vorgemerkt hatte, und die **NOT-EXISTS**-Bedingung ist nicht erfüllt. Möchte hingegen Leser B sein Buch abholen, so wird Leser A ihm einen Strich durch die Rechnung machen. Wir haben eine klassische Deadlock-Situation!

Um diese äußerst peinliche Situation zu vermeiden, müssen wir unsere Bedingung zu einer "Wer zuerst kommt, mahlt zuerst" Strategie abwandeln. Wir wollen das Buch ausleihen, wenn es überhaupt nicht vorgemerkt ist, oder der aktuelle Leser selbst mit dem "kleinsten" Datum in der Vormerktabelle steht, ungeachtet weiterer Leser mit eventuell gleichem Datum.

```
         and    (       not exists
                (       select       *
                        from   vormerk
                        where  buch_nr = '$2'
                )
                or '$1' in
                (       select       leser_nr
                        from         vormerk
                        where        buch_nr = '$2'
                        and          vormerkdatum in
                                ( select   min(vormerkdatum)
                                  from     vormerk
                                  where    buch_nr = '$2'
                                )
                )
         )
```

Diese Komponente ist funktionstüchtig und kann nun in den gesamten Befehl eingebaut werden:

```
/* Ausleihe eines Buches */
/* Im Folgenden gilt: */
/* $1 = aktuelle Lesernummer */
/* $2 = aktuelle Buchnummer */


/* 1. Eintrag in die Verleihtabelle, */
/* wenn alle Bedingungen erfüllt sind */

insert into verleih
select   '$1', '$2', current_date + leihfrist
from     buecher
where    buch_nr = '$2'
and      leihfrist > 0    /* Buch ist ausleihbar   */
and      not exists /* Leser ist nicht gesperrt   */
   (     select    *
         from      strafen
         where     leser_nr = '$1'
         and       sperre is not null
   )
and      (   not exists /* Niemand hat ältere Rechte   */
         (   select    *
             from      vormerk
             where     buch_nr = '$2'
         )
         or '$1' in
         (   select    leser_nr
             from      vormerk
             where     buch_nr = '$2'
             and       vormerkdatum in
                 (     select    min(vormerkdatum)
                       from      vormerk
                       where     buch_nr = '$2'
                 )
         )
   )
;
```

/* 2. Ausleihzahl für das Buch erhöhen
Die **exists** Subquery muß in den folgenden
Befehlen stets wiederholt werden,
um die Korrektheit der Ausleihe zu prüfen. */

```
update    buecher
set       ausleihzahl = ausleihzahl + 1
where     buch_nr = '$2'
and       exists
   (      select     *
          from       verleih
          where      leser_nr = '$1'
          and        buch_nr = '$2'
   )
;
```

/* 3. Ausleihzahl für den Leser erhöhen */

```
update    leser
set       ausleihzahl = ausleihzahl + 1
where     leser_nr = '$1'
and       exists
   (      select     *
          from       verleih
          where      leser_nr = '$1'
          and        buch_nr = '$2'
   )
;
```

/* Löschen bei eigener Vormerkung */

```
delete
from      vormerk

where     exists
   (      select     *
          from       verleih
          where      leser_nr = '$1'
          and        buch_nr = '$2'
   )
```

```
and     leser_nr = '$1'
and     buch_nr  = '$2'
;


commit ;
```

Dieses SQL-Programm funktioniert zwar und trägt in jedem Fall alle Daten korrekt ein, es hat aber einen gravierenden Nachteil. (Einige der zuvor dargestellten Programme hatten diesen Mangel ebenfalls.) Derjenige, der es aufruft, weiß nach Ablauf des Programm nicht, was geschehen ist, da das Programm nicht eine einzige Zeile über seine Tätigkeit mitteilt. Der Mitarbeiter am Schalter weiß also nach Aufruf des Programms gar nicht, ob er dem Leser das Buch in die Hand drücken darf, oder ob er bedauernd den Kopf schütteln muß. Wir werden im folgenden Beispiel zeigen, wie man mit reinem SQL zu einer akzeptablen Lösung kommen kann und im nächsten Kapitel das gleiche Problem noch einmal im Zusammenspiel mit einer prozeduralen Programmiersprache angehen.

Um den Ablauf eines SQL-Programms übersichtlich zu gestalten, spricht nichts gegen die Verwendung einer zusätzlichen Tabelle, die ausschließlich zur Steuerung dieses Programms bestimmt ist. Für unseren Ausleihvorgang wollen wir eine Tabelle **ausleihe** anlegen, die zur Erfassung der Ausleihbedingungen und zur Ausgabe von Meldungen eingesetzt werden kann. Diese Tabelle hat im Grundzustand, also bevor das Programm startet, folgenden Inhalt:

ausleihe		
code	flag	text
1	0	Leser ist gesperrt.
2	0	Buch ist nicht ausleihbar.
3	0	Buch ist von anderem vorgemerkt.
4	0	Ausleihe ok.
5	0	Leser holt vorgemerktes Buch ab.

Wir können nun mit dem Ausleihprogramm der Reihe nach die einzelnen Ausleihbedingungen untersuchen und uns das Ergebnis in der Tabelle **ausleihe** merken, indem wir die Spalte **flag** in der entsprechenden Zeile auf den Wert 1 setzen, wenn die im **text** genannte Bedingung erfüllt ist. Auch in dieser Version ist es letztlich unumgänglich, alle Aktionen an die vierte Zeile der Tabelle **ausleihe** zu knüpfen, da hier festgehalten ist, ob eine Ausleihe stattfinden kann oder nicht.

```
/* Ausleihprogramm in strukturierter Form */
/* und mit Ausgabe von Meldungen. */


/* Prüfung, ob der Leser gesperrt ist. */

update   ausleihe
set      flag = 1
where    code = 1
and      exists
   (     select    *
         from      strafen
         where     leser_nr = '$1'
         and       sperre is not null
   )
;
```

/* Prüfung, ob das Buch nicht ausleihbar ist.
*/

```
update    ausleihe
set       flag = 1
where     code = 2
and       0 =
     (    select     leihfrist
          from       buecher
          where      buch_nr = '$2'
     )
;
```

/* Prüfung, ob das Buch von jemand anderem zu einem früheren Zeitpunkt vorgemerkt wurde. */

```
update    ausleihe
set       flag = 1
where     code = 3
and       exists
     (    select     *
          from vormerk
          where buch_nr = '$2'
     )
and       '$1' not in
     (    select     leser_nr
          from       vormerk
          where      buch_nr = '$2'
          and        vormerkdatum in
                (    select     min(vormerkdatum)
                     from       vormerk
                     where      buch_nr = '$2'
                )
     )
;
```

/* Buch kann ausgeliehen werden, wenn in den ersten drei Zeilen von **ausleihe** in der Spalte **flag** nur Nullen stehen. */

```
update    ausleihe
set       flag = 1
where     code = 4
and       not exists
   (      select      *
          from        ausleihe
          where       code <= 3
          and         flag > 0
   )
;
```

/* Festellen, ob der Leser selbst das Buch vorgemerkt hatte. */

```
update    ausleihe
set       flag = 1
where     code = 5
and       1 =
   (      select      flag
          from        ausleihe
          where       code = 4
   )
and       exists
   (      select      *
          from        vormerk
          where       leser_nr = '$1'
          and         buch_nr = '$2'
   )
;
```

/* Alle relevanten Daten sind nun bekannt. Die notwendigen Einträge können nun an die 4. Zeile der Tabelle **ausleihe** geknüpft werden. Dort muß in der Spalte **flag** der Wert 1 stehen. Auch hier müssen alle folgenden Befehle mit einer Subquery an diese Bedingung geknüpft werden. */

```
/* Eintrag in die Verleihtabelle */

insert into   verleih
select   '$1', '$2', current_date + leihfrist
from     buecher
where    buch_nr = '$2'
and      1 =
   (     select     flag
         from       ausleihe
         where      code = 4
   )
;




/* Leserstatistik aktualisieren */

update   leser
set      ausleihzahl = ausleihzahl + 1
where    leser_nr = '$1'
and      1 =
   (     select     flag
         from       ausleihe
         where      code = 4
   )
;




/* Bücherstatistik aktualisieren */

update   buecher
set      ausleihzahl = ausleihzahl + 1
where    buch_nr = '$2'
```

```
       and     1 =
               (   select    flag
                   from      ausleihe
                   where     code = 4
               )
       ;



               /* Löschen der Vormerkung, wenn der Leser
               ein von ihm reserviertes Buch abholt. */

       delete
       from    vormerk
       where   1 =
               (   select    flag
                   from      ausleihe
                   where     code = 5
               )
       and     leser_nr = '$1'
       and     buch_nr = '$2'
       ;



               /* Ausleihvorgang bearbeitet: Transaktion
               abschließen. */

       commit ;



               /* Meldungen ausgeben. */

       select  text
       from    ausleihe
       where   flag = 1;
```

```
            /* Tabelle ausleihe wieder in den Grundzu-
            stand bringen. */

update    ausleihe
set       flag = 0;



commit ;
```

6.6.4 Rückgabe eines Buches

Im Vergleich zur Ausleihe ist die Rückgabe eines Buches eine harmlose Angelegenheit. Zwingend notwendig ist nur das Löschen des Eintrags in der Verleihtabelle. Zusätzlich wollen wir jedoch noch eine Meldung ausgeben, wenn das Buch vorgemerkt ist, damit es z.B. sofort beiseite gelegt werden kann und nicht wieder im großen Dschungel der Regale verschwindet.

```
            /* Rückgabe eines Buches */


            /* Löschen aus der Verleihtabelle */

delete
from      verleih
where     leser_nr = '$1'
and       buch_nr = '$2'
;



            /* Meldung bei Vormerkung ausgeben */

select    'Buch ist vorgemerkt.'
from      dummy
where     '$2' in
   (      select     buch_nr
          from       vormerk
   )
```

```
;
commit;
```

Zusammenfassung

- Unter einer **Transaktion** versteht man die Überführung einer konsistenten Datenbank in einen neuen konsistenten Zustand.
- Zur Steuerung von Transaktionen stellt SQL die Befehle **COMMIT** und **ROLLBACK** bereit.
- Zur Anwendung der eigentlichen DML-Befehle **DELETE, INSERT, UPDATE** ist das Erlernen neuer Sprachmittel nicht erforderlich. Die Schwierigkeiten im Umgang mit diesen Befehlen ergeben sich häufig aus der Tatsache, daß ein mächtiges Konstrukt, der Join, nicht eingesetzt werden kann. Zur Lösung eines Problems muß dann häufig auf Correlated Subqueries zurückgegriffen werden.
- SQL-Interpreter verarbeiten in der Regel sowohl interaktive Eingaben als auch Befehlsfolgen, die in Form von Dateien vorliegen. Letztere nennt man **SQL-Programm** oder **SQL-Script**. Kann der Interpreter darüber hinaus Aufrufparameter zu den SQL-Programmen bearbeiten, so können ohne weitere Hilfsmittel bereits sehr mächtige und flexible Anwendungen erstellt werden.

Übungen

6.1 Im Text wurde die Vormerkung eines Buches so programmiert, daß alle Einträge nach den geforderten Bedingungen korrekt erfolgten. Es wurden jedoch keine Meldungen über eine (nicht) erfolgreiche Vormerkung ausgegeben. Erstellen Sie eine Variante zur Vormerkung eines Buches, die entsprechende Rückmeldungen ausgibt.

6.2 Sie stellen mit Entsetzen fest, daß offensichtlich durch ein Mißgeschick nicht ausleihbare Bücher verliehen worden sind. Machen Sie aus der Not eine Tugend und ändern Sie die Leihfrist von verliehenen, nicht ausleihbaren Büchern auf 30 Tage.

Übungen

6.3 Für einen Kunden werden verschiedene Teile gefertigt und bei Bedarf ausgeliefert. Dazu werden zwei Tabellen **vorrat** und **bestellung** geführt. Vor der Auslieferung einer Bestellung ist der Zustand z.B.:

vorrat	
teil	anzahl
a	10
b	9
c	0
d	15

bestellung	
teil	anzahl
a	15
c	5
d	10

Da nur vorrätige Teile ausgeliefert werden können, ist der Zustand nach der Lieferung folglich:

vorrat	
teil	anzahl
a	0
b	9
c	0
d	5

bestellung	
teil	anzahl
a	5
c	5
d	0

Selbstverständlich sollten bestellte Artikel mit der Anzahl 0 aus der Bestelltabelle verschwinden.
- Erstellen Sie ein SQL-Programm, das die notwendigen Umbuchungen bei täglicher Bestellung und Auslieferung vornimmt.

- Ermitteln Sie die Teile, die nachgefertigt werden müssen, mit der entsprechenden Anzahl.

6.4 Durch einen fehlenden Primärschlüssel konnte es geschehen, daß eine Tabelle einen Datensatz doppelt enthält. Es gibt keine Möglichkeit, mit einem **DELETE**-Befehl eine von zwei identischen Zeilen zu löschen. Wie werden Sie den doppelten Satz los?

6.5 In einem Durchgangslager werden eingehende Teile zur eindeutigen Kennzeichnung numeriert. Da sehr viele Teile ein- und abgehen, soll die Numerierung nicht stets fortlaufen, sondern die durch abgehende Teile freiwerdenden Nummern sollen neu vergeben werden. Erstellen Sie einen **INSERT**-Befehl, der aus einer Liste von positiven, ganzen Zahlen die kleinste, freie Zahl in die Liste einfügt. (Nehmen Sie an, daß als Platzhalter ein Teil mit der Nummer 0 stets in der Liste vorhanden ist.)

7 Embedded SQL

Im 3. Kapitel haben wir erwähnt, daß SQL nicht zu den Sprachen gehört, in denen jeder denkbare Algorithmus formuliert werden kann. In den folgenden Kapiteln haben wir aber jedes im Zusammenhang mit unserer Beispieldatenbank aufgetretene Problem mit reinem SQL lösen können. Das liegt nicht etwa an dem besonders raffiniert ausgewählten Beispiel, denn sehr viele Einsatzgebiete von relationalen Datenbanken aus Wirtschaft und Verwaltung, z.B. Reisebüros, Immobiliengeschäfte, Bankgeschäfte, Auftrags- und Lagerverwaltung u.s.w. führen auf ganz ähnliche Datenbankstrukturen wie unser Bibliotheksgeschäft, auch wenn in der Praxis die Anzahl der Relationen größer und deren Beziehungen untereinander wesentlich komplexer sind. Die Tatsache, daß wir bislang ohne weitere Hilfsmittel ausgekommen sind, zeigt einfach, wie gut SQL auf die Abfrage und Manipulation von relationalen Datenbanken zugeschnitten ist. Wir wollen jedoch nicht ungeklärt lassen, welche Probleme mit dem rein mengenorientierten Zweig von SQL allein nicht zu bewältigen sind und uns fragen, was diese Sprache denn letztlich von den universellen Sprachen der 3. und 5. Generation unterscheidet.

Was SQL2 nicht kann

Aus der theoretischen Informatik ist bekannt, daß außer sequentiellen Anweisungen, also Befehlen, die in der Reihenfolge ihres Auftretens nacheinander ausgeführt werden, zwei Kontrollstrukturen genügen, um jeden erdenklichen Algorithmus zu formulieren. Bei diesen Strukturen handelt es sich um eine Verzweigung (if), also um eine Anweisung, die bestimmte Befehle als nächste auszuführende auswählt, und um eine Schleife (while), die eine Gruppe von Befehlen wiederholt ausführt. Alle anderen Anweisungen, denen man üblicherweise begegnet (case, switch, for, repeat, until, do ...) dienen der bequemeren und lesbareren Formulierung und sind auf if- oder while-Anweisungen reduzierbar. Wir wollen an dieser Stelle auf ein beliebtes Beispiel zurückgreifen, nämlich die Berechnung der Fakultät. Die Fakultät einer Zahl N (geschrieben als N!) ist definiert als das Produkt aller Zahlen von 1 bis N. Also ist z.B. $5! = 5 \cdot 4 \cdot 3 \cdot 2 = 120$. Das einfachste Programm zur Berechnung der Fakultät benutzt eine Schleife und berechnet den Wert iterativ. (Wir vernachlässigen im folgenden den Sonderfall 0!.)

```
fakultaet( int N )
{
   int i,  N_fak;

   i = N;
   N_fak = 1;

   while( i > 0 )
   {
        N_fak = N_fak * i;
        i = i - 1;
   }

   return( N_fak );
}
```

Ein Grund für die Beliebtheit dieses Beispiels ist die Möglichkeit, auf einfache Weise den gleichwertigen, rekursiven Ansatz der iterativen Lösung gegenüberzustellen, folgt doch aus der Definition der Fakultät sofort die Möglichkeit, die Berechnung von N! auf den nächstmöglichen einfacheren Fall der Berechnung von (N-1)! zurückzuführen, denn N! = N * (N-1)!.

```
fakultaet( int N )
{
   int  N_fak;

   if( N > 0 )
        N_fak = N * fakultaet( N - 1 );
   else
        N_fak = 1;

   return( N_fak );
}
```

Jeder Programmierer weiß um die Gleichwertigkeit der beiden Lösungen, und in der Tat sind Iteration und Rekursion zwei Seiten derselben Münze. Die iterative Lösung eines Problems benötigt stets eine Schleife, in der die Iteration abläuft. Die rekursive Lösung benötigt eine Verzweigung, um an der richtigen Stelle die Rekursion abzubrechen. Zwar besitzt SQL weder Verzweigungen noch Schleifen, doch ist dies noch kein ausreichender Grund, warum die Berechnung der Fakultät mit SQL nicht funktioniert. Machen wir einen ganz kurzen Abstecher in die Welt der Sprachen der 5. Generation und betrachten die SQL verwandte Sprache **Prolog**, die eine vollständige Programmiersprache ist, obwohl auch sie keine Kontrollstrukturen besitzt. Die Berechnung der Fakultät in Prolog lautet

```
fakultaet( 1, 1).
fakultaet( N, N_fak )    :-    P is N - 1,
           N_fak is N * P_fak,
           fakultaet( P, P_fak ).
```

Die erste Zeile bedeutet soviel wie, die Fakultät von 1 ist 1. So etwas wird in Prolog ein Faktum genannt. Der Rest des Programms formuliert eine Regel, die besagt:

```
die Fakultät von    N ist N_fak genau dann, wenn
   P = N - 1 ist und
   N_fak = N mal P_fak ist und
   P_fak die Fakultät von P ist.
```

Diese Regel ist nichts anderes als die in Prolog geschriebene Tatsache, daß N! = N * (N-1)! ist, also die rekursive Definition der Fakultät. Das Zusammenspiel aus Faktum und Regel bewirkt in Prolog, daß die Rekursion nicht ins Unendliche läuft, denn sind wir mit der Rekursion einmal bei der Berechnung von 1! angelangt, so tritt die bedingungslos wahre Tatsache 1! = 1 in Erscheinung und die Ausführung der rekursiven Regel erübrigt sich.

Wir sind nun bei der Entwicklung unseres Bibliotheksprogramms mehrfach auf verzweigungsähnliche SQL-Anweisungen gestoßen, und tatsächlich scheitert die Berechnung der Fakultät nicht am Fehlen einer if-Anweisung. Nehmen wir zur Verdeutlichung nochmal ein einfaches Beispiel, das abhängig von der Größe einer Zahl zwei verschiedene Meldungen ausgibt.

```
read( temperatur );

if( temperatur <= 0 )
   print( "Vorsicht Glatteis!" );
else
   print( "Freie Fahrt." );
```

Es sollte uns keine Mühe bereiten, dieses kleine Programm in SQL zu formulieren.

```
select   "Vorsicht Glatteis!"
from     temperaturtabelle
where    temperatur <= 0;

select   "Freie Fahrt."
from     temperaturtabelle
where    temperatur > 0;
```

Natürlich benötigen wir für ein **if... else...** zwei unabhängige SQL-Befehle, deutlich wird daran aber, daß Bedingungen, die bei gewöhnlichen Programmiersprachen in Verzweigungen stecken, in entsprechende Bedingungen als Bestandteil der **WHERE-Klausel** umgeformt werden können. Es ist daher der Umstand, daß SQL weder eine Schleife, noch eine rekursive Konstruktion zuläßt, der letztlich zur "Untauglichkeit" als universelle Programmiersprache führt. Das Fehlen einer **if**-Anweisung kann SQL kompensieren. Möchten wir also in eine Tabelle **fakultaet**

fakultaet	
N	N_fak
5	

den fehlenden Wert für **N_fak** berechnen, so wird uns das nicht gelingen. Würden wir SQL aber um eine Schleifenkonstruktion (oder Rekursion) erweitern, so müßte es möglich sein. Bevor wir das ausprobieren können, müssen wir uns nochmal klarmachen, daß SQL auch keine Variablen kennt und wir alle zum Programmablauf notwendigen Informationen in Tabellen speichern müssen. Erweitern wir die Tabelle **fakultaet** um einen Zähler **P**, den wir zum Abbruch der Schleife einsetzen, und initialisieren wir den Wert für **N_fak**, dann haben wir alle notwendigen Zutaten zusammen.

fakultaet		
N	P	N_fak
5	5	1

Geniessen Sie die folgende Konstruktion mit Vorsicht! Schleifen sind erst ab SQL3 standardisiert, obwohl einige Datenbank Hersteller schon längst phantasievoll genug waren, so etwas in ihre Systeme einzubringen (mehr dazu im Kapitel 11 dieses Buches).

```
while 0 <    (   select    P
                 from      fakultaet
     )
{
   update    fakultaet
   set       N_fak = N_fak * P;

   update    fakultaet
   set       P = P - 1;
}
```

Nach Ablauf dieses Befehl wäre die Tabelle dann im Zustand

fakultaet		
N	P	N_fak
5	0	120

mit dem korrekten Wert 120 für das Feld **N_fak**.

Das Beispiel der Fakultät ist typisch für alle Berechnungen, die nicht in einem Schritt ausgeführt werden können, sondern nur iterativ oder rekursiv lösbar sind. Insbesondere ist dabei die Anzahl der Schritte nicht im voraus bekannt, da sie von den Anfangsdaten selbst abhängt. **Probleme dieser Art können mit SQL2 nicht gelöst werden**.

Embedded SQL

SQL/3GL Kombination
Natürlich waren den Entwicklern von SQL und den Mitarbeitern des ANSI-Komitees alle die bisher genannten Tatsachen wohlbekannt und man hat sich von Anfang an für ein anderes Konzept entschieden (was einige DB-VIPs seit eh und je für einen Irrtum gehalten haben). Anstatt SQL um gewagte prozedurale Elemente zu erweitern, wurde eine Schnittstelle zu bekannten Sprachen vorgesehen. Im ANSI-Standard werden Schnittstellen zu Cobol, Fortran, Pascal, PL/1, C, Ada, MUMPS und neuerdings Java genannt. Im Zeitalter der objektorientierten Programmierung sind Schnittstellen zu C++, Java oder ähnlichen Sprachen inzwischen jedoch wohl von größerer Bedeutung als zu einigen der genannten, "reiferen" Sprachen. Im Grunde ist es auch fast überflüssig, sich auf bestimmte Sprachen festzulegen, da der Mechanismus, wenigstens bei prozeduralen Sprachen, stets der gleiche ist. Es ist ein Verfahren entwickelt worden, wie SQL-Anweisungen in diese Sprachen eingebettet (embedded) werden können und ein Informationsaustausch zwischen den Variablen der Programmiersprache (allgemein Hostvariablen genannt) und den SQL-Anweisungen hergestellt werden kann.

EXEC SQL
Der grundsätzliche Arbeitsgang ist folgender: man erstellt ein Programm in der Sprache seiner Wahl mit eingebetteten SQL-Befehlen. Jeder SQL-Befehl wird im Programm durch die Zeichen **EXEC SQL** eingeleitet. (Manche DB-Systeme verwenden eine andere Kennzeichnung.) Die Hostvariablen, die auch in SQL-Befehlen eingesetzt werden sollen, werden in einer speziellen **DECLARE SECTION** vereinbart. Ein vom Datenbankhersteller gelieferter **Precompiler** wandelt den Quelltext mit SQL-Befehlen in einen Quelltext um, der den syntaktischen Anforderungen der Programmiersprache genügt. Der Precompiler wandelt dazu die SQL-Befehle in gewöhnliche Funktionsaufrufe um. Danach wird das Programm wie gewohnt übersetzt und anschließend mit einer vom Datenbankhersteller mitgelieferten **Bibliothek** (Library) zusammengebunden (Link), die die Funktionen enthält, deren Aufruf der Precompiler aus den SQL-Befehlen erzeugt hat.

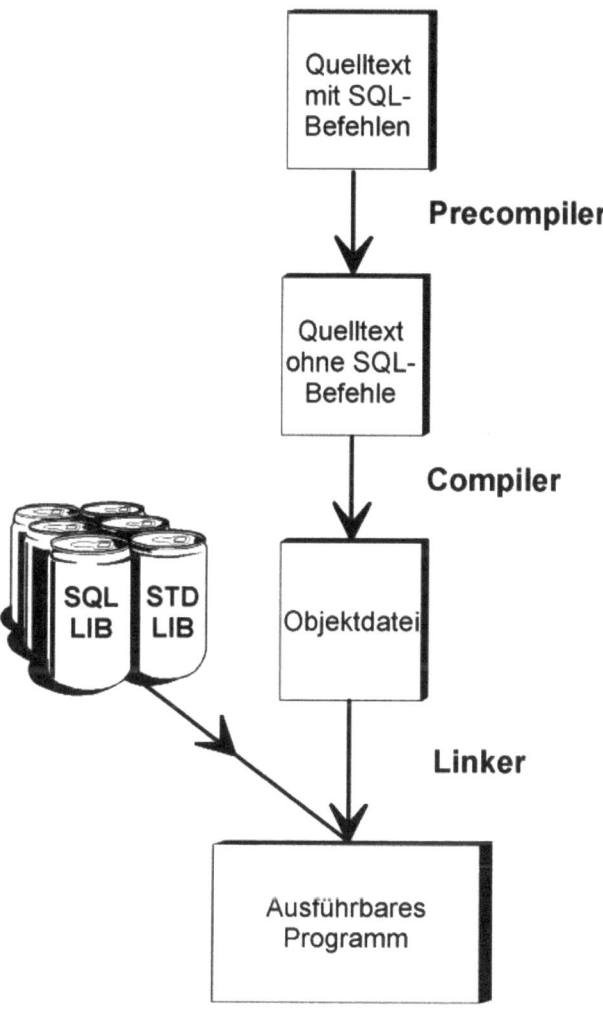

Bild 7.1:
Übersetzen einer
Embedded –SQL
Anwendung

Embedded SQL

Wir wollen uns nun an einem Beispiel ansehen, wie das in der Praxis aussieht. Dazu benutzen wir wieder unsere C-ähnliche Pseudosprache, zur kürzeren Kommentierung der Programme nennen wir sie im Folgenden einfach C, und bemühen erneut das Beispiel der Fakultät. (Beachten Sie in diesem einfachen Beispiel wieder die Tatsache, daß die Tabelle **fakultaet** zunächst nur eine Zeile mit N=5 enthält.)

```
#include <sqlca>

main()
{

EXEC SQL BEGIN DECLARE SECTION

        /* Diese Variablen sind sowohl in C wie SQL-
        Befehlen einsetztbar

    int N, N_fak;

EXEC SQL END DECLARE SECTION

    EXEC SQL
        select     N     /* dies ist N aus der Tabelle */
        into       :N    /* dies ist die C-Variable N */
        from       fakultaet;

    N_fak = fakultaet( N );   /* Funktion wie oben definiert */

    EXEC SQL
        update     fakultaet
        set        N_fak = :N_fak;

        /* N_fak ist das Feld der Tabelle;
        :N_fak bezeichnet hier die C-Variable
        N_fak. */
```

```
          /* Auch an folgende Dinge muß man
     denken! */
  EXEC SQL
      commit work;
}
```

An diesem einfachen Beispiel werden bereits einige wichtige Dinge deutlich. Alle Variablen, die in der Programmiersprache wie gewöhnliche Variablen und in SQL-Befehlen benutzt werden sollen, müssen zwischen **EXEC SQL BEGIN...** und **...END DECLARE SECTION** stehen. Darüber hinaus können aber außerhalb dieses Abschnitts beliebige weitere Variablen definiert werden, die dann jedoch in SQL-Befehlen nicht eingesetzt werden dürfen. (Im Beispiel haben wir keine weiteren benötigt.) Jeder SQL-Befehl beginnt mit **EXEC SQL** und endet mit dem nächsten Semikolon, d.h., es können keine Blöcke von SQL-Befehlen gebildet werden. In SQL-Befehlen bezeichnen alle Namen, die nicht mit einem Doppelpunkt beginnen, Objekte der Datenbank, insbesondere Spaltennamen, während den Variablen der Programmiersprache, den Hostvariablen, ein Doppelpunkt vorangestellt werden muß. Es ist nicht erforderlich, den Hostvariablen den gleichen Namen zu geben wie den entsprechenden Spalten der Tabellen, es ist der besseren Lesbarkeit wegen jedoch sehr zweckmäßig. Eine Verwechselungsgefahr besteht nicht, da SQL-Namen grundsätzlich nicht mit einem Doppelpunkt beginnen dürfen. Die am Anfang des Programms eingebundene Include-Datei **(SQLCA = SQL Communication Area)** definiert eine Datenstruktur, durch die Rückmeldungen über Fehler und Return Codes der SQL-Anweisungen an das Programm zurückgegeben werden können. Da hier jedoch nur ein Überblick über Embedded SQL gegeben werden soll, wollen wir auf eine genauere Betrachtung dieser Struktur verzichten.

Versuchen wir uns nun an einem etwas anspruchsvolleren Beispiel, in dem wir eine ganze Tabelle von Fakultäten einiger Zahlen berechnen wollen. Dabei wollen wir zunächst annehmen, daß die Werte der Fakultäten von eins bis zu einer größten Zahl N berechnet werden sollen. Die Ausgangstabelle hat dann folgende Form

Embedded SQL

fakultaet	
N	N_fak
1	
2	
3	
...	
N	

Zur Lösung selektieren wir die größte Zahl **N** aus der Tabelle, berechnen anschließend in einer Schleife alle Fakultäten von eins bis **N** und tragen jeweils den berechneten Wert in die richtige Zeile ein.

```
#include <sqlca>

main()
{
   EXEC SQL BEGIN DECLARE SECTION

        int N, N_fak, N_max;

   EXEC SQL END DECLARE SECTION

   EXEC SQL
        select     max(N)
        into       :N_max
        from       fakultaet;

   for( N = 1 to  N_max )
   {
        N_fak = fakultaet( N );

        EXEC SQL
```

```
                    update     fakultaet
                    set        N_fak = :N_fak
                    where      N = :N;
        }
}
```

Dieses Programm funktioniert zwar auch dann, wenn die Werte für N nicht mehr lückenlos vorhanden sind, wir würden in diesem Fall Fakultäten für nicht in der Tabelle vorhandene Werte N berechnen und den nächsten **UPDATE**-Befehl ins Leere schicken. Über die **SQLCA** könnten wir zwar ermitteln, für welche Werte N wir einen Wert in der Tabelle eintragen konnten und für welche nicht, dennoch sollte es von vornherein möglich sein, nur die tatsächlich benötigten Werte für die Fakultät zu berechnen und einzusetzen. Wir treffen hier allerdings auf einen Konflikt zwischen gewöhnlichen, prozeduralen Sprachen und der mengenorientierten Arbeitsweise von SQL. Der Befehl

```
EXEC SQL
    select     *
    from       fakultaet;
```

liefert in keiner Weise das vielleicht erwartete Ergebnis. Da die gesamte Kontrolle, also auch die Kontrolle über Ein- und Ausgabe bei der Programmiersprache liegt, wird folglich zunächst überhaupt nichts ausgegeben. Nur Variablen der Programmiersprache können mit den entsprechenden Ein- und Ausgabebefehlen gelesen bzw. ausgegeben werden. Der Konflikt wird offensichtlich, wenn wir schreiben

```
EXEC SQL
    select     *
    into       :N, :N_fak
    from       fakultaet;

print( N, N_fak );
```

DECLARE CURSOR   Der **SELECT** Befehl liefert eigentlich in einem Rutsch die gesamte Tabelle **fakultaet**, während die Hostvariablen **N** und **N_fak** nur je einen Wert zur gleichen Zeit aufnehmen können. Um den Konflikt zu lösen, muß SQL zurückstecken und pro **SELECT**- Anweisung nur eine Zeile der Tabelle zurückgeben. Was geschieht nun beim nächsten **SELECT**? Wird die gleiche Zeile noch einmal geliefert, oder die nächste, oder irgendeine? Um Ordnung in diese Geschichte zu bekommen, wurden sogenannte **CURSOR** eingeführt, die zunächst definiert werden müssen und dann satzweise bewegt werden können, wobei auf den Inhalt des jeweils aktuellen Satzes zugegriffen werden kann. Um unsere gesamte Tabelle **fakultaet** auszugeben, müssen wir folgendes Programm erstellen:

```
#include <sqlca>

main()
{

   int i;

   EXEC SQL BEGIN DECLARE SECTION

        int fak_anz, N, N_fak;

   EXEC SQL END DECLARE SECTION

        /* Hier wird der Cursor mit dem zugehöri-
           gen SELECT Befehl definiert. */

   EXEC SQL DECLARE fak_cur CURSOR FOR
        select      *
        from        fakultaet;


        /* Wieviele Zeilen enthält die Tabelle? */

   EXEC SQL
        select      count(*)
        into        :fak_anz
        from        fakultaet;
```

/* Ein Cursor muß vor Gebrauch geöffnet werden */

```
EXEC SQL OPEN fak_cur;
```

/* FETCH Cursor liefert Zeile für Zeile der Tabelle */

```
for( i = 1 to fak_anz )
{
    EXEC SQL
        fetch fak_cur
        into  :N, :N_fak;

    print( N, N_fak );
}
```

/* Es ist wie beim Umgang mit normalen Dateien. */

```
EXEC SQL CLOSE fak_cur;
```

}

Die Ermittlung der Anzahl Zeilen in der Tabelle dient zur Steuerung der for Schleife, damit der **FETCH**-Befehl nicht ins Leere stößt. Selbstverständlich ist wie bei gewöhnlicher Dateiverarbeitung auch anders erkennbar, ob das Ende der Tabelle erreicht wurde. Dies geschieht über die Komponente **SQLCODE** der **SQLCA**-Struktur. Im Vergleich zur interaktiven Abfrage erscheint dieses Programm nicht sonderlich attraktiv, und zugegebenermaßen liegen auch hier nicht die Stärken einer Embedded-SQL-Anwendung. Wir wollten jedoch einmal den Mechanismus demonstrieren, der eine Verbindung der satzorientierten, prozeduralen Sprachen mit der Arbeitsweise von SQL herstellt. Abschließend sei dazu

noch die Lösung angegeben, die eine Berechnung der Fakultät nur für
die Werte N ausführt, die tatsächlich in der Tabelle vorhanden sind.

```
#include <sqlca>

main()
{

   int i;

   EXEC SQL BEGIN DECLARE SECTION

        int fak_anz, N, N_fak;

   EXEC SQL END DECLARE SECTION


   EXEC SQL DECLARE fak_cur CURSOR FOR
        select     N
        from       fakultaet;


   EXEC SQL
        select     count(*)
        into       :fak_anz
        from       fakultaet;

   EXEC SQL OPEN fak_cur;


   for( i = 1 to fak_anz )
   {
```

```
                    /* N lesen */
        EXEC SQL
            fetch fak_cur
            into  :N;

                    /* Fakultät berechnen */
        N_fak = fakultaet( N );

                    /* Berechneten Wert eintragen
        */
        EXEC SQL
            update     fakultaet
            set        N_fak = :N_fak
            where      N = :N;
    }


    EXEC SQL CLOSE fak_cur;

    EXEC SQL commit work;

}
```

Dynamisches SQL

Ein besonderer Leckerbissen für fortgeschrittene Programmierer liegt in der Möglichkeit, SQL-Befehle mit den Mitteln der Programmiersprache dynamisch aufzubauen und auszuführen. Die Möglichkeiten, die sich dadurch eröffnen, würden ein ganzes Buch füllen und können daher nicht Gegenstand dieser Einführung sein. Wer jedoch Bedarf an mächtigen und sehr flexiblen Programmen hat, der wird die höhere Komplexität gern in Kauf nehmen und sich den Möglichkeiten von dynamischem SQL zuwenden. Wenn Sie in allen vorangegangenen Kapiteln z.B. die Tatsache gestört hat, daß in der **FROM**-Klausel einer Abfrage die Tabellen stets als Konstanten zu erscheinen haben, finden Sie hier eine Möglichkeit zur Lösung Ihrer Probleme.

Die größten Vorteile beim Einsatz von Embedded SQL ergeben sich bei der Transaktionsprogrammierung. Hier kann sich der Programmierer nach seinen Bedürfnissen gewissermaßen die Rosinen aus den entsprechenden Sprachen heraussuchen. Einerseits kann er viele Dinge, die in gewöhnlichen Sprachen aufwendig zu programmieren sind, mit SQL ausführen. Dies betrifft insbesondere die Dateiverwaltung und komplexe SQL-Befehle, die z.B. ein **GROUP BY** enthalten. Andererseits kann er die Schwächen von SQL durch die Möglichkeiten der Programmiersprache ausgleichen, wie z.B. das Festhalten von Zwischenergebnissen in Variablen und die Möglichkeiten zur Plazierung von SQL-Befehlen in Schleifen oder Verzweigungen. Bei der Programmierung des Ausleihverfahrens in unserer Bibliothek ist besonders unangenehm aufgefallen, daß alle Aktionen eine Subquery benötigen, die stets aufs neue feststellt, ob die durchzuführende Aktion auch tatsächlich ausgeführt werden soll, weil alle Ausleihbedingungen erfüllt sind. Die Kunstgriffe zur Ausgabe, die mit dem Einsatz der Tabelle **ausleihe** gemacht wurden, erübrigen sich ebenso, da jegliche Kommunikation mit dem Anwender über die Programmiersprache ausgeführt werden kann (muß!). Hier ist also noch eine Version des Ausleihvorgangs mit Embedded SQL.

```
/* Ausleihe mit EMBEDDED SQL */

#include <sqlca>

main( )
{
    EXEC SQL BEGIN DECLARE SECTION

        char buch[5], leser[5];
        int leihfrist;
        bool vorgemerkt, gesperrt, vormerk_test, abholen;

    EXEC SQL END DECLARE SECTION

    bool ausleihbar;
```

/* Einlesen von Lesernr. und Buchnr.
   (Am besten mit einem Strichcodeleser.) */

read(leser);
read(buch);

/* Ist das Buch ausleihbar? */

EXEC SQL
    select   leihfrist
    into   :leihfrist
    from   buecher
    where   buch_nr = :buch;

ausleihbar = leihfrist > 0;

/* Ist der Leser gesperrt? */

EXEC SQL
    select   count(*)
    into   :gesperrt
    from   strafen
    where   leser_nr = :leser
    and   sperre is not null;

/* Ist das Buch (von wem auch immer)
vorgemerkt? */

EXEC SQL
    select   count(*)
    into   :vormerk_test
    from   vormerk
    where   buch_nr = :buch;

```
                    /* Wenn ja, stelle fest, ob der Leser selbst
                       die ältesten Rechte hat. */

            if ( vormerk_test )
            {
               EXEC SQL
                    select      count(*)
                    into        :abholen
                    from        vormerk
                    where       buch_nr = :buch
                    and         leser_nr = :leser
                    and         vormerkdatum =
                           (    select      min(vormerkdatum)
                                from        vormerk
                                where       buch_nr = :buch
                           )
                    ;


                    /* Wenn nein, dann ist das Buch reserviert.
                     */

               vorgemerkt = not abholen;
            }



                    /* Ausleihe kann erfolgen, wenn folgende
                       Bedingungen erfüllt sind: */

            if ( ausleihbar and not gesperrt and not vorgemerkt )
            {

               print( "Ausleihe in Ordnung: wird bearbeitet..." );


                    /* Eintrag in Verleihtabelle. */

               EXEC SQL
                    insert into verleih
                    values(:leser, :buch, today + :leihfrist);
```

```
        /* Bücherstatistik aktualisieren. */

EXEC SQL
        update      buecher
        set         ausleihzahl = ausleihzahl + 1
        where       buch_nr = :buch;


        /* Leserstatistik aktualisieren. */

EXEC SQL
        update      leser
        set         ausleihzahl = ausleihzahl + 1
        where       leser_nr = :leser;


        /* Löschen der Vormerkung, falls der Leser
           ein für sich reserviertes Buch abholt. */

if ( abholen )
{
        EXEC SQL
                delete      from vormerk
                where       leser_nr = :leser
                and         buch_nr = :buch;

        print( "Leser hat reserviertes Buch abgeholt." );
}

        /* Nicht vergessen! */

        EXEC SQL commit work;

}
else /* Ausleihe nicht möglich         */
{
        if( not ausleihbar )
                print( "Buch nicht ausleihbar!" );
```

```
                if( gesperrt )
                        print( "Leser ist gesperrt!" );

                if( vorgemerkt )
                        print( "Buch ist von anderem Leser vorge-
merkt!" );
        }
}
```

Zusammenfassung

- Probleme, die zur Lösung den Einsatz von iterativen oder rekursiven Algorithmen erfordern, sind mit SQL allein nicht lösbar. SQL kann jedoch in prozedurale Sprachen eingebettet werden, so daß auch umfangreiche Berechnungen durchgeführt werden können.

- Auch bei Problemen, die mit SQL allein gelöst werden können, bietet der Einsatz von Embedded SQL häufig Vorteile, da durch die Einbettung von SQL-Anweisungen in Verzweigungen oder Schleifen die Komplexität der SQL-Befehle in der Regel reduziert werden kann und die Programmlogik durchschaubarer wird.

- Prozedurale Elemente sind in SQL nicht vorhanden, würden SQL jedoch zu einer vollständigen Programmiersprache erweitern und werden von vielen Anwendern gewünscht. Einige Hersteller haben solche Konzepte bereits implementiert, eine Standardisierung erfolgt jedoch frühestens mit SQL3.

8 Benutzersichten (Views)

Um eine **benutzerspezifische Sicht** auf den Datenbankinhalt zu ermöglichen, existiert in SQL die Möglichkeit, neben den **realen Tabellen** (Basistabellen) sogenannte **virtuelle Tabellen** (Views) zu erstellen. **Sichten oder Views** sind Tabellen, deren Inhalt durch Abfragen aus anderen Tabellen (Basistabellen) extrahiert wird. So kann man beispielsweise aus einer realen Personaltabelle alle Frankfurter in einer eigenen virtuellen Tabelle anlegen. Das Arbeiten mit dieser neuen Tabelle entspricht dann quasi einer dauerhaften Selektion, einem "Filter" auf Frankfurter Datensätze. Eine virtuelle Tabelle zeigt einen bestimmten Teil der Datenbank, ohne ihn nochmals speichern zu müssen, denn dies würde eine unnötige Redundanz und damit unter anderem die Gefahr der Inkonsistenz erhöhen (siehe Kap.2). Views sind zwar keine physischen Tabellen, besitzen aber den gleichen prinzipiellen Aufbau wie die Basistabellen. Auch die Zugriffsmöglichkeiten entsprechen weitgehend denen realer Tabellen, auf Einschränkungen und Besonderheiten werden wir jedoch später zu sprechen kommen. Der **SELECT**-Befehl zum Beispiel kann für Basistabellen und Views gleichermaßen genutzt werden, in bezug auf die Modifikationsbefehle **UPDATE**, **INSERT** und **DELETE** sind jedoch Grenzen zu beachten.

8.1 Vorteile und Grenzen von Views

Die Nutzung von Views liefert eine Reihe von entscheidenden Vorteilen:
Daten werden benutzerspezifisch, das heißt ganz dem Benutzerwunsch entsprechend aufbereitet. Die physikalische Struktur der dazugehörigen Basistabellen sowie die eventuell notwendigen Selektionen, Projektionen und Relationen bleiben dem Endanwender verborgen; er braucht sich um diese Vorarbeit nicht zu kümmern und kann sich stattdessen direkt auf seine Anfragen etc. konzentrieren.

Durch das konsequente Filterprinzip der Views kann der Datenschutz optimal unterstützt werden. Alle Daten, die für bestimmte Personen unsichtbar sein müssen, werden einfach ausgeblendet.

Views stellen eine nützliche Pufferzone, eine Art Schnittstelle zwischen Basistabellen und Anwenderprogrammen dar. Programme, die sich auf Views beziehen, müssen nicht verändert werden, selbst wenn die realen Tabellen, aus welchen Gründen auch immer, total umorganisiert werden.

Obwohl Views ähnliche Eigenschaften wie reale Tabellen besitzen, benötigen sie kaum Speicherplatz, da ihr hauptsächlicher Inhalt ja aus Verweisen auf Basistabellen etc. besteht. Daraus folgt direkt ein weiterer Vorteil: Views sind immer aktuell. Wurden Basistabellen verändert, sind diese Änderungen selbstverständlich auch in den virtuellen Tabellen durchgeführt worden. Bei redundanten physischen Tabellen wäre das nicht automatisch der Fall.

Es gibt jedoch auch einige Einschränkungen bei der Arbeit mit Views, die an dieser Stelle nicht verschwiegen werden sollen. Beispiele zu diesem Thema sowie eine vollständige Angabe aller Einschränkungen und Besonderheiten folgen auf den nächsten Seiten. Grundsätzlich gilt z.B.:

- Die Definition einer Sicht darf kein **ORDER BY** enthalten.

- Views, die aus mehreren Basistabellen erzeugt wurden, können nicht aktualisiert, d.h. mit **DELETE**, **INSERT** oder **UPDATE** behandelt werden.

8.2 Erstellen von Views

create view

Der Befehl **CREATE VIEW** erlaubt die Definition von benutzerspezifischen Sichten auf die Datenbank. Sein allgemeiner Aufbau lautet:

```
CREATE VIEW viewname [(spalten)]
AS select-Anweisung [WITH CHECK OPTION];
```

Ist der Urheber dieses Views nicht der Tabellenbesitzer, so muß dem Viewnamen der Urhebername, durch einen Punkt getrennt, vorangestellt werden.

Für den Viewnamen gelten dieselben Regeln wie für die Basistabellendefinition, also max. 18 Zeichen lang, bestehend aus Buchstaben, Ziffern oder dem Unterstrich. Da Views und Tabellen logisch als gleichwertig zu betrachten sind, achten Sie bitte bei der Namenswahl auf Eindeutigkeit innerhalb der bereits vorhandenen Basistabellen- und Viewnamen.

Die Spalten eines Views stellen im einfachsten Fall ein direktes Abbild der realen Spalten aus der Basistabellendefinition dar. Diese Auswahl läßt sich jedoch nach Belieben einschränken, falls nicht alle Originalfelder genutzt werden sollen oder dürfen. Andererseits kann die Spaltenliste auch neue Spalten aufnehmen, deren Inhalte aus berechneten Werten (siehe arithmetische Fkt. Kap.5) bestehen.

Im **SELECT**-Teil sind bis auf die Komponente **ORDER BY** alle besprochenen Formulierungen des **SELECT**-Kommandos erlaubt.

Der optionale Befehlszusatz **WITH CHECK OPTION** bewirkt, daß **INSERT**- bzw. **UPDATE**-Kommandos nur durchgeführt werden, wenn folgende Bedingung gilt: Ein Datensatz wird nur eingefügt bzw. aktualisiert, wenn dieser neue bzw. veränderte Satz noch im Viewbereich liegt. Droht der Satz durch den aktuellen DML-Befehl aus dem "Sichtbereich" zu entschwinden, so wird dies mit einer Fehlermeldung quittiert, und die Änderung wird nicht durchgeführt.

Jetzt sind aber ein paar Beispiele fällig. Definieren wir eine Sicht auf die ausleihbare Unterhaltungsliteratur:

```
create view    u_literat
as select      *
from           buecher
```

```
where      gruppe = 'U'
and        not leihfrist = 0;
```

Führen wir noch eine rollende Bibliothek ein (ein Zugeständnis an die Dorfjugend von Kleinkleckersdorf). Sie benötigt eine Sicht auf ihre Leser:

```
create view    klein_leser
as select      *
from           leser
where          wohnort = 'Kleinkleckersdorf';
```

Jetzt sollen alle nicht verliehenen Bücher incl. der nicht ausleihbaren Exemplare zwecks Inventur anzeigbar sein:

```
create view    inventur
as select      *
from           buecher
where          buch_nr not in
               (select    buch_nr
                from      verleih
               );
```

Und zum Schluß noch ein Beispiel mit einem arithmetischem Ausdruck im Projektionsteil. Wer hat wieviel zu bezahlen (mal angenommen, Leser kommen, abweichend von unserem Beispiel mehrfach in der Strafentabelle vor)?

```
create view    schulden(leser_nr, geb_summe)
as select      leser_nr, sum(gebuehr)
from           strafen
group by       leser_nr
               ;
```

8.3 Views zur Datenaktualisierung

Nun können Views nicht nur für reine Abfragen (sogenannte **Readonly-View**, "Nur Lese-View") genutzt werden, unter bestimmten Voraussetzungen können auch Veränderungen vorgenommen werden. Laut

ANSI-Standard müssen folgende Bedingungen für Views erfüllt sein, wenn mit ihrer Hilfe Datenveränderungen vorgenommen werden sollen (Oracle kennt jedoch sogenannte „instead of-Trigger" um diese Beschränkungen zu umgehen; leider sind die (noch) nicht genormt):

- Die Viewdefinition enthält keine **HAVING**- oder **GROUP BY**-Komponente.
- Im **SELECT**-Befehl gibt es keine Subqueries.
- Der **SELECT**-Befehl bezieht sich nur auf eine Tabelle.
- Die Viewdefinition enthält keine Felder, deren Ursprung ein arithmetischer Ausdruck ist, d.h. nur reale Felder der Basistabelle sind gestattet.
- Die Schlüsselworte INTERSECT, EXCEPT, **DISTINCT** und **UNION** dürfen bei der Viewdefinition nicht eingesetzt werden.

Auch zu diesem Thema gibt´s in unserer Datenbank einige typische Problemstellungen. Soll zum Beispiel zur Sicht **klein_leser** ein neuer Leser aus Großkleckersdorf hinzugefügt werden, so könnte dieser anschließend nicht mehr durch die Sicht selektiert werden. Eine solche Problematik läßt sich jedoch durch den Befehlszusatz **with check option** verhindern. Das gleiche Problem tritt auf, wenn wir mittels **update** einen Leser aus Kleinkleckersdorf in die Großstadt ziehen lassen. Auch er wäre unserem Blick entschwunden. Unsere **inventur** ist übrigens nur für Lesezugriffe geeignet, da sie eine Subquery enthält.

8.4 Views auf mehrere Tabellen

Ein häufiges Einsatzgebiet von Views ist die Multitabellenselektion oder die Arbeit mit Subqueries. Einem Standardanwender, den solche Abfragearten zu komplex anmuten, kann durch den Einsatz von Views die Arbeit wesentlich erleichtert werden. Ihm erscheint eine, aus eventuell sehr aufwendigen Befehlskomponenten zusammengestellte Sicht als vergleichsweise einfache Tabelle. Stellen wir uns zum Beispiel folgende Problematik vor: Die Bibliotheksverwaltung benötigt zur Leserbenachrichtigung regelmäßig Listen von Buch- und Lesernummern, sowie Titel, Autor, Lesernamen und Wohnort der zur Zeit ausgeliehenen Bücher. Möglicherweise sollen Warnungen zur Fristüberschreitung in der Ferienzeit verschickt werden. Die nötige Sicht lautet dann:

```
create view    warnung
as select      b.buch_nr,
```

Benutzersichten (Views)

```
                    b.titel,
                    b.autor,
                    leser_nr,
                    name,
                    wohnort
        from        buecher b, verleih v
        where       b.buch_nr = v.buch_nr;
```

8.5 Löschen von Views

drop view

Seit ANSI-SQL2-Standard lautet der Befehl für das Löschen von Views:

```
DROP VIEW {RESTRICT | CASCADE} viewname;
```

Die Daten der Basistabellen, auf die sich ein View bezieht, werden dadurch selbstverständlich nicht beeinflußt. Wird allerdings eine Basistabelle gelöscht, auf die ein View Bezug nimmt, so verschwindet automatisch auch die Sicht auf diese Tabelle. Dies ist durchaus sinnvoll, sonst würde man ja ins Leere gucken.

Mit dem Befehl:

```
drop view inventur;
```

könnte man also unsere Sicht auf die vorhandenen Bücher wieder entfernen. Der optionale Befehlszusatz RESTRICT läßt kein Löschen einer Sicht zu, falls diese noch in anderen Views genutzt wird. Beim Gebrauch von CASCADE werden alle Unterviews zur zu löschenden View mitgelöscht. Erstellen wir zum Schluß noch eine Sicht auf überzogene Bücher. Aus dieser Liste soll u.a. hervorgehen, seit wieviel Tagen die Bücher bereits überfällig sind:

```
        create view     ueberfaellig as
        select          b.buch_nr, autor, titel,
                        l.leser_nr, name, wohnort,
                        today - rueckgabedatum tage
        from            buecher b, leser l, verleih v
        where           b.buch_nr = v.buch_nr
```

```
            and         l.leser_nr = v.leser_nr
            and         rueckgabedatum < today;
```

8.6 Viewspeicherung in Systemtabellen

Die Daten über Sichten werden in verschiedenen SQL-Systemtabellen abgelegt. Die wichtigsten Tabellen sind namentlich und inhaltlich systemabhängig und heißen z.B. bei Informix SYSVIEWS und SYSUSAGE. In SYSVIEWS wird beschrieben, wer eine Sicht erstellt hat (VCREATOR), wie eine Sicht heißt (VIEWNAME) und wie der SELECT- Befehl lautet, der zum View gehört (VIEWTEXT). Die Tabelle SYSUSAGE enthält fünf Felder, in denen angegeben wird, welche Tabellen oder Views im VIEWTEXT vorkommen. Diese sind: Tabellen-bzw.Viewersteller (BCREATOR), Tabelle oder View, auf den sich die Sicht bezieht (BNAME), sowie eine Art Logikfeld (BTYPE), das angibt, ob es sich bei der Tabelle um eine reale (R) oder eine virtuelle (V) Tabelle handelt. Die beiden letzten Felder beinhalten den Viewerstellernamen (DCREATOR) und den Viewnamen (DNAME).

Oracle kennt zu dem Thema die Data Dictionary-Views DBA_VIEWS, DBA_OBJECTS usw. in denen die nötigen Verwaltungsinformationen stehen.

Zusammenfassung

- Views ermöglichen **benutzerspezifische Sichten** auf die Datenbank.
- Views stellen **dauerhafte Filter** auf reale Tabellen oder andere Views dar.
- Views sind für den Anwender eine wesentliche **Arbeitserleichterung** und unterstützen durch konsequente Einschränkungsmöglichkeiten den **Datenschutz**.
- Durch Views wird die in Datenbanksystemen geforderte **Programm-Datenunabhängigkeit** gefördert, da Views z.B. nicht geändert werden müssen, falls sich Tabellenstrukturen der dazugehörigen Basistabellen ändern.
- Sollen **Views zur Änderung von Basistabellen** herangezogen werden, so sind bei der Viewdefinition bestimmte Einschränkungen zu

beachten, es sei denn Ihr Datenbankhersteller kennt „instead of-trigger" oder eine vergleichbare Technik.

- Werden **Views gelöscht**, so beeinflußt das die referenzierten Basistabellen nicht. Wird eine Tabelle gelöscht, führt dies zur (evtl. vorübergehenden) Ungültigkeit des Views; eine automatische Viewlöschung erfolgt nicht.
- Wesentliche Viewmerkmale werden in den entsprechenden (herstellerspezifischen) **Systemtabellen** gespeichert.

Übungen

8.1 Erstellen Sie eine Sicht mit allen straffälligen Kunden.

8.2 Ein View soll alle Kunden anzeigen, die mehrere Bücher geliehen haben.

8.3 Eine Sicht soll die Anzahl aller Kunden in jedem Ort anzeigen.

8.4 Eine Sicht soll alle ausgeliehenen Bücher beeinhalten.

8.5 Welche der obigen Sichten sind aktualisierbar? Wo wäre der Befehlszusatz **with check option** sinnvoll?

8.6 Nennen Sie Vor- und evtl. Nachteile von „kaskadierendem View-Löschen".

9 Zugriffsrechte

Wenn ein System, sei es eine EDV-Anlage oder ein Geldautomat, von mehreren Benutzern frequentiert wird, ist es notwendig, Zugriffsrechte zu vergeben bzw. zu entziehen. Es wäre schließlich besorgniserregend, falls jeder auf das Konto seiner Vorgesetzten zugreifen dürfte. Es gibt eine große Reihe schützenswerter Daten, die nur von bestimmten Personen bzw. Personengruppen genutzt werden dürfen, z.B. persönliche Daten, wie Krankenblätter etc.; ein harmloser Fußpilz kann im Zweifelsfalle die Karriere eines Bademeisters gefährden. Erwähnt sei auch der Schutz von produktbezogenen Daten, wie z.B. die Formel für ein klassisches amerikanisches Erfrischungsgetränk (sie wird hinter dicken Tresortüren gelagert). Um nun eindeutige Zugriffsberechtigungen festzulegen, muß geklärt werden, welche Daten schützenswert sind und wer auf diese in welchem Umfang zugreifen darf. SQL kennt hier eine Reihe von sogenannten **DCL-Befehlen** (DCL = Data Control Language), mit denen Benutzergruppen und deren Zugriffsmöglichkeiten auf die Datenbank formuliert werden können.

9.1 Benutzer und ihre Rechte

Damit ein Benutzer überhaupt mit einem SQL-System arbeiten kann, muß er sich beim DBA (Datenbankadministrator; siehe Kapitel 2) anmelden. Dies geschieht, falls die Berechtigung besteht, in zwei Schritten: Erstens **identifiziert** man sich durch eine Benutzernummer (User-Id lt. ANSI max. 18 Zeichen, DB2 von IBM jedoch nur 8 und Oracle max 30 Zeichen), der Identitätsnachweis erfolgt durch die sogenannte **Authentifikation** mittels Paßwort (bei IBM optional). Viele DB-Systeme unterscheiden drei verschiedene Benutzerberechtigungsstufen, wobei z.B. das DB-System Oracle 7 mit rund achtzig Berechtigungsstufen weit darüber hinausgeht.

connect
Die geringsten Rechte hat ein User mit **CONNECT**-Zugriff. Er darf sich beim DBA anmelden, sein Paßwort verändern und kann je nach SQL-System nur Views definieren oder z.B. bei Informix gar keine per-

Zugriffsrechte

manenten Tabellen oder Views erstellen. Die Zugriffsrechte auf Datenbestände anderer User beschränken sich auf die jeweils erteilten Privilegien. Salopp formuliert heißt das, ein mit **CONNECT**-Recht ausgestatteter User hat wohl einen Hausschlüssel, jedoch keine Schlüssel zu einzelnen Wohnungen, er ist darauf angewiesen, daß ihm die Tür geöffnet wird. Nichtsdestotrotz ist das **CONNECT**-Recht extrem bedeutungsvoll. Schließlich erlaubt es einem User überhaupt auf die Datenbank zuzugreifen. Soll ein neuer User in das Datenbanksystem eingebunden werden, erhält er normalerweise zunächst das **CONNECT**-Recht. Wird es entzogen, verschwindet der User aus dem System.

RESOURCE und DBA

Die nächste Stufe, die ein SQL-User erklimmen kann, ist das **RESOURCE**-Recht. Es stattet die Anwender mit der Berechtigung aus, eigene Ressourcen zu verwalten. Sie können Tabellen und Views selbstständig erstellen und erhalten für diese alle Zugriffsrechte, die sie auch weitergeben können. Das **RESOURCE**-Recht schließt in nahezu allen SQL-Implementierungen das **CONNECT**-Recht ein, nur ORACLE verlangt zusätzlich **CONNECT**-Rechte in Kombination mit **RESOURCE**. Das höchste Recht der SQL-Zugriffshierarchie heißt DBA-Recht. Es schließt **CONNECT** und **RESOURCE**-Recht ein (Ausnahme ORACLE: Auch hier expl. zus. **CONNECT** verlangt) und erlaubt die Wahrnehmung aller DB-Verwaltungsaufgaben. Er darf Benutzerrechte vergeben und entziehen, auf alle Anwenderdatenbanken in beliebigem Umfang zugreifen. Selbst das Editieren von Systemtabellen (siehe Ende dieses Kapitels) ist eingeschränkt möglich. Der DBA kann außerdem Transaktionsprotokolle, Views und Tabellen nach Belieben einrichten und löschen sowie Recovery-Vorgänge durchführen. dBASE IV kennt keine globalen Rechte, vermutlich weil es als DB-System für Single-User implementiert wurde. Mindestens eines der drei globalen Rechte sind die Voraussetzung für den Zugriff auf Datenbanken im SQL-System. Welche (SQL2-genormten) Tabellenzugriffsarten man nun unterscheiden kann, zeigt der nächste Absatz.

9.2 Tabellenzugriffsarten

Der **lesende Zugriff** auf eine Tabelle wird mit dem Recht **SELECT** bezeichnet, d.h. das Recht den **SELECT**-Befehl auf eine Tabelle anzuwenden.

DML-Rechte

Mit **INSERT** ermöglicht man dem Zugreifer das **Anlegen neuer Datensätze**, DELETE gestattet das **Löschen von Datensätzen**. Das Zugriffsrecht UPDATE erlaubt die Editierung beliebiger und kompletter Datensätze der Tabelle. Folgen dem INSERT- oder UPDATE-Recht die Angabe einer oder mehrerer Spalten, so wird die Änderungsmöglichkeit auf diese Attribute begrenzt.

Tabellenzugriffsarten

alter-Recht

Das Zugriffsrecht **ALTER** (nur IBM, Informix, Oracle) erlaubt eine **Strukturveränderung** der Tabelle, wie sie beim Befehl: **ALTER** möglich wäre. Es gibt einige Defaultwerte in bezug auf diese Tabellenzugriffsrechte. So dürfen z.B. alle Urheber, d.h. die Ersteller der Tabellen, uneingeschränkt auf sie zugreifen. Dies gilt auch für selbststellte Views, die sich ausschließlich auf eigene Tabellen beziehen. Alle anderen User haben zunächst keinerlei Rechte. Etwaige Rechte können nur vom DBA oder vom Urheber vergeben werden. Nachdem nun alle Usergruppen und prinzipiellen Rechte bekannt sind, folgen die SQL-Befehle zur Vergabe bzw. Entziehung von Zugriffsrechten.

9.3 Zugriff auf das DB-System

grant

Um eines der drei **globalen Rechte** CONNECT, RESOURCE oder DBA zu vergeben, existiert ein weiterer SQL-Befehl, der **GRANT**-Befehl:

```
GRANT    globales Recht
TO user1, user2, ...
```

Wird statt der Userliste der Begriff **PUBLIC** angegeben, so gilt das Recht für alle Systembenutzer.

Beispiel:
```
grant    resource
to jutta;
```

erlaubt User Jutta eigene Tabellen anzulegen, etc. und auf alle Fremdtabellen zuzugreifen, für die sie von anderen Usern lokale Rechte bekommen hat.

revoke

Der Befehl:
```
REVOKE
globales Recht
FROM user1[, user2, ..];
```

entzieht globale Rechte wieder Bei Rücknahme globaler Rechte werden ggfs. globale Rechte höherer Hierarchiestufe mit entzogen, tiefer gelegene jedoch nicht.

Beispiel:

Zugriffsrechte

```
revoke    resource
from      franz;
```

entzieht nicht automatisch das **CONNECT**-Recht.

lock und unlock

Ein **DB- oder File-locking** gehört zwar nicht zum SQL Standard, existiert jedoch in mehreren Implementierungen und ist unseres Erachtens wichtig genug, um erwähnt zu werden. Um allen anderen Anwendern das Zugriffsrecht auf eine gerade z.B. umzustrukturierende DB zu verwehren, existiert in Informix der Befehl:

```
DATABASE db-name    EXCLUSIVE;
```

Aufgehoben wird er durch

```
DATABASE     db-name;
```

In Oracle lassen sich vergleichbare Ergebnisse z.B. durch

```
ALTER DATABASE RESTRICTED; ...
```

erzielen

Einzelne Tabellen können exklusiv zugreifbar werden durch

```
LOCK TABLE tabelle
IN EXCLUSIVE MODE;
```

Jetzt ist allen anderen Usern der Zugriff verwehrt. Ein vermindert lesender Zugriff der anderen User wird erlaubt, falls das Schlüsselwort **EXCLUSIVE** durch den Begriff **SHARE** ausgetauscht wird. Eine Aufhebung des lockings kann durch

```
UNLOCK TABLE     tabelle;
```

erfolgen. Unlocking muß auch durchgeführt werden, wenn von excl. locking auf share unlocking umgeschaltet werden soll!

Einige DBS-ähnliche Systeme wie z.B. dBASE IV kennen kein Filelocking, ACCESS z.B. beherrscht ebenfalls nur rudimentäre Sperrmechanismen. Das intensive explizite Sperren von Tabellen sollte unbedingt vermieden werden, da die Wahrscheinlichkeit des Auftretens von Deadlocksituationen hierdurch kräftig steigt. Gute Alternativen zu expliziten Lock-Aktionen sind die im Kapitel 6.1 beschriebenen Transaktionsvarianten (falls sie vom eingesetzten DB-System unterstützt werden).

Lokale Rechte wie Löschen und Einfügen von Datensätzen etc. werden wie folgt vergeben:

```
GRANT    lokales recht1, lokales Recht2, ...
ON       tabelle bzw. view
TO       user1, user2, ...
[WITH GRANT OPTION];
```

Der Befehlszusatz WITH GRANT OPTION erlaubt dem „Beschenkten" seinerseits die erhaltenenen Rechte weiterzugeben. Entzug erfolgt durch:

```
REVOKE   [GRANT OPTION FOR] lokales recht1, ...
ON       tabelle bzw. view
from     user1, user2, ...
{RESTRICT | CASCADE}
```

(GRANT OPTION FOR entzieht nur das Recht weiterzuschenken). Wird CASCADE angegeben, so verlieren der direkt Beschenkte sowie all diejenigen, die er beschenkt hat das entsprechende Recht. RESTRICT trifft nur den direkt angegebenen User.

Lokale Rechte sind:

- SELECT (Tabelle lesen)
- INSERT (DS einfügen) bzw. INSERT feld1, feld2, ...
- DELETE (DS löschen)
- UPDATE (DS editieren) bzw. UPDATE feld1, feld2, ...
- REFERENCES (Constraints-Def.) bzw. REFERENCES feld1, feld2, ...

Ab SQL3 sind ebenfalls normiert:

- INDEX (Indextabelle anlegen)

- ALTER (Tabellenstruktur verändern)
- EXECUTE (Programm ausführen)
- ALL (alle obigen genannten Rechte)

Statt einzelner Usernamen darf der Begriff **PUBLIC** verwendet werden. Er ist ein Synonym für alle User. Für alle Tabellen muß durch einen Punkt der Tabellenurheber vorangestellt werden, falls der Befehlsgeber nicht auch der Tabellenbesitzer ist.

Beispiel:

```
grant   select
on      kunden
to      public;
```

Mit diesem Befehl wird die Tabelle für alle Benutzer zum Lesen freigegeben. Folgt der Userliste des **GRANT**-Befehls der optionale Befehlszusatz **WITH GRANT OPTION**, so erlaubt dies dem "Beschenkten", seine erhaltenen Rechte oder Teile davon an Dritte weiterzugeben. Dieser Zusatz ist allerdings datenschutztechnisch recht fragwürdig, da sein Schneeballeffekt kaum überschaubar ist. Um einen Überblick über die zur Zeit geltenden Zugriffsrechte zu bekommen, kennt Informix den Befehl:

```
INFO    PRIVILEGES
FOR     tabelle bzw. view;
```

Hier wird eine Auflistung der Berechtigten in folgender Form geliefert:

USER, SELECT, UPDATE, INSERT, DELETE, INDEX, ALTER

wobei jeweils festgelegt wird, ob das Recht für den im 1. Feld angegebenen User existiert oder nicht.

In Oracle ist z.B. die Systemtabelle DBA_TAB_PRIVS dafür verantwortlich.

Zurück zu unserem Bibliotheksbeispiel, schließlich gibt es auch hier eine Reihe von Benutzern mit unterschiedlichen Zugriffsrechten. Zunächst gibt es einen Hauptverantwortlichen, den DBA, der die Hauptverantwortung für die Funktionstüchtigkeit unseres DB-Systems zu tragen hat. Weiterhin beschäftigt die Bibliothek einen Bibliotheksdesigner. Er hat die Tabellenstrukturen zu erstellen und benötigt daher das **RESOURCE**-Recht. Die Sachbearbeiter für Ausleihe und Rückgabe erstellen zwar keine eigenen Tabellen, müssen aber in gegebenen Datenbeständen lesen und ändern können. Hier liegt also die Notwendigkeit für das globale **CONNECT**-Recht mit speziellen lokalen Rechtserweiterungen wie **SELECT** und **UPDATE** vor. Die Verantwortlichen des Bereiches Gebühren benötigen zusätzlich **DELETE**- und **INSERT**-Rechte, da aus der Gebührentabelle Datensätze zu entfernen bzw. neue einzutragen sind.

Stellen wir uns vor, in unserer Bibliothek wird ein Terminal eingerichtet, das ausschließlich für Ausleihvorgänge genutzt werden soll. Der verantwortliche Sachbearbeiter benötigt hierfür folgende Rechte:

```
grant connect to ausleihe identified by <password>;
grant insert on verleih to ausleihe;
grant update on leser(ausleihzahl) to ausleihe;
grant update on leser(ausleihzahl) to ausleihe;
```

Es gibt unter SQL eine Reihe von Systemtabellen, die vorhandene Zugriffsrechte verwalten, diese Tabellen sind herstellerspezifisch aufgebaut und unterschiedlich detailliert, daher nehmen Sie bei Gelegenheit ruhig mal das Herstellerhandbuch zur Hilfe (Oracle kennt z.B. über 900 Systemtabellen, IBM immerhin noch über 300; da ist doch sicher was für Sie dabei).

9.4 Benutzergruppen

Man kann sich leicht vorstellen, daß ein Dabenbankadministrator ca. 25 Stunden täglich mit der Zugriffsrechtsverwaltung beschäftigt wäre, falls er alle Benutzer einzeln administrieren müßte. Glücklicherweise haben daher viele Hersteller von Datenbanksystemen eine "Benutzergruppenbildung" implementiert (seit SQL3 standardisiert; Oracle besitzt bereits seit über zehn Jahren das Rollenkonzept; Microsoft SQL Server besitzt diesen Befehl nicht, kennt aber vergleichbare Systemfunktionalität). Dahinter verbirgt sich die Lebensweisheit, daß jede Person in ihrem Leben ein oder mehrere Rollen spielt (den verantwortungsbewußten Abteilungsleiter, die rasante Motorradfahrerin, den feurigen Liebhaber oder gutherzigen Großvater). Zu jeder Rolle gehören Rechte und Pflichten. Als Datenbankadministrator ist es sicherlich angenehmer und effizienter eine Rolle "Abteilungsleiter" zu erschaffen, diese mit Rechten auszustatten und anschließend 42 Personen zu bestimmen, die diese Rolle spielen als jeder Person diese Rechte einzeln zuzuteilen und eventuell notwendige Änderungen nur einmal statt 42 mal durchzuführen. Der Aufbau einer hierarchischen Rechtestruktur ist durch Rollen-

Zugriffsrechte

vergabe an andere Rollen möglich. Rollenrechte und Einzelrechte addieren sich.

Die Vorgehensweise bei der Rollennutzung sieht also folgendermaßen aus:

1. Anlegen einer neuen Rolle

```
create role entwickler;
create role gast;
```

2. Füllen dieser Rolle mit Rechten (auch Rollenvergabe möglich)

```
grant create session   to gast;
grant gast, ressource  to entwickler;
```

3. Vergabe der Rollenrechte an Benutzer

```
grant gast        to frank;
grant select      on test_tab to frank;
grant entwickler  to annalena;
```

Aktivieren bzw. Deaktivieren von erhaltenen Rollen

```
set role gast;
set role all; /* aktiviert alle erhaltenen Rollen */
set role all except chef;
```

/*aktiviert alle erhaltenen Rollen bis auf die Chefrolle*/
```
set role none; /* deaktiviert alle erhaltenen Rollen */
```

Setzen der Standardrolle

```
alter user andrea set default role ...
```

Zusammenfassung

- SQL unterscheidet drei globale Benutzerberechtigungsstufen:
- **CONNECT**, **RESOURCE** und **DBA**. Diese Rechte entscheiden darüber, ob der Benutzer nur Tabelleninhalte bearbeiten oder auch Tabellenstrukturen anlegen bzw. ändern darf. Die Möglichkeit, selbst globale Berechtigungen zu vergeben bzw. zu entziehen, ist nur mit **DBA**-Berechtigung möglich.
- Lokale Rechte in SQL:
  Neben den globalen Rechten, die "Hauptschalterfunktion" besitzen, existieren Rechte, die sich auf einzelne Tabellen beziehen. **SELECT**, **INSERT**, **DELETE**, **UPDATE** und **ALTER** erlauben die Selektion bzw. Projektion, das Einfügen, Löschen, Aktualisieren und Strukturverändern von Tabellen.
- Globale und lokale Rechte werden mit dem **GRANT**-Befehl gewährt und mit dem **REVOKE**-Befehl entzogen.
- Einige Systemtabellen zeigen an, welche Rechte für einzelne Benutzer aktuell gelten.
- Ab SQL3 gibt es ein offizielles Rollenkonzept, mit dem Rechtegruppen vereinbart werden können.

Übungen

9.1 Welche Rechte müssen einem Bibliotheksbenutzer gegeben werden, der per Terminal feststellen möchte, ob Bücher eines bestimmten Autors in der Bibliothek existieren? Vergeben Sie diese Rechte und gehen Sie dabei davon aus, daß dieser Dienst in unserer Bibliothek erstmalig angeboten wird.

9.2 Die Systemtabelle **sysuserauth** enthält keine **CONNECT**-Spalte. Ist Sie dann überhaupt sinnvoll nutzbar?

9.3 Gesetzt der Fall, Sie (als DBA) wollen einem **RESOURCE**-User das **CONNECT**-Recht entziehen, um ihm dadurch jegliche Zugriffsmöglichkeit zum Datenbanksystem zu nehmen. Welcher unerlaubte Systemzustand würde hierdurch möglicherweise entstehen und wie läßt er sich vermeiden?

Zwischenprüfung

10 Zwischenprüfung

Jetzt haben wir Sie, werter Leser neun Kapitel lang mit Wissen zum Thema SQL traktiert. Damit Sie auch noch genug Energie für den Endspurt haben, wollen wir hier ein Kapitel vorstellen, in dem Sie Ihre bisherigen Kenntnisse bestätigen oder auffrischen können. Zu diesem Zweck (und als Vorgabe für die nächsten zwei Kapitel) möchten wir, daß Sie die anstrengende Bibliothek mal gedanklich zur Seite legen, um sich nach bester britischer Manier an den Kamin zu setzen und sich entspannt zurückzulehnen. Falls es bei Ihnen gerade sommerlich warm sein sollte, setzen Sie sich vielleicht eher in den Garten oder auf den Balkon. Nun bearbeiten Sie bitte z.B. bei einem Glas Whisky (Jugendliche greifen auf eine wohlschmeckende Limonade zurück) die folgenden Beispiele und Aufgaben.

```
Das „Entspannungsdatenmodell" sieht so aus:
```

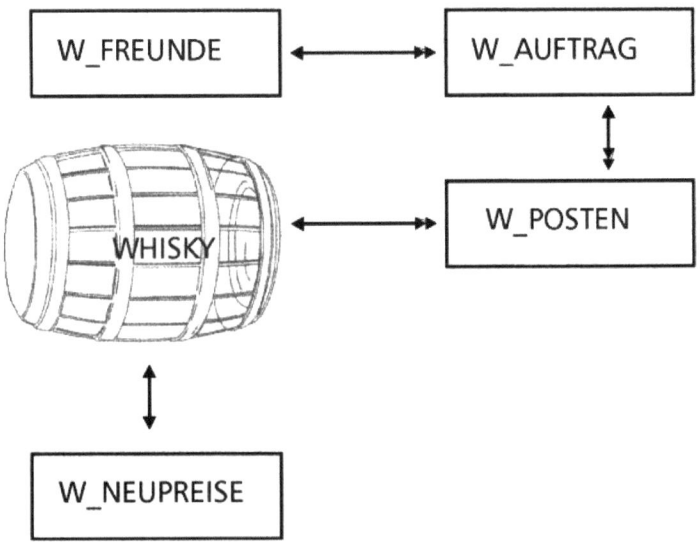

Diese Kommandos erstellen die Beispieltabellen und füllen sie mit Inhalt.

```
-- hier sind die Produkte
create table whisky
(nr       integer not null,
 name     varchar(20) not null,
 zusatz   varchar(15),
 region   varchar(25),
 distrikt varchar(20),
 alt      integer,        -- das Alter
 alk_proz decimal(3,1),   -- Volumenprozentgehalt
 preis    decimal(5,2)
);
```

Jetzt füllen wir die Tabelle mit "insert into ... values ...". Dann sieht sie so aus.

WHISKY							
NR	NAME	ZUSATZ	REGION	DISTRIKT	ALT	ALK_PROZ	PREIS
1	'Highland Park'	NULL	'highlands'	'orkneys'	12	40	32.50
2	'Highland Park'	NULL	'highlands'	'orkneys'	18	43	42.90
3	'Highland Park'	NULL	'highlands'	'orkneys'	25	53.5	139
4	'Scapa'	NULL	'highlands'	'orkneys'	12	40	32.90
5	'Ardbeg'	NULL	'Islay'	'Südküste'	17	40	51
6	'Bowmore'	'darkest'	'Islay'	'Loch Indaal'	null	43	52
7	'Bowmore'	'voyage'	'Islay'	'Loch Indaal'	null	43	103
8	'Lagavulin'	NULL	'Islay'	'Südküste'	16	43	37
9	'Laphroaig'	NULL	'Islay'	'Südküste'	15	43	33
10	'Bunnahabhain'	NULL	'Islay'	'Südküste'	12	40	31
11	'Auchentoshan'	'three woods'	'lowlands'	'western lowlands'	null	43	47
12	'Rosebank'	NULL	'Lowlands'	'central lowlands'	19	60.2	64
13	'Oban'	NULL	'highlands'	'western highlands'	14	43	35

14	'Glenkinchie'	NULL	'Lowlands'	'eastern lowlands'	10	43	29.95
15	'Glenfarcles'	'105'	'highlands'	'speyside'	null	60	35
16	'Glenmorangie'	'elegance'	'highlands'	'northern highlands'	21	43	214
17	'Macallan'	NULL	'highlands'	'speyside'	12	43	34
18	'Aberlour'	NULL	'highlands'	'speyside'	10	40	32.50
19	'Aberlour'	'sherrywood'	'highlands'	'speyside'	15	40	52.90

Tabelle 10.1

```
-- und jetzt noch hübsch formatieren
update  whisky
set     region    = upper(region),
        name      = upper(name),
        distrikt  = upper(distrikt);


-- bald wird's eine Preiserhöhung geben
create  table w_neupreise
(nr     integer not null,
 preis  decimal(5,2)
);
```

W_NEUPREISE	
NR	PREIS
1	34.50
8	38.50
13	36.90

Tabelle 10.2

```
-- unsere "Whiskyfreunde" die Kunden
create table w_freunde
(fr_nr    integer     not null,
 name     varchar(30) not null,
 plz      char(5)     not null,
 lieblingsregion varchar(25)
);
```

W_FREUNDE			
FR_NR	NAME	PLZ	LIEBLINGSREGION
1	' M.JACK'	' 12345'	' ISLAY'
2	' W.SCHUB'	' 54321'	' HIGHLANDS'
3	' J.FRITZE'	' 58642'	Null
4	' L.MÜLLER'	' 47111'	null
5	' H.MAIER'	' 48311'	' HIGHLANDS'
6	' S.SCHARDT'	' 58119'	' HIGHLANDS'
7	' K.EGAL'	' 47886'	' LOWLANDS'
8	' R.ROTNASE'	' 47111'	' ISLAY'
9	' G.FASSDAUBI'	' 17161'	null
10	' E.TORF'	' 42176'	' ISLAY'

Tabelle 10.3

```
-- aktuelle und erledigte Aufträge
create table w_auftrag
(auf_nr integer not null,
 fr_nr  integer not null,
 wert   decimal(10, 2),
 eing_datum date not null,
 erl_datum date
);
```

W_AUFTRAG				
AUF_NR	FR_NR	WERT	EING_DATUM	ERL_DATUM
10	6	null	'22.04.2002'	'24.04.2002'
11	6	null	'10.05.2002'	'10.05.2002'
12	8	null	'28.12.2001'	'02.01.2002'
13	1	null	'10.08.2002'	'13.08.2002'
14	1	null	'23.07.2002'	'25.07.2002'
15	1	null	'28.10.2002'	null
16	3	null	'06.06.2002'	'07.06.2002'

Tabelle 10.4

```
-- Details zu allen Aufträgen
create table w_posten
(auf_nr integer not null,
 pos_nr integer not null, -- postenzähler
 art_nr integer not null,
 anzahl integer not null,
 vpreis decimal(5, 2) -- verkaufspreis z.Z. leer
);
```

W_POSTEN			
AUF_NR	POS_NR	ART_NR	ANZAHL
10	1	4	2
10	2	1	3
11	1	5	5
12	1	6	15
12	2	7	10
13	1	7	5
13	2	9	1
13	3	10	10
14	1	12	5
14	2	15	15
15	1	19	2
16	1	2	1
16	2	6	2
16	3	10	1
16	4	16	1

Tabelle 10.5

Behaupten wir mal, der Verkaufspreis sei der Nettopreis zzgl. Umsatzsteuer. Das Füllen dieser Spalte ist eine nette Übungsaufgabe am Kapitelende.

Nun kann es losgehen! Die folgenden Seiten liefern Beispiele und Übungsaufgaben zum Thema „DML-Befehle".

10.1 Gruppierung und statistische Funktionen

Wieviel Whiskys sind im Bestand?

```
select   count(*) as "Anzahl Wiskys"
from     whisky
;
```

Anzahl Wiskys
18

Wieviel Whiskys sind über 12 Jahre alt?

```
select   count(*) as "über 12 J."
from     whisky
where    alt > 12
;
```

über 12 J.
9

Wieviel Whiskys sind 12 Jahre oder jünger?

```
select   count(*) as "höchstens 12 J."
from     whisky
where    alt <= 12
;
```

höchstens 12 J.
6

Wo ist der Rest?

```
select   count(*) as "keine Altersangabe"
from     whisky
where    alt is null
;
```

keine Altersangabe
3

Unser Betrieb ist für umgehende Lieferung bekannt. Wieviel Aufträge hatten eine Lieferzeit von mehr als zwei Tagen?

```
select   count(*) as "Anzahl Langläufer"
from     w_auftrag
where    erl_datum - eing_datum > 2
and      erl_datum is not null
;
```

Anzahl Langläufer
2

Aus welchen Regionen kommen die Whiskys, wie stark sind die Regionen vertreten und wie hoch ist das Durchschnittsalter?

```
select   region, count(*) as "Anzahl", avg(alt)
         as "Durchschnittsalter"
from     whisky
group by region
order by region;
```

REGION	Anzahl	Durchschnittsalter
HIGHLANDS	9	15,4
ISLAY	6	15,0
LOWLANDS	3	14,5

Gesucht wird das geringste, höchste und Durchschnittsalter der Whiskys bezogen auf Regionen, die mindestens fünf Whiskys stellen.

```
select    region, count(*) as "Anzahl", avg(alt)
          as "Durchschnittsalter", min(alt) as "Junior",
          max(alt) as "Senior"
from      whisky
group by  region
having    count(*) >= 5
order by  region;
```

REGION	Anzahl	Durchschnittsalter	Junior	Senior
HIGHLANDS	9	15,4	10	25
ISLAY	6	15,0	12	17

10.2. Unterabfragen

Wie lauten Name, Region, Distrikt und Alter des ältesten Whiskys?
```
-- einfache Unterabfrage
  select   nr, name, region, distrikt, alt, preis as "Preis"
  from     whisky
  where    alt =
                (select    max(alt)
                 from      whisky
                )
  ;
```

NR	NAME	REGION	DISTRIKT	ALT	Preis
3	HIGHLAND PARK	HIGHLANDS	ORKNEYS	25	139

Nennen Sie Name, Region und Alter des ältesten Whiskys pro Region.

```
--      korrelierte Unterabfrage
select  name, region, alt
from    whisky w1
where   alt =
            (select   max(alt)
             from     whisky w2
             where    w1.region = w2.region
            )
;
```

NAME	REGION	ALT
HIGHLAND PARK	HIGHLANDS	25
ARDBEG	ISLAY	17
ROSEBANK	LOWLANDS	19

Gesucht werden Name, Region und Alter der überdurchschnittlich alten Whiskys pro Region.

```
select  name, region, alt
from    whisky w1
where   alt >
            (select   avg(alt)
             from     whisky w2
             where    w1.region = w2.region
            )
;
```

NAME	REGION	ALT
HIGHLAND PARK	HIGHLANDS	18
HIGHLAND PARK	HIGHLANDS	25

ARDBEG	ISLAY	17
LAGAVULIN	ISLAY	16
ROSEBANK	LOWLANDS	19
GLENMORANGIE	HIGHLANDS	21

Wir verlosen einen einwöchigen Schottlandurlaub für zwei Personen unter allen Kunden deren Gesamtauftragsvolumen mindestens 1.000 Euro beträgt.

```
select    fr_nr, name, plz, lieblingsregion
from      w_freunde
where     fr_nr in
              (select    fr_nr
               from      w_auftrag
               group by  fr_nr
               having    sum(wert) >= 1000
              )
;
```

FR_NR	NAME	PLZ	LIEBLINGSREGION
1	M.JACK	12345	ISLAY
8	R.ROTNASE	47111	ISLAY

Wir geben nun alle offenen Aufträge aus, die mehr als eine Woche "lagern"; Kleinstaufträge mit weniger als drei Posten sollen nicht genannt werden:

```
select    current_date - eing_datum as dauer
from      w_auftrag
where     current_date - eing_datum > 7
and       erl_datum is null
and       auf_nr in
```

```
(select    auf_nr
 from      w_posten
 group by  auf_nr
 having    count(*) >= 3
)
;
```

Die Lösung hängt stark davon ab, wann Sie dieses Buch lesen. Auf eine Ausgabe sei deshalb verzichtet.

Welche Whiskys haben ein einzigartiges Alter (d.h. ein Alter, das kein anderer hat)?

```
Select   name, region, alt
from     whisky w1
where    not exists
             (select    *
              from      whisky w2
              where     w1.alt = w2.alt
                        and
                        w1.name <> w2.name
             )
and      alt is not null
;
```

NAME	REGION	ALT
HIGHLAND PARK	HIGHLANDS	18
HIGHLAND PARK	HIGHLANDS	25
ARDBEG	ISLAY	17
LAGAVULIN	ISLAY	16
ROSEBANK	LOWLANDS	19
OBAN	HIGHLANDS	14
GLENMORANGIE	HIGHLANDS	21

10.3 Inline-View

Ab SQL3 ist eine komplette SELECT-Anweisung als Tabellenalternative innerhalb der FROM-Klausel statthaft. Dies wird von den Herstellern auch als „inline-View" bezeichnet. Mit dieser Technik ergeben sich völlig neue Möglichkeiten:

Wiederum suchen wir Name, Region, Distrikt und Alter der überdurchschnittlich alten Whiskys pro Region, aber diesmal mit Durchschnittsangabe.

```
select   w1.name, w1.region, w1.distrikt, w1.alt,
         w2.durch
from     whisky w1,
         (select region, avg(alt) durch
          from    whisky
          group by region
         ) w2
where    w1.region = w2.region
         and
         w1.alt > w2.durch
order    by w1.region, w1.alt
         ;
```

NAME	REGION	DISTRIKT	ALT	DURCH
HIGHLAND PARK	HIGHLANDS	ORKNEYS	18	15.44
GLENMORANGIE	HIGHLANDS	NORTHERN HIGHLANDS	21	15.44
HIGHLAND PARK	HIGHLANDS	ORKNEYS	25	15.44
LAGAVULIN	ISLAY	SÜDKÜSTE	16	15.00
ARDBEG	ISLAY	SÜDKÜSTE	17	15.00
ROSEBANK	LOWLANDS	CENTRAL LOWLANDS	19	14.50

Eine Liste der fünf ältesten Whiskys (NULL zählt mit):

```
-- rownum ist der Ausgabesatzzähler; dieser Name differiert
leider von DB-System zu DB-System
select    name, region, alt
from      (select    *
           from      whisky
           order by  alt desc
          )
where     rownum <= 5
;
```

NAME	REGION	ALT
BOWMORE	ISLAY	
BOWMORE	ISLAY	
AUCHENTOSHAN	LOWLANDS	
HIGHLAND PARK	HIGHLANDS	25
GLENMORANGIE	HIGHLANDS	21

Eine Liste der fünf ältesten Whiskys (diesmal ohne NULL-Werte und Ausgabe dem Alter nach, die jüngeren zuerst):

```
select    name, region, alt
from      (select    *
           from      whisky
           where     alt is not null
           order by alt desc
          )
where     rownum <= 5
order by alt, region
;
```

NAME	REGION	ALT
ARDBEG	ISLAY	17
HIGHLAND PARK	HIGHLANDS	18
ROSEBANK	LOWLANDS	19
GLENMORANGIE	HIGHLANDS	21
HIGHLAND PARK	HIGHLANDS	25

10.4 Autojoin

Starten wir eine kleine Whiskyverkostung (für die Freunde des Neudeutschen ' Ein Nosing und Tasting verschiedener Whiskysorten').

Für unser Beispiel mag folgende Vorbereitungstabelle ausreichen:

Zu suchen sind jeweils zwei Whiskys, die gleich alt sind, aber aus unterschiedlichen Regionen kommen; bitte alle Kombinationen nennen, allerdings nichts doppelt ausgeben (Scapa Macallan; Macallan Scapa)

```
select   w1.name Sorte1, w2.name Sorte2,
         w1.region Region1, w2.region Region2,
         w1.alt as "Alter"
from     whisky w1, whisky w2
where    w1.alt = w2.alt
         and
         w1.region < w2.region
;
```

SORTE1	SORTE2	REGION1	REGION2	Alter
ABERLOUR	GLENKINCHIE	HIGHLANDS	LOWLANDS	10
HIGHLAND P	BUNNAHAB	HIGHLANDS	ISLAY	12
SCAPA	BUNNAHAB	HIGHLANDS	ISLAY	12
MACALLAN	BUNNAHAB	HIGHLANDS	ISLAY	12
ABERLOUR	LAPHROAIG	HIGHLANDS	ISLAY	15

Um die Anzahl der möglichen Kombinationen zu erhöhen, sei es erlaubt, daß das Alter einen Unterschied von bis zu zwei Jahren aufweisen darf.

```
select   w1.name as Sorte1, w2.name as Sorte2,
         w1.region as "Reg.1", w2.region as "Reg.2", w1.alt
         as Alt1, w2.alt as alt2
from     whisky w1, whisky w2
```

```
where   abs(w1.alt - w2.alt ) <= 2
        and
        w1.region < w2.region
        ;
```

-- Regionsnamen wurden für die Ausgabe gekürzt

SORTE1	SORTE2	REG.1	REG.2	ALT1	ALT2
HIGHLAND PARK	ARDBEG	HIGH.	ISLAY	18	17
ABERLOUR	ARDBEG	HIGHL.	ISLAY	15	17
HIGHLAND PARK	LAGAVULIN	HIGHL.	ISLAY	18	16
OBAN	LAGAVULIN	HIGHL.	ISLAY	14	16
ABERLOUR	LAGAVULIN	HIGHL.	ISLAY	15	16
OBAN	LAPHROAIG	HIGHL.	ISLAY	14	15
ABERLOUR	LAPHROAIG	HIGHL.	ISLAY	15	15
HIGHLAND PARK	BUNNAHAB	HIGHL.	ISLAY	12	12
SCAPA	BUNNAHAB	HIGHL.	ISLAY	12	12
OBAN	BUNNAHAB	HIGHL.	ISLAY	14	12
MACALLAN	BUNNAHAB	HIGHL.	ISLAY	12	12
ABERLOUR	BUNNAHAB	HIGHL.	ISLAY	10	12
HIGHLAND PARK	ROSEBANK	HIGHL.	LOWL.	18	19
ARDBEG	ROSEBANK	ISLAY	LOWL.	17	19
GLENMORANGIE	ROSEBANK	HIGHL.	LOWL.	21	19
HIGHLAND PARK	GLENKINCH	HIGHL.	LOWL.	12	10
SCAPA	GLENKINCH	HIGHL.	LOWL.	12	10
BUNNAHAB	GLENKINCH	ISLAY	LOWL.	12	10
MACALLAN	GLENKINCH	HIGHL.	LOWL.	12	10
ABERLOUR	GLENKINCH	HIGHL.	LOWL.	10	10

Und noch eine Verkostung: Diesmal sollen es identische Namen mit unterschiedlichem Alter sein (getrunken werden zunächst die jüngeren).

Dies setzt natürlich voraus, daß wir mehrere Jahrgänge dieses Whiskys auf Lager haben und diese eine Altersangabe besitzen. So kann das Ergebnis aussehen:

NAME	ALT
ABERLOUR	10
ABERLOUR	15
HIGHLAND PARK	12
HIGHLAND PARK	18
HIGHLAND PARK	25

Der passende Befehl hierfür ist die Lösung zur Übungsaufgabe Nummer 3. Falls Sie sich sportlich genug fühlen, springen Sie mal kurz zum Übungsabschnitt am Kapitelende und schreiben den SELECT. Vergessen Sie aber den Rücksprung nicht, es wartet nämlich eine soziale Tat auf uns.

Was halten Sie von einem Whiskyfreundetreffen „Club der einsamen Herzen"? Genannt werden sollen alle Paarungen von Whiskyfreunden, die eine gemeinsame Lieblingsregion haben.

```
select   f1.name,f2.name,f1.lieblingsregion
from     w_freunde f1, w_freunde f2
where    f1.lieblingsregion = f2.lieblingsregion
         and
         f1.fr_nr < f2.fr_nr
;
```

NAME	NAME	LIEBLINGSREGION
W.SCHUB	H.MAIER	HIGHLANDS
W.SCHUB	S.SCHARDT	HIGHLANDS
H.MAIER	S.SCHARDT	HIGHLANDS
M.JACK	R.ROTNASE	ISLAY
M.JACK	E.TORF	ISLAY

| R.ROTNASE | E.TORF | ISLAY |

Beschränken wir die Clubaktivitäten auf eine regionale Ebene.

Damit die Freunde nicht so weit reisen müssen, sind hier nur Paare zu nennen, die neben einer gemeinsamen Lieblingsregion auch ein identisches Postleitgebiet (1.Stelle PLZ) besitzen. Um die Anzahl möglicher Paare zu erhöhen, gilt: Personen, die keine Regionsnennung besitzen sind für alle Whiskysorten offen.

Dies ist mal wieder eine schöne Übungsaufgabe; es ist die Nummer 4 am Kapitelende.

Und so kann das Ergebnis aussehen:

NAME	NAME	REG1	REG2	GEBIET
M.JACK	G.FASSDAUBI	ISLAY		1
L.MÜLLER	K.EGAL	LOWLANDS		4
L.MÜLLER	H.MAIER	HIGHLANDS		4
L.MÜLLER	E.TORF	ISLAY		4
R.ROTNASE	E.TORF	ISLAY	ISLAY	4
L.MÜLLER	R.ROTNASE	ISLAY		4
W.SCHUB	J.FRITZE	HIGHLANDS		5
W.SCHUB	S.SCHARDT	HIGHLANDS	HIGHLANDS	5
J.FRITZE	S.SCHARDT		HIGHLANDS	5

10.5 Aktualisierung mit Unterabfrage

Für das neue Jahr erhöhen die Lieferanten die Preise einiger Whiskys (siehe Tabelle w_neupreise). Eine Aktualisierung der Whisky-Stammtabelle mit Hilfe dieser neuen Preisliste ist nötig.

```
update   whisky
set      preis = ( select    preis
                   from      w_neupreise w_neu
                   where     whisky.nr = w_neu.nr
                 )
where    nr in  (select   nr
                 from     w_neupreise
                )
;
```

Wir müssen die Wert-Spalte in der Auftragstabelle füllen.

```
update   w_auftrag
set      wert =    (select    sum(anzahl * preis)
                    from      w_posten p, whisky w
                    where     p.art_nr = w.nr
                              and
                              p.auf_nr = w_auftrag.auf_nr
                   )
;
```

Wie diese Füllung automatisiert werden kann, zeigen wir Ihnen im Kapitel 11 zum Thema "Trigger".

10.6. Verknüpfung und Gruppierung

Wir wollen kundenspezifisches Informationsmaterial liefern.

Jeder Kunde soll einen spezifischen Auszug aus der aktuellen Preisliste erhalten, der nur Erzeugnisse seiner Lieblingsregion enthält.

```
select   f.name, w.name as whisky, w.alt, w.region,
         w.preis as preis
from     whisky w, w_freunde f
where    w.region = f.lieblingsregion
order by f.name, w.name,w.alt
;
```

NAME	WHISKY	ALT	REGION	PREIS
E.TORF	ARDBEG	17	ISLAY	51
E.TORF	BOWMORE		ISLAY	52
E.TORF	BOWMORE		ISLAY	103
E.TORF	BUNNAHABHAIN	12	ISLAY	31
E.TORF	LAGAVULIN	16	ISLAY	38,5
E.TORF	LAPHROAIG	15	ISLAY	33
H.MAIER	ABERLOUR	10	HIGHLANDS	32,5
H.MAIER	ABERLOUR	15	HIGHLANDS	52,9
H.MAIER	GLENMORANGIE	21	HIGHLANDS	214
H.MAIER	HIGHLAND P	12	HIGHLANDS	34,5
H.MAIER	HIGHLAND P	18	HIGHLANDS	42,9
H.MAIER	HIGHLAND P	25	HIGHLANDS	139
H.MAIER	MACALLAN	12	HIGHLANDS	34
H.MAIER	OBAN	14	HIGHLANDS	36,9
H.MAIER	SCAPA	12	HIGHLANDS	32,9
K.EGAL	AUCHENTOSHAN		LOWLANDS	47
K.EGAL	GLENKINCHIE	10	LOWLANDS	29,95
K.EGAL	ROSEBANK	19	LOWLANDS	64
M.JACK	ARDBEG	17	ISLAY	51
M.JACK	BOWMORE		ISLAY	52
M.JACK	BOWMORE		ISLAY	103
M.JACK	BUNNAHABHAIN	12	ISLAY	31
M.JACK	LAGAVULIN	16	ISLAY	38,5
M.JACK	LAPHROAIG	15	ISLAY	33
R.ROTNASE	ARDBEG	17	ISLAY	51
R.ROTNASE	BOWMORE		ISLAY	52
R.ROTNASE	BOWMORE		ISLAY	103
R.ROTNASE	BUNNAHABH	12	ISLAY	31
R.ROTNASE	LAGAVULIN	16	ISLAY	38,5
R.ROTNASE	LAPHROAIG	15	ISLAY	33

S.SCHARDT	ABERLOUR	10 HIGHLANDS	32,5
S.SCHARDT	ABERLOUR	15 HIGHLANDS	52,9
S.SCHARDT	GLENMORANGIE	21 HIGHLANDS	214
S.SCHARDT	HIGHLAND PARK	12 HIGHLANDS	34,5
S.SCHARDT	HIGHLAND PARK	18 HIGHLANDS	42,9
S.SCHARDT	HIGHLAND PARK	25 HIGHLANDS	139
S.SCHARDT	MACALLAN	12 HIGHLANDS	34
S.SCHARDT	OBAN	14 HIGHLANDS	36,9
S.SCHARDT	SCAPA	12 HIGHLANDS	32,9
W.SCHUB	ABERLOUR	10 HIGHLANDS	32,5
W.SCHUB	ABERLOUR	15 HIGHLANDS	52,9
W.SCHUB	GLENMORANGIE	21 HIGHLANDS	214
W.SCHUB	HIGHLAND PARK	12 HIGHLANDS	34,5
W.SCHUB	HIGHLAND PARK	18 HIGHLANDS	42,9
W.SCHUB	HIGHLAND PARK	25 HIGHLANDS	139
W.SCHUB	MACALLAN	12 HIGHLANDS	34
W.SCHUB	OBAN	14 HIGHLANDS	36,9
W.SCHUB	SCAPA	12 HIGHLANDS	32,9

Eigentlich würde es ja reichen, wenn jeder Kundenname nur einmal ausgegeben würde. Lassen Sie sich mal was dazu einfallen (falls Ihnen nichts einfällt, probieren Sie es mit den Möglichkeiten des Kapitels 11.2). Für die jeweilige Lieblingsregion kann jetzt einfach noch eine Zusatzselektionsbedingung eingefügt werden.

Wie sehen eigentlich die Auftragswerte aus?

```
select    p.auf_nr, sum(anzahl*preis) gesamt
from      w_posten p, whisky w
where     p.art_nr = w.nr
group by  p.auf_nr
;
```

AUF_NR	GESAMT
10	169,3
11	255,0
12	1810,0
13	858,0
14	320,0
15	105,8
16	391,9

Für jeden Kunden soll neben seinem Lieblingsregionsnamen, die Anzahl der verfügbaren Wiskys sowie der höchste und niedrigste Preis angeben werden.

```
select    region, count(*) as "Anzahl verfügbarer Whiskys",
          min(preis) as "günstigster Whisky der Region",
          max(preis) as "teuerster Whisky der Region"
from      whisky
group by  region
order by  region
;
```

-- Überschrift für die Ausgabe gekürzt

REGION	ANZAHL	GÜNSTIGSTER	TEUERSTER
HIGHLANDS	9	32,50	214
ISLAY	6	31,00	103
LOWLANDS	3	29,95	64

10.7 Mengenoperationen

Lösen wir das obige Problem noch einmal, geben aber jetzt den Whiskynamen mit aus.

```
select  w.region, 'min.Preis:' as " ", w2.mi as
        "Preis",   w.name, w.zusatz
from    whisky w, (select region, min(preis) as mi
                   from whisky
                   group by region
                   ) w2
where   w.region = w2.region
        and
        w.preis = w2.mi
union
select  w.region, 'max.Preis: ', w2.ma , w.name, w.zusatz
from    whisky w, (select    region, max(preis) as ma
                   from      whisky
                   group by  region
                   ) w2
where   w.region = w2.region
        and
        w.preis = w2.ma
order by 1, 3
;
```

REGION	PREIS		NAME	ZUSATZ
HIGHLANDS	min.Preis:	32.50	ABERLOUR	
HIGHLANDS	max.Preis:	214.00	GLENMORANGIE	elegance
ISLAY	min.Preis:	31.00	BUNNAHABHAIN	
ISLAY	max.Preis:	103.00	BOWMORE	voyage
LOWLANDS	min.Preis:	29.95	GLENKINCHIE	
LOWLANDS	max.Preis:	64.00	ROSEBANK	

Zwischenprüfung

Stellen Sie sich folgendes Problem vor: Der bestellte Whisky ist zur Zeit nicht lieferbar.

Wir suchen also nahezu gleich teure Produkte (maximal zwei Euro Differenz) aus derselben Region. Für die Profis unter Ihnen: Verzeihen Sie uns die fehlende Praxisnähe, wenn hier aus rein kaufmännischen gründen ein Laphroig die Alternative zum Bunnahabhain wird.

So sieht die Alternativliste aus:

```
select    w1.name as "AUSVERKAUFT",w2.name as
          "ALTERNATIVE", w1.region, w1.preis as preis1,
          w2.preis as preis2
from      whisky w1, whisky w2
where     w1.region = w2.region
          and
          w1.nr != w2.nr
          and
          abs(w1.preis - w2.preis)<=2
order by 3,1,2
;
```

AUSVERKAUFT	ALTERNATIVE	REGION	PREIS1	PREIS2
ABERLOUR	HIGHLAND PARK	HIGHLANDS	32.50	34.50
ABERLOUR	MACALLAN	HIGHLANDS	32.50	34.00
ABERLOUR	SCAPA	HIGHLANDS	32.50	32.90
HIGHLAND PARK	ABERLOUR	HIGHLANDS	34.50	32.50
HIGHLAND PARK	MACALLAN	HIGHLANDS	34.50	34.00
HIGHLAND PARK	SCAPA	HIGHLANDS	34.50	32.90
MACALLAN	ABERLOUR	HIGHLANDS	34.00	32.50
MACALLAN	HIGHLAND PARK	HIGHLANDS	34.00	34.50
MACALLAN	SCAPA	HIGHLANDS	34.00	32.90
SCAPA	ABERLOUR	HIGHLANDS	32.90	32.50
SCAPA	HIGHLAND	HIGHLANDS	32.90	34.50

	PARK			
SCAPA	MACALLAN	HIGHLANDS	32.90	34.00
ARDBEG	BOWMORE	ISLAY	51.00	52.00
BOWMORE	ARDBEG	ISLAY	52.00	51.00
BUNNAHABHAIN	LAPHROAIG	ISLAY	31.00	33.00
LAPHROAIG	BUNNAHABHAIN	ISLAY	33.00	31.00

Zusammenfassung

- SQL kennt eine Reihe von komplexen Selektionsmöglichkeiten; diese sind ausschließlich mit dem SELECT-Kommando zu bewerkstelligen.
- Gruppierung verdichtet einen Datenbestand anhand eines gegebenen Kriteriums und erlaubt statistische Funktionsanwendng auf die ermittelten Gruppen.
- Durch Unterabfragen (auch „Subqueries" genannt) können unter anderem Datenaktualisierungen durch korrelierende Zugriffe realisiert werden.
- Tabellenverknüpfungen („joins") erlauben die tabellenübergreifende Projektion.
- Die neueste Technik in diesem Reigen heißt „inline-View" und ermöglicht die Angabe eines SELECT-Befehls innerhalb einer FROM-Klausel. Dies entspricht letztendlich einer Art Temporärtabelle und ist eine wirklich nützliche Bereicherung des SQL-Standards.

Übungen

10.1 Füllen Sie das vpreis-Feld der Postentabelle mit Hilfe der Netto-Preise aus *whisky*, und schlagen Sie 16% Umsatzsteuer drauf.

10.2 Eine Sonderangebotsliste soll Namen, Region und Preis aller Produkte ausgeben, die bezogen auf ihre Region einen unterdurchschnittlichen Preis besitzen.

Zwischenprüfung

Die „Ersparnis" bzgl. des Durchschnitts ist ebenfalls auszugeben.

So können die Sonderangebote aussehen:

NAME	REGION	PREIS	GESPART
ABERLOUR	HIGHLANDS	32.50	32.96
SCAPA	HIGHLANDS	32.90	32.56
MACALLAN	HIGHLANDS	34.00	31.46
HIGHLAND PARK	HIGHLANDS	34.50	30.96
GLENFARCLES	HIGHLANDS	35.00	30.46
OBAN	HIGHLANDS	36.90	28.56
HIGHLAND PARK	HIGHLANDS	42.90	22.56
ABERLOUR	HIGHLANDS	52.90	12.56
BUNNAHABHAIN	ISLAY	31.00	20.42
LAPHROAIG	ISLAY	33.00	18.42
LAGAVULIN	ISLAY	38.50	12.92
ARDBEG	ISLAY	51.00	00.42
GLENKINCHIE	LOWLANDS	29.95	17.03

10.3 Organisieren Sie eine besondere Whiskyverkostung. Diesmal sollen Whiskys mit identischen Namen jedoch unterschiedlichen Alters verkostet werden (getrunken werden zunächst die jüngeren).

Dies setzt natürlich voraus, daß wir mehrere Jahrgänge dieses Whiskys auf Lager haben und diese eine Altersangabe besitzen.

So kann das Ergebnis aussehen:

NAME	ALT
ABERLOUR	10
ABERLOUR	15
HIGHLAND PARK	12
HIGHLAND PARK	18
HIGHLAND PARK	25

10.4 Es lebe der „Club der einsamen Herzen". Damit die Freunde nicht so weit reisen müssen, sind hier nur Paare zu nennen, die neben einer gemeinsamen Lieblingsregion auch ein identisches Postleitgebiet (1.Stelle PLZ) besitzen.

Um die Anzahl möglicher Paare zu erhöhen, gilt:

Personen, die keine Regionsnennung besitzen, sind für alle Whiskysorten offen.

Hier ist die Liste der Glücklichen.

NAME	NAME	REG1	REG2	GEBIET
M.JACK	G.FASSDAUBI	ISLAY		1
L.MÜLLER	K.EGAL		LOWLANDS	4
L.MÜLLER	H.MAIER		HIGHLANDS	4
L.MÜLLER	E.TORF		ISLAY	4
R.ROTNASE	E.TORF	ISLAY	ISLAY	4
L.MÜLLER	R.ROTNASE		ISLAY	4
W.SCHUB	J.FRITZE	HIGHLANDS		5
W.SCHUB	S.SCHARDT	HIGHLANDS	HIGHLANDS	5
J.FRITZE	S.SCHARDT		HIGHLANDS	5

11 Prozedurale und objektorientierte Erweiterungen in SQL3

Wir haben in den zurückliegenden Kapiteln den "klassischen" d.h. rein mengenorientierten Teil der Sprache SQL betrachtet. Mit Einführung des neuen Standards gibt es nun auch offiziell eine Fülle von Erweiterungen, die u.a. prozedurale Ergänzungen festlegt. Da Sie sich im letzten Kapitel hoffentlich gut erholt haben, können wir ja voller Elan zur Tat schreiten (etwaige Schwächeanfälle sind auf ein zu praxisnahes Bearbeiten des Themas 10.4 – Whiskyprobe zurückzuführen; setzen Sie bei einem wiederholten Durcharbeiten des Kapitels die Ingredenzien etwas sparsamer ein).

11.1 Der neue Standard SQL99 bzw. SQL3

Im Jahre 2000 als SQL99 bzw. SQL3 bekannter neuer ISO/ANSI-Standard verabschiedet, besteht dieser grob aus den folgenden Teilen:

Nr.	Name	Inhalt	Anmerkungen im Kapitel
A	SQL/Framework	Übersicht, allgemeine Definitionen	1;2
B	SQL/Foundation	Sprachdefinition und Erweiterungen	3; 11.2; 11.7;6
C	SQL/CLI (Call Level Interface	spezifiziert eine Applikations-Programmschnittstelle für SQL und Datenbank-Dienste	7
D	SQL/PSM Persistent Stored Modules	Stored Procedures und benutzerdefinierte Funktionen	11.3; 11.5

E	SQL/Bindings	JAVA-Einbettung in SQL	-
F	SQL/Transactions	Behandlung verteilter transaktionen	-
G	SQL/Temporal	Unterstützung für temporale Daten, z.B. Zeitreihen, zeitabhängige Views	-
H	SQL/Object	Erweiterung um objektorientierte Aspekte	11.6
I	SQL/MED (management of external data)	Zugriff auf externe Daten, z.B. "flache" Dateien	-

Tabelle 11.1

Neben dem Standard, jedoch basierend auf den neuen ADT-Möglichkeiten, entwickelt das SQL-Komitee die SQL/MM-(multimedia data)-Spezifikation, die die Funktionalität zur Verwaltung von Texten, räumlichen Daten und Bilddaten definiert.

Die Mächtigkeit des SQL3-Standards ist nahezu erschreckend. Ein Vergleich aus Sicht der Papierindustrie:

SQL-Standard	Erscheinungsjahr	Seitenzahl
SQL-1	1986 bzw. 1989	Ca. 120
SQL-2 / SQL92	1992	Ca. 580
SQL-3 / SQL99	2000	Ca. 1600
Und ein zaghafter Blick in die Zukunft		
SQL-4	evtl. 2004	> 4000

Tabelle 11.2

Na, da gibt es ja auch zukünftig für SQL-Buchautoren genug zu tun.

An dieser Stelle sei ein Mann zitiert, der es wissen muß, da er sich als verantwortlicher Mitarbeiter des DB-Marktführers seit Jahren mit den SQL-Standards incl. SQL3 beschäftigt. Das folgende Zitat stammt von Ken Jacobs, VP Product Strategy, Server-Technologien, Oracle Corporation, April 2002:

"Heute hat kein kommerzielles Produkt den kompletten Standard implementiert, und es sieht nicht so aus, als ob dies jemals der Fall sein wird. Hinzu kommt, dass verschiedene Produkte unterschiedliche Sätze von Eigenschaften verwenden, und es gibt auch keinen Zertifikatstest, der die Übereinstimmung mit dem Standard überprüft.

Was sind dann noch die Vorteile dieser Spezifikation?

Generell kann man sagen, dass die Anbieter in der Standard-Spezifikation für eine Design-Hilfe nachsehen, wenn sie neue Features implementieren wollen. Daher wird auch Produktkompatibilität und Portierbarkeit von Applikationen untereinander beabsichtigt, zumindest für die Hauptfunktionalitäten. Ebenso kooperieren die Anbieter häufig in Designfragen innerhalb des Entwicklungsprozesses des Standards miteinander, um eine Abweichung der neuen Eigenschaften in zukünftigen Produkten zu vermeiden. Ebenso können Unternehmen, die SQL-Produkte auswählen, die Zustimmung der Anbieter zur Kompatibilität und zur technologischen Vorreiterschaft durch Vergleich der Features eines Produkts mit dem Standard überprüfen. Ein DBA oder Entwickler, der Erfahrung mit einer SQL-Implementierung hat, kann dieses Wissen nicht unmittelbar bei anderen Produkten einsetzen, da sich die verschiedenen Dialekte von SQL wie regionale Akzente in einer Sprache unterscheiden."

Wir stimmen Herrn Jacobs zu und werden nicht alle 1600 Seiten des Standards diskutieren, sondern die für die tägliche Praxis relevanten ausführlicher behandeln.

Verzweifeln sie bitte nicht, falls einige Beispiele auf ihrem Datenbanksystem zunächst diverse Syntaxfehler produzieren; IBM, Oracle und Co. gehen recht gelassen mit der Implementierung der Standardsyntax um. Die Unterschiede sind zwar glücklicherweise meist recht marginal, aber trotzdem hilft ab und zu nur der Blick in die produktspezifische Dokumentation.

Ein Beispiel:

Syntax-abweichung

Die Oracle-Syntax für CREATE FUNCTION/PROCEDURE (siehe 11.3) differiert vom Standard wie folgt:

Im Standard werden die Schlüsselworte "IN, OUT, INOUT" vor den Parameternamen gesetzt, in Oracle stehen sie dahinter.

Der Standard nutzt "INOUT", Oracle jedoch verlangt "IN OUT".

Oracle braucht IS oder AS nach dem Rückgabetyp einer Funktion; SQL3 schreibt hier DECLARE.

11.2 Prozedurale Grundlagen

Um SQL von einer rein mengenorientierten Sprache in eine hybride Welt der Mengen und Prozeduren zu führen, brauchen wir Variablen und Ablaufstrukturen.

Variablen werden in SQL3 so vereinbart:

Variablen

```
name typ [default-klausel]
oder
name typ NOT NULL default-klausel
```

Beispiele:

```
maxgehalt    decimal(10,2);
zaehler      integer = 1;
eing_datum   date not null = current_date;
```

Zuweisung

Eine Zuweisung läßt sich folgendermaßen bewerkstelligen:

```
SET variable = Ausdruck;
```

Beispiele:

```
-- || bedeutet „Stringverkettung"
set zaehler = 7;
set gehalt  = gehalt + 500;
set text    = lower(var_x) || '.bin';
```

Die meisten DB-Hersteller verlangen jedoch kein SET. Oracle benötigt dafür einen Doppelpunkt vor dem Gleichheitszeichen.
Da haben wir mal wieder den Beweis für die recht lasche Einstellung der Hersteller gegenüber dem vielgerühmten Sprachstandard.

if

```
IF bedingung THEN
    anweisungen
[ELSIF bedingung THEN
    anweisungen ]...
[ELSE
    anweisungen ]
END IF;
```

Beispiel:

```
if NeuerSatz then
   insert into w_AUFTRAG
      VALUES( ... );
   meldung = 'Auftrag wurde eingefügt...';
else
   update w_AUFTRAG
      set WERT = 3457,
          KUNDE = 4777
      where AUFTRNR = nummer;
```

```
            meldung = 'Auftrag wurde geändert...';
         end if
```

case

Die Syntax der allgemeinen CASE-Variante (es gibt noch eine einfache mit Variablenangabe) lautet:

```
CASE
WHEN bedingung THEN ergebnisausdruck
[...n]
[ELSE alternativausdruck]
END
```

Beispiel:

```
-- Rabattstaffel
update  whisky
set     preis =    preis *
        case
          when region = 'ISLAY'     then 0.98
          when region = 'HIGHLANDS' then 0.95
          else 0.9
        end
where   alt < 12
;
```

while

```
WHILE bedingung DO
    anweisungen
END WHILE
```

Und eine fußgesteuerte Schleife gibt es auch:

repeat

```
REPEAT
```

```
        anweisungen
UNTIL bedingung
END REPEAT
```

Natürlich sind das noch nicht alle Konzepte dieses Bereiches. Beispielsweise ist die Laufzeitfehlerbehandlung ("exception") ab SQL3 auch genormt.

11.3 Prozeduren und Funktionen

Der konventionelle Teil von SQL kennt ja keine Unterprogrammtechnik im herkömmlichen Sinn. Dieses Manko existiert nun nicht mehr.

So sieht die Syntax für Prozeduren aus.

```
CREATE PROCEDURE prozedurname [parameterliste]
[DECLARE
    deklarationen]
BEGIN
    anweisungen
END [prozedurname];


parameterliste:    ( name [modus] typ [,...] )
modus:             { IN | OUT | INOUT }
```

Für Funktionen gilt analog:

```
CREATE FUNCTION funktionsname [parameterliste]
RETURNS rückgabetyp
[DECLARE
    deklarationen]
BEGIN
```

```
anweisungen
END [prozedurname];
```

Der Parameter-Modus bestimmt, welche "Seite" einen Parameter mit Werten versorgt:

IN Der Aufrufer füllt den Parameter, die Prozedur darf keine Wertebelegung durchführen.
Das Aufrufargument kann ein beliebiger Ausdruck sein.

OUT Der Aufrufer muß eine Variable übergeben.
Diese muß von der Prozedur mit einem Wert versorgt werden.

INOUT Der Aufrufer muß eine Variable übergeben.
Die Prozedur kann den Parameter mit einem neuen Wert versorgen

Das Fakultätsproblem (siehe Kapitel 7) kann ab sofort in SQL ohne Zuhilfenahme von Fremdprogrammiersprachen gelöst werden.

```
create function fakultaet( n integer)
return integer
declare
   n_fak integer;
begin
   if( n > 0 ) then
       set n_fak = n * fakultaet( n - 1 );
   else
       set n_fak = 1;
   end if;
   return( n_fak );
end;
```

Ein weiteres Beispiel namens „Währungsumrechung".

Wir vermarkten unseren guten schottischen Whisky (siehe Kapitel 10) mittlerweile weltweit.

Im Zuge dieser Globalisierung soll eine Funktion *f_waehrung* den Europreis in eine beliebige Fremdwährung umrechnen können.

```
create function f_waehrung
(euro decimal, faktor decimal)
return decimal
begin
   return euro * faktor;
end;
```

Unsere Kunden aus dem Land von Käse, Geld und Schokolade erhalten jetzt z.B. die folgende Preisliste:

```
select   name, zusatz, region,
f_waehrung(PREIS, 1.65) as "FRANKEN"
from     whisky
order by name, zusatz
;
```

NAME	ZUSATZ	REGION	FRANKEN
ABERLOUR	sherrywood	HIGHLANDS	87.29
ABERLOUR		HIGHLANDS	53.63
ARDBEG		ISLAY	84.15
AUCHENTOSHAN	three woods	LOWLANDS	77.55
BOWMORE	darkest	ISLAY	85.80
BOWMORE	voyage	ISLAY	169.95
BUNNAHABHAIN	ISLAY	51.15	
...			

Prozeduren und Funktionen

Und noch ein Beispiel, diesmal für die Meister des Dreisatzes:

Wieviel Wasser muß ich dem Whisky zugeben, um diesen auf "Trinkstärke" zu verdünnen? Na, dies müssen wir aber doch genauer formulieren. Wenn ich 0.04l Whisky (einen „Doppelten") mit x% Alkoholgehalt in mein Glas fülle, wieviel Wasser w brauche ich, um eine 40%-Mischung („Trinkstärke") zu erreichen?

Um ein wenig Abwechslung in's Spiel zu bringen, bemühen wir doch mal die elementare Mathematik.

Es gilt: Alkoholmenge / Flüssigkeitsmenge soll 40% (0.4) betragen, also

I) alkmenge = 0.04 * x

w ist die Menge Wasser, die hinzukommen muß, damit eine Konzentration von 40% erreicht wird (0.04 + w ist die gesamte Flüssigkeitsmenge)

II) alkmenge /(0.04 + w) = 0.4

=>

w = (0.04 * x)/0.4 -0.04

also z.B. für den Glenfarcles mit einem Alkoholgehalt von 60%

(0.04 * 0.6)/0.4 -0.04

Jetzt kommt die dazugehörige Funktion:

```
create function f_wasserzugabe_in_cl(volproz decimal)
return decimal
begin
  return ((0.04 *(volproz/100))/0.4 -0.04) * 100;
  -- entspricht 0.04 * (volproz/40 -1) * 100
end
;
```

Jetzt stellen Sie die durchaus berechtigte Frage: „Wozu brauche ich Funktionen?" Eine sinnvolle Einsatzmöglichkeit liegt darin, dass sie direkt in SQL aufrufbar sind.

257

Testen wir dies mal für unser Sortiment:

```
select   nr, name, alk_proz,
         f_wasserzugabe_in_cl(alk_proz) as wasserzusatz
from     whisky
where    alk_proz > 40
;
```

Wir haben quasi unsere SQL-Befehlsbibliothek erweitert.

NR	NAME	ALK_PROZ	WASSERZUSATZ
2	HIGHLAND PARK	43.00	0.30
3	HIGHLAND PARK	53.50	1.35
6	BOWMORE	43.00	0.30
7	BOWMORE	43.00	0.30
8	LAGAVULIN	43.00	0.30
9	LAPHROAIG	43.00	0.30
11	AUCHENTOSHAN	43.00	0.30
12	ROSEBANK	60.20	2.02
13	OBAN	43.00	0.30
14	GLENKINCHIE	43.00	0.30
15	GLENFARCLES	60.00	2.00
16	GLENMORANGIE	43.00	0.30
17	MACALLAN	43.00	0.30

Bisher kamen sich die Mengenoriertheit und die prozedurale Erweiterung von SQL nicht in die Quere. Was passiert aber, wenn beide aufeinandertreffen, d.h. wenn wir zum Beispiel eine beliebig große Menge von Ergebnissätzen prozedural weiterverarbeiten möchten?

Ein Spezialfall läßt sich leicht lösen. Angenommen wir möchten die Anzahl unserer Kunden in einer Variablen namens *anz* speichern, um sie später weiterverarbeiten zu können:

```
select   count(*) into anz
from     w_freunde
;
```

Durch das Schlüsselwort INTO können SELECT-Ergebnisse „abgefüllt" werden.

Schon drin? Das war ja einfach! Vor allem ermutigt uns dieser Erfolg zu einer weiteren Fragestellungen wie zum Beispiel:

Welche Artikel werden zur Zeit beauftragt?

Folgende Idee führt leider nicht zum Ziel, da wir ja die Größe der Ergebnisvariable nicht auf „beliebig" setzen können:

```
select distinct artnr into aktuelle_artikel_liste
from w_posten
;
```

Wie kommen wir sonst an's Ziel (aufgeben gilt natürlich nicht)?

11.4 Cursor

Wir müssen eine Konstruktion namens Cursor einführen, die es uns erlaubt ein Ergebnis „Stück für Stück" oder besser „Satz für Satz" z.B. in einer Schleife abzuarbeiten. Diese Technik sollte Ihnen nicht ganz unbekannt sein, wenn Sie das Kapitel 7 gewissenhaft gelesen haben (sollte dieses Studium aber schon längere Zeit zurück liegen, sei Ihnen ein Gedächtnisverlust in dieser Hinsicht voll verziehen). Ein Bild soll die Cursoridee nochmals verdeutlichen:

Prozedurale und objektorientierte Erweiterungen in SQL3

Bild 11.1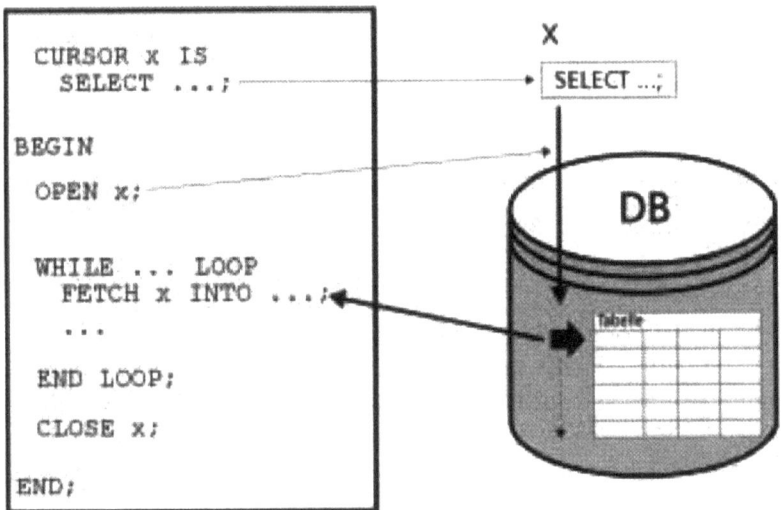

Die Cursortechnik besteht also aus Durchführung der folgenden vier Schritte:

1. Deklaration des Cursors

angegeben werden Cursorname, evtl. Parameter sowie der eigentliche SELECT-Befehl

2. Cursor öffnen

Erst jetzt wird der SELECT-Befehl dem DBS übergeben. Der SELECT Befehl wird vom DBS interpretiert, es findet aber keine Datenübertragung statt.

3. Cursor-Fetch

Mit jedem FETCH wird genau ein Satz in die Programmvariable(n) übertragen. Das Datenbanksystem setzt einen internen Merker für die nächste Ergebniszeile.

4. Cursor schließen

Das DB-System gibt jetzt benötigte Ressourcen wieder frei. Der Cursor kann erneut geöffnet werden.

Eine Lösung für die Problematik „aktuelle Artikelliste" kann dann wie folgt aussehen:

```
...
artnummer integer ;
-- 1. Cursor dekl.
cursor liste is
select distinct artnr from w_posten;
begin
-- 2. Cursor öffnen
open liste;
-- 3. Ergebnis abholen
fetch liste into artnummer;
while liste%found do
   -- jetzt kann artnummer benutzt werden
   fetch liste into artnummer;
   ...
end while;

-- 4. Cursor wieder schließen
close liste;

end;
```

Ein weiteres Beispiel für die Cursortechnik in SQL3: „geizige Kunden löschen".

Für eine Menge von Kunden (Kundennummern von .. bis) soll festgestellt werden, ob diese aktuelle Aufträge gespeichert haben. Ist das nicht der Fall, so wird der Kunde gelöscht (eigentlich würde es ja ausreichen, wenn er aus der Weihnachtsgeschenkeliste gestrichen würde). Die Anzahl der bearbeiteten Kunden sowie die Anzahl der Löschungen ist in Variablen festzuhalten.

```
create procedure loesch_kund
(von_kdr integer, bis_kdr integer)
-- Variablendef.
anz      integer=0;
gesamt   integer=0;
loesch   integer=0;
kusatz   integer;
cursor   ku_liste is
select   kundennr
from     w_freunde
where    kundennr between von_kdr and bis_kdr;
begin
 --
 open ku_liste;
 fetch ku_liste into kusatz;
 while ku_liste%found do
  select count(*) into anz
  from   w_auftrag
  where  kusatz = w_auftrag.fr_nr
  ;

  if anz = 0 then
    delete from w_freunde
    where  kusatz.kundennr = kundennr;
-- in DB-Systemen, die einen „for-update"
-- Cursor kennen, darf geschrieben werden:
-- delete from w_freunde where current of kusatz;
    loesch = loesch + 1;
  end if;

  gesamt = gesamt + 1;
  fetch ku_liste into kusatz;
 end while;

 -- Gesamte Satzanzahl steht in: gesamt
 -- Anzahl der gelöschten Sätze steht in: loesch

end;
```

Und nun liefern wir noch ein Beispiel, um den inout-Modus bei Unterprogrammen zu demonstrieren:

Diese Prozedur berechnet den prozentualen Anteil eines Werts an allen Aufträgen, die zu einer übergebenen Zeitspanne gespeichert sind.
Die Berechnung findet nur statt, wenn der Anteil noch nicht berechnet wurde.

```
create procedure anteilsgroesse
( wert     in    decimal,
  anteil   inout decimal,
  vom      in    date := '01.01.2002',
  bis_zum  in    date := '31.12.2010' )
declare
wertesumme   decimal;
begin
  if anteil is null or anteil = 0 then
     select   sum(wert) into wertesumme
     from     w_auftrag
     where    eing_datum between vom and bis_zum
     ;
     set      anteil = wert / wertesumme * 100;
  end if;
end;
```

Was geschieht eigentlich, falls *wertesumme* leer bleibt oder jemand die Datumsbereiche falsch angibt? Die Autoren können sich immer noch mit Standardausreden wie „wurde aus Gründen der Übersichtlichkeit in der Demonstrationsversion nicht implementiert", aber im harten Programmieralltag darf man sich das nicht erlauben. Solche möglichen Laufzeitfehler gilt es abzufangen (es sei denn Ihr Softwarehaus ist Marktführer, dann erklären Sie den Fehler einfach zum Standard). SQL kennt hier die Idee des exception-handling, eine elegantere Variante des „on error goto"-Konstruktes. Leider wird dies von jedem DB-Hersteller anders implementiert, so dass wir Ihnen nur empfehlen können, das jeweilige Handbuch zu wälzen; es lohnt sich auch der Rückblick auf Kapitel 4.2 „assertions".

Das Konzept, was wir Ihnen jetzt vorstellen möchten, hat sich glücklicherweise syntaktisch weitgehend durchgesetzt; es geht um die Möglichkeit, Anweisungsfolgen automatisiert ablaufen zu lassen: die Triggeridee.

11.5 Triggerprinzip

Bevor Sie die ersten Einsatzgebiete zu Gesicht bekommen, sollten wir das Prinzip dieser Technik klären.

Ein Trigger ist eine Befehlsfolge, die vom DB-System automatisch aufgerufen wird ("feuern des Triggers"). Die meisten DB-Hersteller kennen verschiede Triggerarten, die programmiertechnisch wichtigsten sind die Objekttrigger.

Ein Objekt-Trigger ist an eine Tabelle oder eine View gebunden; er reagiert auf ein Manipulationsereignis, bei dessen Auftreten er gefeuert wird (*event*).

Trigger können zum Beispiel zusätzliche Integritätsregeln realisieren, die nicht durch die vorgegebenen Constraints abgedeckt werden können.

Als Manipulationen sind erlaubt:
- INSERT
- UPDATE
- DELETE

Bild 11.2

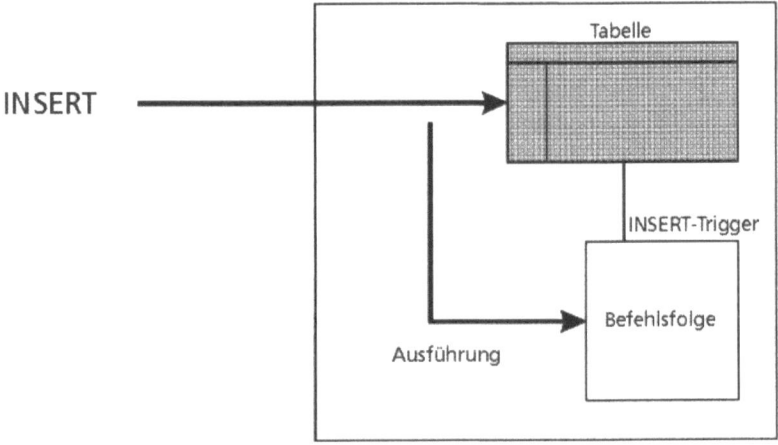

Der Trigger kann vor oder nach dem Ereignis gefeuert werden (Zeitpunkt, *timing*).

Ein DML-Befehl kann eine oder mehrere Zeilen manipulieren. Wir müssen also festlegen, wie häufig der Trigger „gefeuert" wird.

Dies nennt man auch den "Level des Triggers":
- der Trigger wird für jede Zeile gefeuert
- der Trigger wird einmal gefeuert

Wird ein Trigger für eine Tabelle definiert, so wird die auslösende Operation vor bzw. nach dem Trigger durchgeführt, es sei denn, der Trigger erzeugt einen Fehler.

Wird ein Trigger für eine View definiert, so wird der Trigger anstelle der auslösenden Operation durchgeführt (gibt es leider nur bei wenigen DB-Herstellern). Beispielsweise ist es mit dieser Technik möglich, ein UPDATE-Kommando auf eine View abzusetzen, die einen SELECT-Befehl mit mehreren Tabellen oder gruppierten Feldern beinhaltet. Eine View ist dann also programmiertechnisch wie eine „echte" Tabelle manipulierbar und nicht nur zum Lesen geeignet.

Trigger werden üblicherweise kompiliert abgespeichert. Dies erhöht die Ausführungsgeschwindigkeit nicht unerheblich (sollten Sie sich bereits seit geraumer Zeit fragen, wann endlich die Geschwindigkeit in's Spiel kommt, blättern Sie doch mal kurz vor in das Kapitel 12, da geht's nämlich ausschließlich um dieses Thema).

Triggerablauf

Sind Trigger und Constraints definiert, so arbeitet ein DB-System diese in der folgenden Reihenfolge ab:

1. Es werden alle benötigten Sperren gesetzt.
2. Befehlsorientierte BEFORE-Trigger werden ausgeführt.
3. Für jede Zeile
    a) Die zeilenorientierten BEFORE-Trigger werden ausgeführt.
    b) Die Manipulation wird anhand der Constraints geprüft und bei Nicht-Verstoß durchgeführt.

c) Die zeilenorientierten AFTER-Trigger werden ausgeführt.

4. Befehlsorientierte AFTER-Trigger werden ausgeführt.

5. Es erfolgt eine abschließende Prüfung. Nicht mehr benötigte Sperren werden zurückgenommen.

Tritt in der Kette ein Fehler auf, so wird sie abgebrochen und die DB auf den Zustand vor der Ablaufkette zurückgesetzt.

Und wie programmiert man nun einen Trigger?

Triggersyntax

```
CREATE [OR REPLACE] TRIGGER name
   zeitpunkt ereignis
   [FOR EACH ROW]
   [WHEN bedingung]
     deklarationen
   BEGIN
     anweisungen
   END;
```

Der Zeitpunkt kann BEFORE oder AFTER lauten; BEFORE-Trigger können z.B. prüfen, ob Aktionen sinnvoll sind und ggfs. „reparieren" oder Befehle ablehnen. AFTER-Trigger werden beispielsweise zur Protokollierung von DB-Änderungen (Archivierung ...) eingesetzt.

Die Syntax für ein Ereignis:

dml [OR dml]... ON tabelle

wobei dml wahlweise eines der folgenden Manipulationen sein darf:

INSERT |

DELETE |

UPDATE [OF spalte(n)]

Wird der Ausdruck FOR EACH ROW angegeben, feuert der Trigger für jede Zeile, sonst feuert er nur einmal pro DML-Anweisung. Und dann gibt's noch:

WHEN

Der Trigger wird nur gefeuert, wenn die Bedingung zutrifft (nur bei FOR EACH ROW möglich).

UPDATE OF

Der Trigger wird nur gefeuert, wenn eine der angegebenen Spalten manipuliert wird.

Ein erstes Beispiel:

Änderungen von Kundenstammdaten sollen nur tagsüber (von 8 bis 20 Uhr) möglich sein.

```
create or replace trigger w_kund_aend
before insert or update or delete on w_kunde
begin
  if to_char(current_date, 'HH24:MI') not between
      '08:00' and '20:00'
  then
      fehler_funktion('Kundenaenderung nur zu
      Geschäftszeiten möglich!');
  end if;
end;
```

In Triggern können die folgenden Elemente benutzt werden:

OLD und NEW

Bei zeilenorientierten Triggern entält :OLD den Zeileninhalt vor der DML-Operation (UPDATE, DELETE) und :NEW den aktuellen Zeileninhalt (UPDATE, INSERT)

OLD und NEW sind Records mit den Tabellenspalten als Elementen. NEW kann das Ziel einer Zuweisung sein.

Trigger-Prädikate

Die folgenden Funktionen stehen im Trigger-Rumpf zur Verfügung:
- INSERTING

TRUE, wenn die auslösende Anweisung ein INSERT ist
- UPDATING

TRUE, wenn die auslösende Anweisung ein UPDATE ist
- DELETING

TRUE, wenn die auslösende Anweisung ein DELETE ist

Angenommen, wir möchten jede Änderung unserer Auftragstabelle protokollieren:

```
create trigger auftrag_aiudr
  after insert or update or delete on auftrag
  for each row
declare
  operation varchar(20);
begin
  if    inserting THEN
    set operation = 'Eingefügt';
  else
    if updating THEN
      set operation = 'Geändert';
    else
      set operation = 'Gelöscht';
    end if;
  end if;


  insert into protokoll( aktion, benutzer,
  zeitpunkt,nummer_alt, nummer_neu )
  values (operation, user, current_date,
```

```
    :OLD.auftrnr, :NEW.auftrnr );
 end;
```

Die Tabelle protokoll hält jetzt fest, wer eine Änderung durchgeführt hat, wie sie lautet, wann das passiert ist und welchen Auftrag es getroffen hat.

Es gibt eine Fülle weiterer Einsatzmöglichkeiten für Trigger:
- Trigger können die Bestimmung berechneter Felder automatisieren und tragen so zur Entlastung der Anwendungsentwicklung bei.
- Trigger können auch für tabellenübergreifende Manipulationen sorgen und so trotz Redundanzexistenz eine konsistente Datenbank garantieren.

Wir möchten bzw. müssen beispielsweise die Auftragswerte aktualisieren, wenn wir Postendaten verändern. Da wir aus Geschwindigkeitsgründen (s.Kap.12) ein zusätzliches Feld namens WERT eingefügt haben, müssen wir dafür sorgen, dass uns dies nicht zum „Inkonsistenzverhängnis" (s.Kap.1) wird.

Die folgenden Trigger sollen für einen automatischen Abgleich der Berechnungsspalte sorgen.

```
create trigger auftragswert1
 after insert on w_posten
 for each row
 begin
  update w_auftrag
  set    wert       = wert + :new.menge *:new.vpreis
  where  auftrnr    = :new.auftrnr;
 end;

create trigger auftragswert2
 after update of auftrnr, menge, vpreis on posten
 for each row
 begin
  update auftrag
  set    wert = wert - :old.menge * :old.vpreis
  where  auftrnr = :old.auftrnr;
  update auftrag
```

```
  set      wert       = wert + :new.menge * :new.vpreis
  where    auftrnr    = :new.auftrnr;
end;


create trigger auftragswert3
after delete on w_posten
for each row
begin
 update w_auftrag
  set      wert       = wert - :old.menge *:old.vpreis
  where    auftrnr    = :old.auftrnr;
end;
```

So können wir garantieren, daß in jedem Manipulationsfall der Tabelle POSTEN (z.B. Preiserhöhung) die Wertespalte in der Tabelle AUFTRAG automatisch aktualisiert wird. Durch die Redundanz entsteht also keine Inkonsistenz.

11.6 Generisches SQL

Sollen SQL-Befehlskomponenten wie Tabellennamen oder ganze Befehlsteile wie komplette Selektionsbedingungen erst zur Laufzeit bestimmt also „generiert" werden, kann lt. SQL-Standard die folgende Befehlssyntax eingesetzt werden.

```
EXECUTE IMMEDIATE sql-befehl
[INTO {define_variable[,define_variable] … | record}]
[USING [IN|OUT|IN OUT] bind_argument
[,[IN|OUT|IN OUT] bind_argument...];
```

INTO

für einwertige SELECT-Ergebnisse

USING

für Übergabe von Bindevariablen

Wie oft haben Sie sich schon darüber geärgert, daß SQL-Objekte nicht mit Hilfe regulärer Ausdrücke verwaltet werden können. Wenn Sie alle Dateien des aktuellen Verzeichnisses löschen wollen, die mit xy anfangen, so schreiben Sie: rm xy* (oder z.B. del xy*).

Das DB-Gegenstück: „drop table xy%" existiert leider nicht. Der drop-Befehl versteht weder beim Objektnamen noch beim Typ Wildcards. Also ist auch ein „drop % test92" nicht möglich, falls Sie nicht wissen, ob es sich um eine Tabelle, ein Synonym oder eine View handelt.

Das folgende Beispiel sprengt diese Grenzen.

Ein Beispiel zum Löschen beliebiger Objekte; Wildcardeingabe ist möglich. Wir suchen aus der Systemtabelle USER_OBJECTS alle Objekte, die dem übergebenen Typ entsprechen und den gewünschten Namen besitzen. Dann generieren und starten wir das jeweilige Löschkommando mit Hilfe des EXECUTE-Kommandos.

Der Aufruf: LOESCH_OBJ('TABLE','X%')

löscht z.B. alle Tabellen des aktruellen Benutzers, die mit dem Zeichen 'X' beginnen.

```
procedure loesch_obj(typ_in   varchar,
                     name_in varchar)
declare
   oname        varchar(30);
   otyp         varchar(30);
   cursor       obj_curs is
   select       object_name, object_type
   from         user_objects
   where        object_name like upper(name_in)
                and object_type like upper(typ_in)
   ;
begin
  curs := dbms_sql.open_cursor;
  fetch curs into oname,otyp;
  while curs%found do
    execute immediate 'drop '||otyp|| ' ' ||oname;
    fetch curs into oname,otyp;
  end while;
end;
```

11.7 Objektorientierung

Es ist noch gar nicht so lange her, da war der Begriff Objektorientiertheit so sehr in Mode, daß man glauben konnte, sowohl die klassisch prozedurale Programmierung als auch die relationale Datenbanktechnik lägen in den letzten Zügen. Dies hat sich jedoch nicht bewahrheitet.

Wie so oft liegt wohl die Wahrheit in der goldenen Mitte und so finden wir in aktuellen Systemen prozedurale und objektorientierte Ansätze; die Datenhaltung ist nach wie vor relational.

Der Anteil rein objektorientierter Datenbanksysteme ist verschwindend gering. Man hat allerdings den Versuch unternommen, den Sprung von objektorientierter Applikation zur relationalen Datenhaltung zu verringern, indem man objektrelationale Konzepte in die Relationenwelt eingebracht hat. Diese Konzepte wollen wir im folgenden kurz beschreiben.

Abstrakte Datentypen

Mit abstrakten Datentypen (oder Objekttypen) können eigene Datentypklassen definiert werden.

Zum Typ gehören Attribute, d.h. Datenelemente sowie Methoden; der Objekttyp kann in Tabellen oder anderen Objekttypen aufgenommen werden.

Hier findet sich also die Klassenidee der objektorientierten Programmierung wieder.

Diese Klassenidee wird in SQL3 auch "UDT" (user defined types) genannt. (implementiert bei DB2, Oracle; nicht implementiert bei Microsoft SQL Server)

Wie wäre es mit einer Whiskypdefinition?

```
create type whisky_typ as
(nr       integer not null,
 name     varchar(20) not null,
 zusatz   varchar(15),
 region   varchar(25),
 distrikt varchar(20),
 alt      integer,
 preis    decimal(5,2),
 method   wasserzugabe_in_cl(volproz decimal)
```

```
   returns  decimal,
   method   waehrung(euro decimal, faktor decimal)
   returns  decimal
);
```

Methoden

Jetzt müssen wir die Methoden (auch member-Funktionen genannt, da sie Mitglied der jeweiligen Klasse sind) noch mit Leben füllen:

```
create method wasserzugabe_in_cl() returns decimal for
whisky_typ
begin
  return ((0.04 *(alk_proz/100))/0.4 -0.04) * 100;
end;


create method waehrung(faktor decimal) returns decimal for
whisky_typ
begin
  return preis * faktor;
end;


create table whisky of whisky_typ;
```

Was fällt Ihnen bei obigen Methoden auf, wenn Sie diese mit den Funktionen vergleichen, die im Abschnitt 11.3 ihren Dienst versehen?

Genau, die Anzahl der Übergabeparameter ist geschrumpft! Da Methoden im Gegensatz zu neutralen Funktionen eine enge Beziehung zu ihrer Klasse pflegen, können die Klassenattribute quasi wie lokale Variablen genutzt werden. Man braucht sie nicht mehr explizit zu übergeben. Dies ist eine wichtige objektorientierte Technik, die Datenkapselung genannt wird.

Sollten wir unseren Handel mal auf ein komplettes Feinkostsortiment mit Marmeladenspezialitäten aus England, Weinen aus Frankreich und Schweizer Schokolade ausdehnen, so werden wir sicherlich das noch fehlenden Objektkonzept "Vererbung" einbringen. Polymorphismus als weiteres OO-Prinzip wird uns in diesem Kapitel noch begegnen.

Ein Zugriff auf eine Preisliste für unsere Whiskyfreunde aus der Schweiz oder die "Bewässerungsanleitung" können jetzt folgendermaßen aussehen:

```
select  name, zusatz, region, whisky.waehrung(1.65) as
"Schweizer Franken"
from    whisky
order by name, zusatz
;
```

bzw.

```
select  nr, name, alk_proz, whisky.wasserzugabe_in_cl()
from    whisky
where   alk_proz > 40;
```

Arrays

Homogene zusammengesetzte Datentypen oder Arrays gehören auch zum SQL3-Standard. Starten wir mit einem Beispiel um ihren Sinn zu demonstrieren.

Unsere Whiskyfreunde aus Kapitel 10 besitzen ja eine Eigenschaft namens LIEBLINGSREGION.

Tausende von Zuschriften haben uns nun veranlasst, statt einer Lieblingsregion auch derer zwei zuzulassen.

Es gibt hierfür drei Möglichkeiten:

Variante 1

Wir legen eine neue Tabelle an oder erweitern die alte w_freunde-Tabelle.

Objektorientierung

```
create table w_freunde
(fr_nr   integer not null,
 name    varchar(30) not null,
 plz     char(5) not null,
 lieblingsregion1 varchar(25),
 lieblingsregion2 varchar(25)
);
```

Dies widerspricht nun offensichtlich der 1.Normalform.

Variante 2

Wir legen eine neue Tabelle w_lieblingsregionen mit fr_nr als Fremdschlüssel an und entfernen die Regionsspalte der w_freunde-Tabelle.

Jetzt gilt es eine weitere Beziehung (1 zu n) zwischen zwei Tabellen unseres Datenmodells zu pflegen, dafür kann aber jeder Whiskyfreund beliebig viele Lieblingsregionen angeben.

```
create   table w_freunde
(fr_nr   integer not null,
 name    varchar(30) not null,
 plz     char(5) not null,
);

create   table w_lieblingsregionen
(fr_nr   integer not null,
 lieblingsregion varchar(25),
);
```

Variante 3

Ab SQL3 kann für unseren Zweck ein Array eingesetzt werden. Die neue w_freunde-Tabelle sieht dann folgendermaßen aus:

```
create   table w_freunde
(fr_nr   integer not null,
 name    varchar(30) not null,
 plz     char(5) not null,
 lieblingsregion varchar(25) array[2]
);
```

Hier wird (wie in der 1.Variante) gegen das Prinzip des Relationenmodells verstossen oder um es milder zu formulieren, es wird hier und da ein wenig aufgeweicht.

Die verschieden Datenbankhersteller kennen übrigens teils recht unterschiedliche Formen von Arrays (mit und ohne Obergrenzen, in der Tabelle oder extern gespeichert ...).

Der neue Standard dient auch hier "nur" als loser Leitfaden.

Wie Sie sehen , gibt es häufig die unterschiedlichsten Lösungen für eine Problemstellung. Im nächsten Kapitel möchten wir Ihnen zeigen, welche Vorgehsweisen die vermutlich jeweils kürzesten Antwortzeiten liefern. Es werden sowohl spezielle Datenbankobjekte als auch diverse Zugriffsstrategien vorgestellt.

Zusammenfassung

- SQL99 oder SQL3 ist sehr mächtig geworden und enthält unter anderem sowohl prozedurale als auch objektorientierte Erweiterungen gegenüber seinen Vorgängern
- Ab sofort gibt es Variablen, Zuweisungen und Kontrollstrukturen
- Die neue Unterprogrammtechnik erlaubt das Erstellen von Prozeduren und Funktionen mit Paramterübergabe, wobei sich vor allem die Funktionen sehr nützlich in eine „klassische" SQL-Befehlslogik einbauen lassen und so die SQL-Standardbefehlsbibliothek erweitern können.
- SQL3 ist gegenüber seinen Vorgängern zur kompletten Sprache gereift, die nicht mehr zwingend in „Fremdsprachen" eingebettet werden muß.
- Erweiterte Integritätsregeln können automatisch mit Hilfe von Triggern implementiert werden; auch hier wird eine „Hostsprache" überflüssig.
- Die generische Funktionalität von SQL erlaubt das Generieren von Befehlskonstrukten zur Laufzeit. Die ist ein sehr mächtiges, aber leider auch leistungfressendes Werkzeug
- Die objektorientierten Erweiterungen von SQL3 sollen dem Softwareentwickler den Sprung vom objektorientierten Design und seiner evtl. objektorientieren Hostsprache zur relationalen Datenhaltung in Tabellen erleichtern.
- SQL3 ist so umfangreich, dass die Hersteller den Standard eher als Leitfaden verstehen und voraussichtlich nur in Teilen implementieren werden.

Übungen

1. Gesucht wird die jeweilige Auftragssumme für die Quartale des übergebenen Jahres, also z.B. für das Jahr 2002:

```
Der Quartalsbericht für 2002 -->
1te Quartal - Umsatz (in Euro):       0.00
2te Quartal - Umsatz (in Euro):     816.20
3te Quartal - Umsatz (in Euro):    1703.00
4te Quartal - Umsatz (in Euro):     105.80
```

2. Eine Sonderangebotsliste soll die jeweils drei günstigsten Whiskys der Region anzeigen. Dies kann dann so aussehen:

```
Die Sonderangebote für HIGHLANDS -->
Nr.1: ABERLOUR      (für Euro 32,50)
Nr.2: SCAPA         (für Euro 32,90)
Nr.3: MACALLAN      (für Euro 34,00)

Die Sonderangebote für ISLAY -->
Nr.1: BUNNAHABHAIN  (für Euro 31,00)
Nr.2: LAPHROAIG     (für Euro 33,00)
Nr.3: LAGAVULIN     (für Euro 38,50)

Die Sonderangebote für LOWLANDS -->
Nr.1: GLENKINCHIE   (für Euro 29,95)
```

12 Effizientes SQL

In allen bisherigen Kapiteln dieses Buches ging es immer darum, ein fachliches Problem mit Hilfe der Sprache SQL zu lösen. Ob der eingeschlagene Weg nun schnell zu einem Ergebnis führt, hat uns weniger interessiert.

12.1 Optimales SQL

Wir lebten ja bisher von der trügerischen Hoffnung, die Optimierungsstrategie eines Datenbanksystems wird wohl immer den besten Zugriff finden, schließlich hat ja jedes relationale Datenbanksystem einen Optimierer (neudeutsch: Optimizer), der soll es schon richten, so nach dem Prinzip: SQL-Befehl rein, optimal schneller Zugriff kommt heraus.

Um Ihnen hier die Illusionen zu rauben, sei gesagt, daß erstens die Qualität der DB-Optimizer sehr unterschiedlich ist und selbst bei den hochwertigsten Automatismen Grenzen existieren. Wie ein Optimizer arbeitet, wo seine Grenzen liegen und wo man ihn unterstützen kann bzw. muß, zeigt das Unterkapitel Optimizer.

Datenbanktuning ist ein sehr komplexes Thema, welches aus unterschiedlichsten Komponenten besteht. Der Leistungshungrige stellt sofort die Frage: „Na, wo hole ich denn am meisten aus dem System raus?" Die Antwort zeigt die folgende Grafik.

Bild 12.1   **Tuningpotential**

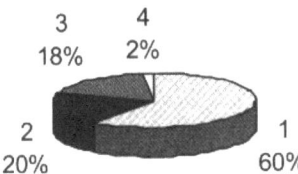

- 1. Applikation
- 2. Design
- 3. DB-Interna
- 4. Betriebssystem

Wie Sie sehen, wird der Löwenanteil von der Applikation geliefert. Anders formuliert: Eine schwach geschriebene Applikation kann selbst durch den fähigsten Datenbankadministrator und seine Tuningtricks nicht mehr so richtig in Schwung gebracht werden.

Worüber kann bzw. muß sich ein Applikationsentwickler, der mit SQL auf eine Datenbank zugreift, denn nun Gedanken machen?

Der Analytiker hat das fachliche Datenmodell entwickelt, und der DB-Administrator kümmert sich um die richtige Dimensionierung und Konfiguration der Hardware und sonstiger Systemkomponenten (und betreut verzweifelte Benutzer moralisch).

Was bleibt ist (evtl. unter Beratung eines erfahrenen DB-Administrators):

- Technisches Tuning (z.B. Prüfung von Indexeinsätzen)
- Anweisungstuning (z.B. Suche nach „Langläufern" und Erstellen von alternativen SQL-Befehlen)

- Modelltuning (z.B. Denormalisierung im engeren Sinn, Erstellung von Tabellenextrakten ...)

Obige Punkte wollen wir im folgenden etwas eingehender behandeln.

Bevor uns in den kommenden Monaten verzweifelte Briefe oder Emails erreichen, möchten wir an dieser Stelle nochmals darauf hinweisen, dass nicht alle DB-Hersteller jeweils auch alle SQL-Optionen implementiert haben; gerade im Tuningbereich sind die Normrichtlinien zudem vage oder unvollständig. Sie dürfen aber davon ausgehen, dass zumindest die beiden führenden Hersteller (Oracle und IBM halten zusammen einen Marktanteil von ca. 80 Prozent) alle folgenden Techniken in ihre Systeme eingebaut haben.

12.2 Optimizer

Eine wichtige Basis zur effizienten Durchführung von Datenbankzugriffen ist die Existenz einer „Wegautomatik", einem sogenannten Optimierer oder Optimizer. Stellen Sie sich einen Optimizer als ein Navigationssystem vor. Sie geben die Fahrtroute vor, lehnen sich entspannt zurück und lassen das System den besten Weg zu Ihrem Ziel finden. Dann brauchen Sie nur noch auf die sympathische Lautsprecherstimme zu hören, rechts oder links abzubiegen und irgendwann heißt es dann:

"Sie haben Ihr Ziel erreicht!".

Dieser Grundidee folgt auch ein regelbasierter Optimizer. Er besitzt ein festes Regelwerk, indem es dann statt Autobahnen und Bundesstrassen Tabellen, Views und Indizes gibt, die "abgefahren" werden müssen.

So sollten Sie sich den regelbasierten Optimizer vorstellen:

Effizientes SQL

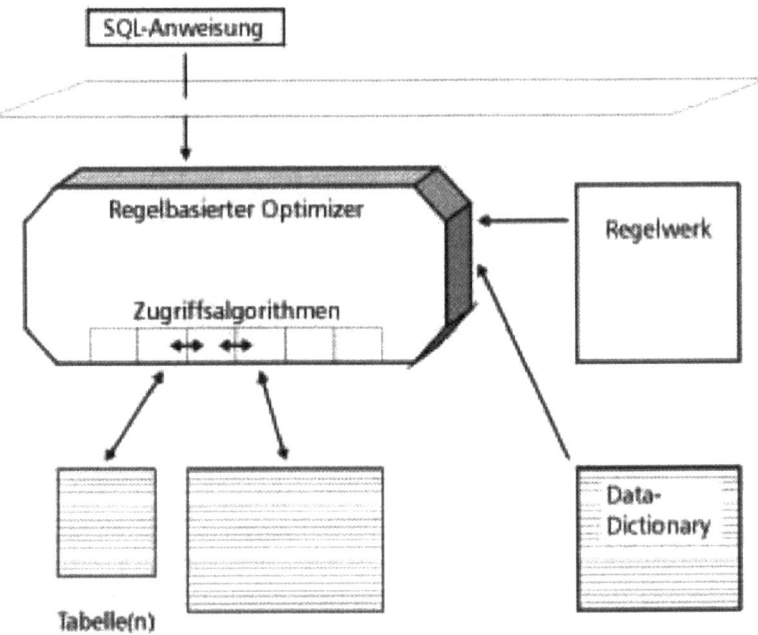

Bild 12.2
Regelbasierter
Optimizer

Die Schwächen dieser grundsätzlich guten Erfindung sind:
- keine Nutzung dynamischer Daten wie z.B. Tabellengrößen, Indexselektivitäten, CPU-Leistungen, Hauptspeicherdimensionierungen
- keine Benutzereingriffe („Hints")

Unser Navigationssystem ist also eines von der preiswerten Sorte, die zum einen keine Staumeldungen empfangen kann und außerdem keinen Menüpunkt hat, mit dem man z.B. fordern kann, das System möge bitte nur gebührenfreie Straßen in die Planung einbeziehen.

Die Weiterentwicklung auf dem Gebiet der Optimizer arbeitet daher nicht mehr mit einem starren Regelwerk sondern berücksichtigt verschiedene dynamische Parameter, ab sofort wird „kostenorientiert" optimiert.

Optimizer

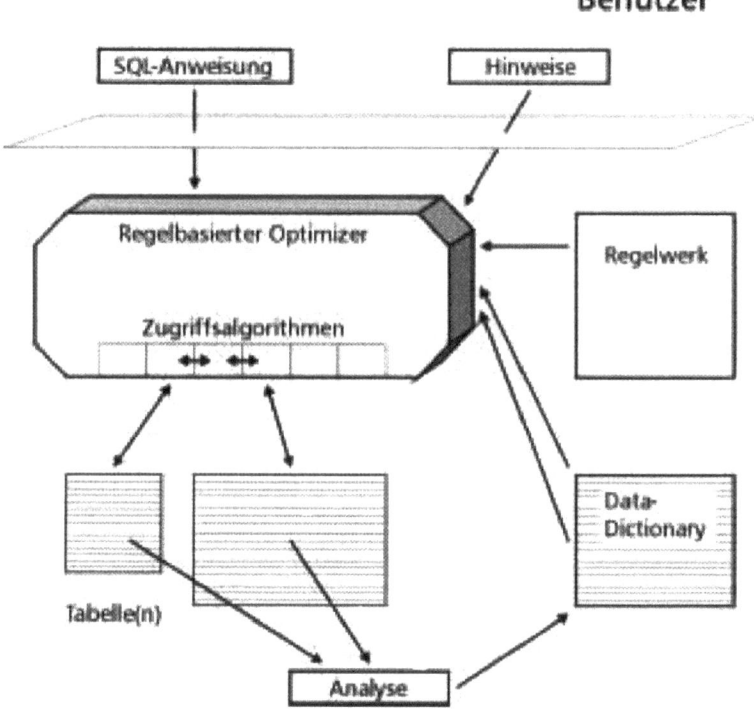

Bild 12.3
kosten-
basierter
Optimizer

Zusätzlich zum Regelwerk werden hier per Analyse ermittelte Daten wie z.B. Tabellengrößen und Indexqualitäten zur optimalen Wegsuche herangezogen. In speziellen Fällen (in denen der Mensch schlauer ist als die Maschine) können der Automatik Hinweise (neudeutsch: Hints) mitgegeben werden („nutze bitte keine Straßen, für die Maudgebühren verlangt werden"). Beispiele für solche Hints finden Sie im Kapitel 12.6!

Die Qualität dieser Kostenermittlung hängt nun sehr davon ab, wie ausführlich und aktuell die Analysedaten sind.

Eine regelmäßige Durchführung dieser Analysen ist eine unbedingte Pflicht für den Softwareentwickler bzw. den verantwortlichen Administrator. Vergleichen lässt sich dies mit der Aktualität und Genauigkeit von Staumeldungen als Eingaben für das Navigationssystem. Ein kostenbasierter Optimizer ohne diese Eingangsdaten kann nur mit dem festen Regelwerk arbeiten – ein Sprung in die db-technische Steinzeit; der

Hersteller Oracle hat beispielsweise seinen regelbasierten Optimizer bereits vor über zehn Jahren in den Ruhestand geschickt (und natürlich nicht mehr weiterentwickelt). Werden keine Analysen durchgeführt verzichten Sie, drastisch gesprochen, auf die datenbanktechnischen Errungenschaften der letzten zehn Jahre.

Ein guter kostenbasierter Optimzer berücksichtigt neben Faktoren wie Tabellengrößen, Indexstufen, Feldselektivitäten auch CPU-Anzahl und -geschwindigkeit sowie Hauptspeichergröße; die bedeutet, dass z.B. ein SELECT bei identischem Datenbankaufbau auf einem langsamen Rechner unter Umständen ein anderes Verhalten zeigt, als auf einer schnelleren Maschine.

Das passt auch wieder zum bereits bemühten Vergleich mit einem Fahrzeugnavigationssystem. Um die voraussichtlich optimale Fahrzeit zu ermitteln, ist es sicher nützlich sowohl die Maximalgeschwindigkeit des Fahrzeuges als auch evtl. Geschwindigkeitsbegrenzungen auf den gewählten Straßen zu kennen.

Um auch dies drastisch auszudrücken: Ein Mofa-Fahrer wird keinen echten Nutzen aus der Tatsache ziehen können, daß er sich auf der linken Spur einer Autobahn befindet; der Porschefahrer schafft (ohne sich strafbar zu machen und andere zu gefährden) sicher keine Durchschnittsgeschwindigkeit von 130 km/h in einer „Tempo 30"-Zone.

12.3 Technisches Tuning

Wie wird eigentlich technisch auf Datensätze zugegriffen? Ein Datenbanksystem kennt hier üblicherweise die folgenden Zugriffsarten:

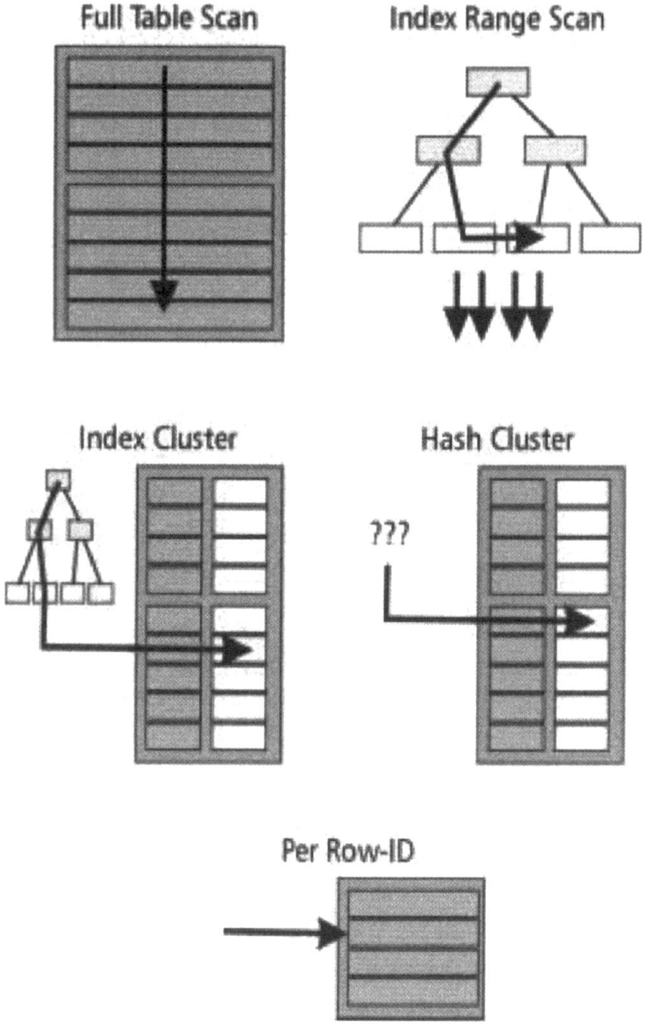

Technische Tuning

Bild 12.4
Zugriffsarten

- Volltabellenzugriff („Full Table Scan"), d.h. die Tabelle wird komplett gelesen. Dies ist im Normalfall der aufwendigste Zugriff.
- Indexzugriff („Index Scan") auf genau einen Satz („unique") oder einen Satzbereich („Range Scan").

Ein Index wird bis zum ersten Treffer im Indexbaum durchsucht, die restlichen Treffer ergeben sich aus der Blattsortierung. Auf die eigentlichen Zeilen wird per Satznummer („Row-ID") zugegriffen;ob sich der Aufwand lohnt hängt u.a. von der „Indexqualität" ab (siehe unten).

- Clusterzugriffe (per Index- oder Hashmethode) stellen eine Technik dar, bei der sich dem Datenbanktheoretiker die Nackenhaare aufstellen. Hier wird technisch teilweise aufgehoben, was durch Normalisierung mühsam erreicht wurde. Zwei Tabellen (bzw. ihre gemeinsamen Schlüssel) erhalten einen gemeinsamen Speicherbereich, quasi eine Art Verknüpfungsspeicherbereich, durch den gemeinsame Zugriffe auf diese Tabellen stark beschleunigt werden können. Die Tabellen sind logisch getrennt aber technisch verbunden.

- Row-id ist eine eindeutige Satznummer, die jeder DB-Hersteller als Pseudospalte bereitstellt. Kennen Sie die Satznummern der interessanten Datensätze, haben Sie den schnellsten Zugriff auf diese und können bei „Wetten dass ..?" auftreten. Ich wette, dass Herr Rudolf Rotnase aus Rübenhausen 1000 Whiskysorten am Geruch erkennt und die dazugehörige Rowid sowie die Schuhgröße des Brennmeisters nennen kann. Stellen Sie sich eine Saalwette mit diesem Thema vor; vermutlich würde die Sendung in einem „rauschenden" Fest enden. Jetzt aber ernsthaft weiter im Thema ...

Jede dieser Methoden hat ihre individuellen Vor- und Nachteile, u.a. abhängig von den folgenden Rahmenbedingungen:
- Wie groß sind die Tabellen?
- Wie ist das Verhältnis der Treffermenge zur Gesamtdatenmenge?
- Wird Sortierung oder Gruppierung verlangt?
- Wieviel Zeilen pro Datenblock werden angesprochen?
- Muß Thomas Gottschalk ein Jahr lang Valensina trinken, wenn er die Saalwette verliert?

Der Index

Der Index ist zunächst das wichtigste Tuninginstrument.

Stellen wir uns nun also die Frage, was für und was gegen einen Index spricht; die folgende Liste soll hier weiterhelfen:

Für einen Index sprechen die folgenden Situationen:
- Nach den indizierten Spalten wird häufig gesucht.
- Nach den indizierten Spalten wird häufig sortiert und sie sind mit not null definiert.
- Die Indexwerte relativ gut gestreut und die Streuung ist relativ gleichverteilt.
- Die indizierte Spalte bzw. Spalten bildet/bilden einen Fremdschlüssel.

Gegen einen Index sprechen:
- Die indizierte Tabelle ist kleiner als 100 KB.
- Es gibt nur wenig verschiedene Indexwerte bzw. einige Werte kommen extrem häufig vor.
- Die indizierte Tabelle ist häufig Gegenstand von INSERT-, UPDATE und DELETE-Anweisungen.

Selektivität eines Feldes

Unter Selektivität versteht man die Anzahl unterschiedlicher "Treffer" eines Indexes im Verhältnis zur Gesamtanzahl aller Zeilen.

Die bestmögliche Selektivität ist 1.00 (sprich 100 Prozent).

Diese Formel ist ohne Mathematikstudium herzuleiten:

```
Anzahl unterschiedlicher Werte
------------------------------
Anzahl aller Zeilen der Tabelle
```

- Faustregel: Ein Index ist bis zu einer Selektivität von 100% bis ca. 85% performancegünstig.
- Ausnahmen bestätigen die Regel:

In Einzelfällen haben sich Indizes mit einer Selektivität von kleiner als

30% günstig erwiesen (das sind immerhin 300 Promille)

Wie messen wir nun konkret die Selektivität der Spalte NACHNAME?

a) konventionelle Methode

```
-- Anzahl der unterschiedlichen Werte
select   count(distinct nachname)
from     w_freunde
;

-- Anzahl aller Datensätze einer Tabelle
select   count(*)
from     w_freunde
;
```

b) nach Analyse der Tabelle stehen die notwendigen Informationen auch in den Systemtabellen (vorausgesetzt das Datenbanksystem besitzt einen kostenbasierten Optimizer)

Beispiel in Oracle:

```
-- Anzahl der unterschiedlichen Werte
select   num_distinct
from     user_tab_columns
where    table_name='w_freunde' and
         column_name='nachname';
```

-- Anzahl aller Datensätze einer Tabelle

```
select   num_rows
from     user_tables
where    table_name='w_freunde';
```

Indexbildung

Wie soll der Index gebildet werden?

Wir gehen davon aus, dass häufig mehrere Spalten bei Abfragen verwendet werden.

Soll nun

- jede Spalte einzeln indiziert werden?
- eine Spaltenkombination in einem Index angelegt werden?
- eine Mischform der obigen Alternativen realisiert werden?

Entscheidungsbeispiel für die Einzel-Indizierung:

```
create index i_freunde_1 on w_freunde (geb_dat);
create index i_freunde_2 on w_freunde (nachname);
```

Gründe:
- nach dem Geburtsdatum wird häufig gesucht
- nach dem Nachnamen wird häufig gesucht
- beide Spalten werden selten gemeinsam in Abfragen verwendet

Entscheidungsbeispiel für einen Mehrspalten-Index:

```
create index i_freunde_2 on w_freunde (nachname, vorname);
```

Gründe:
- nach dem Nachnamen wird häufig gesucht
- nach dem Vornamen allein wird selten gesucht
- nach Nach- und Vornamen wird relativ häufig gesucht

Entscheidungsbeispiel für eine Kombination (ein eher seltener Fall)

```
create index i_freunde_1 on w_freunde (geb_dat);
```

Effizientes SQL

```
create index i_freunde_2 on w_freunde (nachname, geb_dat);
```

Gründe:
- nach dem Geburtsdatum wird häufig gesucht
- nach dem Nachnamen wird häufig gesucht
- nach dem Nachnamen und dem Geburtsdatum wird häufig gesucht

Indexnutzung

Es ist in jedem Fall genau zu überprüfen, ob ein Index für Abfragen überhaupt intern verwendet wird!

In den folgenden Situationen werden die beiden Indizes evtl. nicht benutzt (dies hängt natürlich auch vom jeweiligen DB-System ab):

```
create index i_freunde_1 on w_freunde (geb_dat);
-- GEB_DAT hat die Eigenschaft NULLABLE
create index i_freunde_2 on w_freunde (nachname, vorname);
-- VORNAME darf auch leer bleiben


select   *
from     w_freunde
where    geb_dat is null
;
-- NULL-Werte werden nicht in den Index
-- aufgenommen


select   *
from     w_freunde
where    geb_dat != '19.10.1981';
-- bei "Ungleich" wird ein Index nicht benutzt


select   *
from     w_freunde
where    vorname = 'Hans'
;
```

Ein Mehrspalten-Index wird nur verwendet, wenn die führenden Spalten (mit) abgefragt werden

```
select    *
from      w_freunde
where     upper(nachname) = 'Meier'
;
```

Funktionen oder Ausdrücke in den Abfragen können die Index-Nutzung evtl. verhindern (die Lösung kann hier „funktionsbasierte Indizes" lauten; fragen Sie Ihren DB-Hersteller).

```
select    *
from      w_freunde
where     nachname like '%er'
;
```

Führende Wildcards im LIKE-Operator verhindern die Index-Nutzung

```
select    *
from      w_freunde
order by nachname
;
```

Ein Index wird für eine Sortierung gemäß ORDER BY nur dann verwendet, wenn der Index exakt der ORDER BY Formulierung entspricht und keine Indexspalte Leerwerte erlaubt („nullable"). Ganz schön gemein oder?

Es gibt noch technische Eigenarten, die gegebenenfalls für Tabellen und Indizes berücksichtigt werden müssen, wie Speicherparameter, Datenverteilung und so weiter. Hierzu befragen Sie bitte Ihren DB-Administrator; er wird Ihnen mit Rat und Tat zur Seite stehen.

Bitmap Index

In einigen DB-Systemen stehen Bitmap-Indizes zur Verfügung, die insbesondere zum Tuning großer Datenbanken geeignet sind.

Diese Technik ist eigentlich alt, aus Sicht der elektronischen Datenverarbeitung (oder der IT-Branche, um es hochmodern zu formulieren) ist die Idee sogar nahezu steinzeitlich. Sie entstand bereits vor über 30 Jahren, um Zugriffe auf klassifizierende Schlüssel verbessern zu können, bei denen ein B*Baum-Index versagt, weil die Selektivität meißt viel zu gering ist. Denken Sie an die Speicherung von Steuerklassen, Altersgruppen, Bundesländern usw.

Ein Bitmap-Index legt seine Daten gerade nicht in der gewohnten Baumstruktur ab; es gilt vielmehr:

- Die Indizes werden als Bitlisten für jeden vorkommenden Indexwert aufgebaut.
- Jedes gesetzte Bit entspricht einer Tabellenzeile.
- Da der Zugriff über diese Listen erfolgt, beschleunigt ein Bitmap-Index besonders gut, wenn er über wenig unterschiedliche Werte gebildet wird, d.h. eine geringe Selektivität besitzt. Bitmap-Index kann sich bereits lohnen, wenn die Anzahl der unterschiedlichen Werte eines Feldes < 1000 ist, da BMI-Zugriffe immer RAM-Zugriffe sind.
- Für NULL-Werte werden eigene Listen aufgebaut. Damit kann nach NULL-Werten über den Index gesucht werden.
- Bitmap-Indizes können nicht zur Gewährleistung der Eindeutigkeit von Spaltenwerten verwendet werden.
- Werden in einer Abfrage mehrere Spalten in der WHERE-Klausel angegeben, über die jeweils ein Bitmap-Index angelegt worden ist, so kann der Optimizer über einfache Bitoperationen (AND/OR) zugreifen. Diese sind besonders effizient, da Binäroperationen direkt von der CPU ausgeführt werden konnen.
- Üblicherweise spart eine Bitliste eine gehörige Portion Speicher gegenüber einer herkömmlichen Indexstruktur.
- Die Systeme Oracle, Informix und DB2 UDB („Vector Coded Index") kennen Bitmap Indizierung.

Vergleichen wir also nochmal einen „normalen" Index mit einem vom Typ BITMAP.

„normaler" B-Baum Index	Bitmap-Index
Speicherung in Bäumen	Speicherung von Bit-Listen
Geeignet bei hoher Selektivität	geeignet bei geringer Selektivität
ohne NULL-Werte im Index	mit NULL-Werten im Index
UNIQUE möglich	UNIQUE nicht möglich
	gutes Zusammenspiel mehrerer Indizes

Weitere Beispiele: PLZ-Gebiete der Kundenliste; Lieblingsregion oder außerhalb unseres Datenmodells z.B. Religionszugehörigkeit, Schulnotenverteilung, Kraftfahrzeugkennzeichen, Abteilungsnamen ...

Damit Sie nicht denken, all die hier vorgestellten Techniken seien nur der berühmte Tropfen auf den ebenso berühmten und vor allem heißen Stein, sehen Sie sich mal die Vergleichswerte folgender Tuningmaßnahme an, die wir im Kundenauftrag durchgeführt haben („parallel" bedeutet „erzwungener Einsatz paralleler Prozesse"; siehe Kapitel 12.2 „Optimizer-Hint"; weite Beispiele siehe 12.6):

```
Gegeben war eine 100GB-Tabelle mit über 100 Millionen. Datensätzen

1.: select count(*) from giga where farbe = 'blau';
/* => Full Table Scan; benötigte Zeit: ca. 160 Minuten */

2.: select /*+ parallel(giga,8) */ count(*) from giga
    where farbe = 'blau';
/* => Full Table Scan benötigte Zeit: ca. 35 Minuten */

3.: select count(*) from giga where farbe = 'blau';
/* => Bitmap-Index angelegt auf FARBE; benötigte Zeit
      ca. 12 Sekunden */
```

Indexorganisierte Tabellen

Eine weitere Maßnahme zur Leistungssteigerung ist der Aufbau spezieller Tabellentypen. Einige DB-Hersteller bieten die Möglichkeit, ganze Tabellen im Index zu speichern. Derartige Tabellen werden "Index-Organisierte Tabellen" (IOT's) genannt.

Das folgende Bild soll den Aufbau verdeutlichen:

Bild 12.5
index-
organisierte
Tabelle

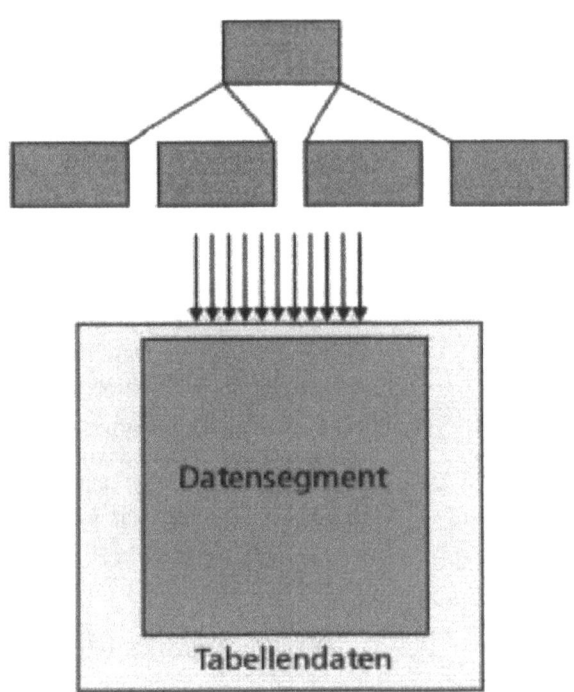

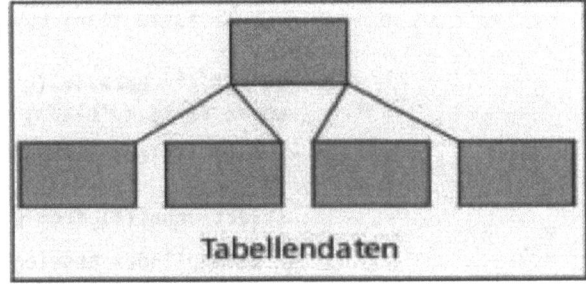

Diese IOT's sind vorteilhaft, wenn die meisten Spalten den Primärschlüssel bilden und die Zeilen relativ kurz sind.

Bei Zugriffen über den Indexschlüssel entfällt der zusätzliche Zugriff auf das Datensegment. Lohnt sich bei

- Direktzugriff
- Indexbereichszugriff

Auch Manipulationen (INSERT, UPDATE, DELETE) werden schneller.

Einschränkungen:

- Die Tabelle benötigt zwingend einen Primärschlüssel.
- Große Zeilen können den Index "platzen" lassen.
- Das komplette Durchlesen der Tabelle benötigt zwar länger als ein herkömmlicher „Table-Scan", liefert dafür aber die Zeilen in Primärschlüsselfolge, d.h. eine explizite Sortierung mit ORDER BY ist nicht mehr nötig.

Als Fazit können wir also festhalten:

Eine indexorganisierte Tabelle hat wenig Felder, aber viele Datensätze; sie ist eine typische „Verknüpfungstabelle", die z.B. durch höhere Normalisierung in's Leben gerufen wurden (z.B. Tabelle AUFTRAG mit Kundennummer, Auftragsnummer, Ein- und Ausgangsdatum).

12.4 Anweisungstuning

Bekanntlich führen viele Wege nach Rom, aber welcher bringt uns am schnellsten zum Ziel?

Da die Verknüpfung von Tabellen zu den äußerst aufwendigen Teilstrecken des SQL-Zugriffspfades gehört, wollen wir uns zunächst mal mit den Arten der Tabellenverknüpfung aus technischer Sicht beschäftigen.

Arten der Tabellenverknüpfung

Für die Geschwindigkeit einer Join-Operation sind die folgenden Punkte ausschlaggebend:

- In welcher Reihenfolge wird auf die Tabellen zugegriffen (treibende Tabelle)?
- Wie wird auf eine Zeile einer Tabelle zugegriffen (Index-Zugriff oder Volltabellenzugriff)?
- Welcher Algorithmus wird verwendet? Hier gibt es im Wesentlichen vier Arten, die auf den nächsten Seiten beschrieben werden sollen:

Man nennt sie „Cluster Join", „Nested Loops Join", "Sort-Merge Join" und "Hash Join" (nein, das hat nichts mit den Pflanzen zu tun, die unsere holländischen Nachbarn auf der Wiese pflanzen).

Welchen Weg sollten wir bzw. der Optimizer denn nun einschlagen, wenn unser Befehl so aussieht?

```
select    f.name, w.name as whisky, w.alt, w.region, w.preis
as preis
from      whisky w, w_freunde f
where     w.region = f.lieblingsregion
order by  f.name, w.name,w.alt
;
```

Diese Frage ist wahrlich nicht uninteressant, denn die "optimale" Algorithmus-Wahl für die Durchführung einer Abfrage wirkt sich entscheidend auf die Ausführungsgeschwindigkeit aus.

Dabei beeinflussen unter anderem die folgenden Punkte die Optimierung:

- Größe der beteiligten Tabellen
- Größenunterschiede der Tabellen
- Selektivität der Join-Schlüssel
- Verwendung des Join-Ergebnisses
  (werden z.B. nur die ersten Zeilen abgeholt?)

Gerade bei der Join-Operation können sich fehlende Analysen der Tabellen "äußerst unangenehm" auswirken.

Anweisungstuning

12.6
Nested
Loop Join

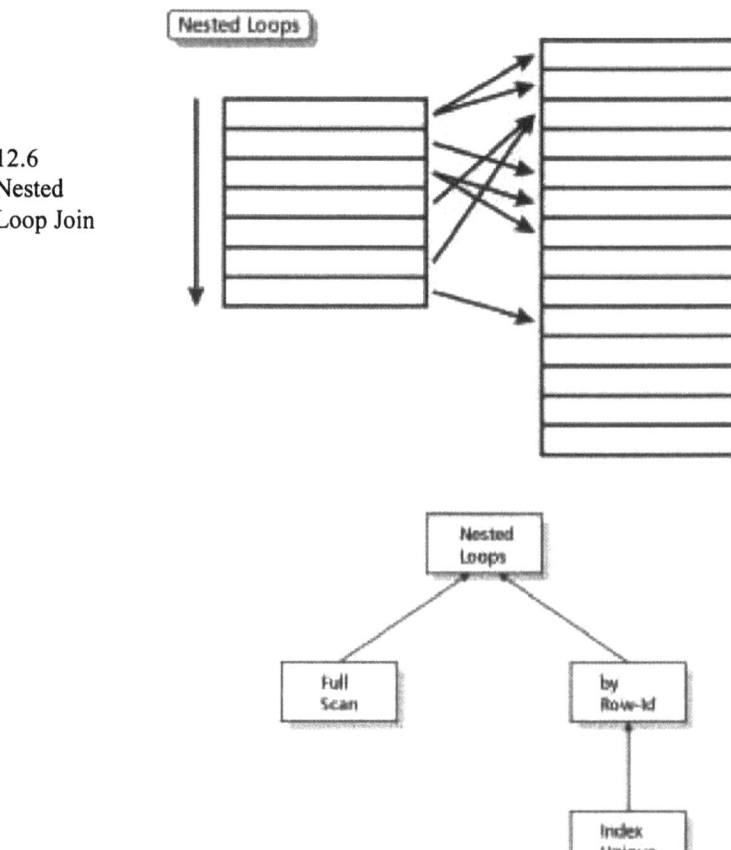

Beim NL-Join wird eine treibende Tabelle in der Regel voll gelesen. Die passenden Zeilen der zweiten Tabelle werden über einen Index-Zugriff bestimmt.

Die ersten Zeilen werden beim NL-Zugriff schnell zurückgeliefert.

Nested Loop-Zugriffe sind günstig, wenn:
- die treibende Tabelle relativ klein ist
- die Selektivität des Join-Schlüssels in der zweiten Tabelle relativ groß ist
- das Gesamtergebnis relativ groß ist

Effizientes SQL

Die Wahl der treibenden Tabelle beeinflusst die Operation erheblich. Stellen Sie sich hier mal eine fehlende Analyse vor! Der Optimizer rät, welche Tabelle wohl die kleinere sein könnte und verschätzt sich!

Ein Paradebeispiel für NL-Zugriffe ist die Internetrecherche. Ein häufig hohes Gesamtergebnis, von denen Sie möglichst schnell die ersten 10 sehen möchten (Resultate 1-10 von ungefähr 234.560).

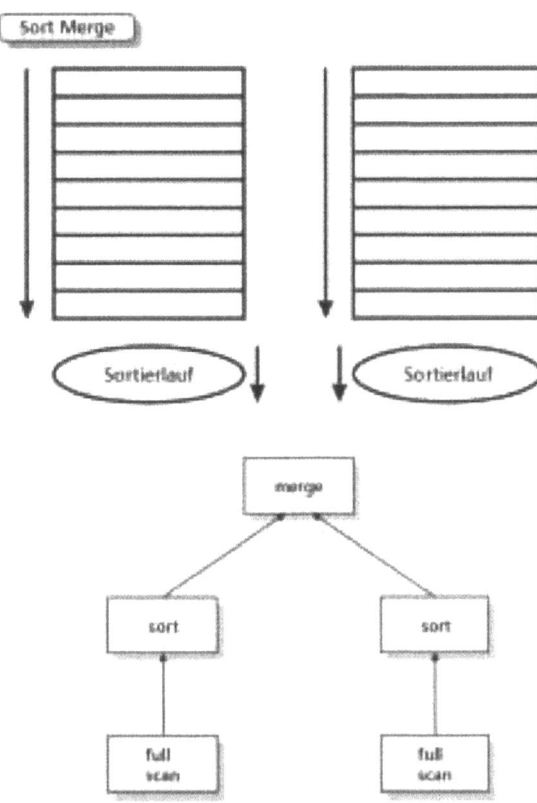

Bild 12.7
Sort Merge
Join

Beim SM-Join werden die beteiligten Tabellen in ein temporäres Zwischenergebnis kopiert und dort nach dem Joinschlüssel sortiert.

Die sortierten Ergebnisse können dann in einem Mischvorgang linear zum Ergebnis überführt werden.

Die ersten Zeilen können erst nach dem Sortieren der Zwischenergebnisse zurückgeliefert werden.

Ein Sort Merge-Join ist günstig, wenn:
- beide Tabellen in etwa gleich groß sind
- die Selektivität eines Join-Schlüssels relativ klein ist
- das Gesamtergebnis komplett verarbeitet wird
- eine Sortierung nach Join-Schlüssel notwendig ist
- das Gesamtergebnis relativ klein ist

SM-Joins eignen sich gut für Parallelisierungsoperationen, wenn Sie eine Mehrprozessoranlage besitzen sowie über ein geeignetes Betriebs- und Datenbanksystem verfügen, die dies unterstützen.

Die letzte Verknüpfungsmethode, die wir hier vorstellen möchten, bedient sich der Schlüsseltransformation (neudeutsch: Hashing). Da diese Technik sicher nicht überall „zum täglich Brot" gehört, sei sie hier in aller Kürze beschrieben.

Man speichert zum Beispiel eine Kundennummer nicht an einer per Suchbaum definierten Stelle sondern errechnet die Speicherposition durch eine Funktion (z.B. f(x) = 2 * x + 100). Der Kunde Nr. 26 würde dann bei Speicheradresse 152 abgelegt und mit genau dieser Funktion jederzeit schnell wieder zu finden sein. Dummerweise gibt es nicht nur numerische Werte zur Indizierung. Wie sollen z.B. die Zeichenkette „himmelblau" oder der Wert 17,58 in eine Speicheradresse umgewandelt werden? Dafür gibt es spezielle Algorithmen, die eine jeweils geeignete Hashfunktion zum jeweiligen Feld finden. Einige DB-Hersteller erlauben sogar die Eigendefinition von Hashfunktionen für besondere Anlässe.

Hashing ist ein Zugriff, der einem Computer am besten liegt. Hier wird eine Speicheradresse nämlich nicht, wie in den bisherigen Methoden durch „suchendes Vergleichen" ermittelt, sondern durch eine Schlüsseltransformation errechnet. Das muß ja am schnellsten gehen, denn ein Rechner kann nun mal besser rechnen als suchen, sonst hieß er ja nicht Rechner sondern Sucher (aus dem Fundus: „die Logik und ich")!

Aber wieder im Ernst: Der Hash-Join ist eine Verknüpfungsmethode, die in der Tat sehr schnell ist (vorausgesetzt man kann sie einsetzen). Das folgende Bild soll das Prinzip veranschaulichen:

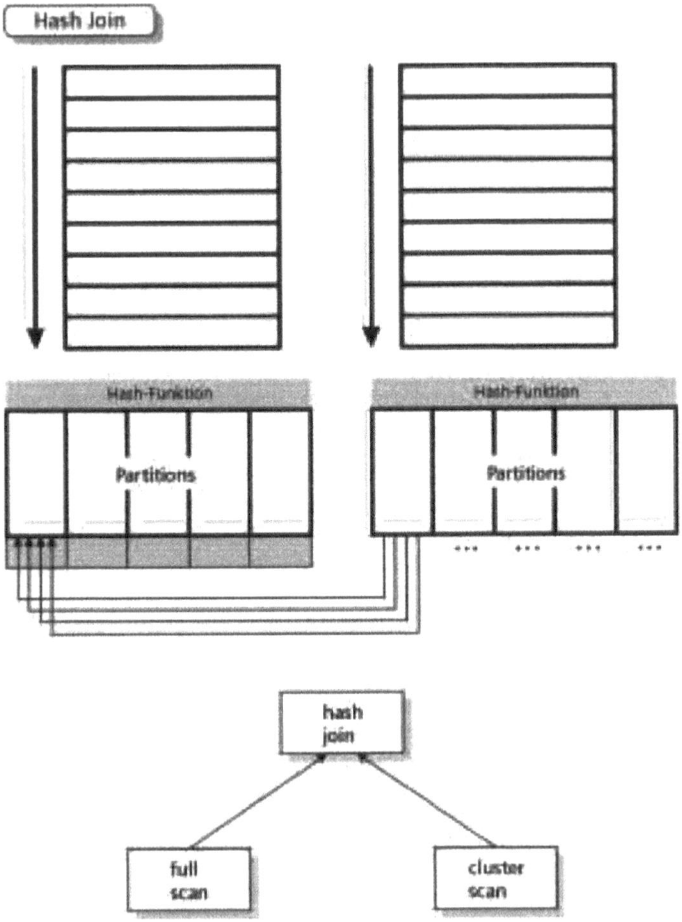

Effizientes SQL

Bild 12.8
Hash Join

Die Hash-Join Operation arbeitet mit Hash-Funktionen (darf aber ansonsten nicht mit Cluster-Objekten verwechselt werden).

Die Join-Schlüssel werden über eine Hash-Funktion "1" in Gruppen oder Partitions gespeichert. Für die größere Tabelle wird pro Partition der korrespondierende Schlüssel mit einer Hash-Funktion "2" in der Tabelle-1-Partition nachgeschlagen.

Die ersten Zeilen werden erst nach dem Partitionieren zurückgeliefert, allerding ist kein Sortieren notwendig.

Das Partitionieren geht zu Gunsten der I/O-Belastung und zu Lasten von CPU und Hauptspeicher.

Hash-Join ist günstig, wenn:
- die I/O-Belastung das Hauptproblem des Servers ist
- die Schlüssel relativ gleichverteilt sind
- das Gesamtergebnis komplett verarbeitet wird

Alternative SQL-Befehle

Es gibt häufig eine Fülle von SQL-Alternativen, die semantisch wirkungsgleich allerdings unterschiedlich effizient sind. Auf den folgenden Seiten möchten wir Ihnen Hinweise geben, wie Sie Befehlswege teils drastisch verkürzen können. Jetzt werden Sie sich sicherlich fragen, ob hier nicht ein Widerspruch zum SQL-Grundprinzip vorliegt, frei nach dem beliebten Werbeslogan „Kodieren Sie, wir kümmern uns um die Details". Leider sind weder ein Navigationssystem noch ein Optimizer perfekt und ab und zu ist der Weg den wir mit seiner Hilfe beschreiten ein Holzweg. Aber es hat doch auch ein Gutes: Noch kann uns keine Maschine ersetzen.

Hier geht's mit den Befehlsalternativen los:

EXISTS oder IN

```
select    kundennr, nachname
from      w_freunde
where     kundennr in
(         select      w_freunde
          from        auftrag
          where       datum between
                      to_date('01.01.2001','dd.mm.yyyy') and
                      to_date('31.01.2001','dd.mm.yyyy')
                      and wert > 5000
)
;
```

oder

```
select    kundennr, nachname
from      w_freunde
where     exists
(         select      *
          from        w_auftrag
          where       w_freunde.kundennr = w_auftrag.kunde
                      and
                      datum betweeen
                      to_date('01.01.2001','dd.mm.yyyy') and
                      to_date('31.01.2001','dd.mm.yyyy')
                      and wert > 5000
)
;
```

Existenz-Prüfungen können mit IN resp. NOT IN oder EXISTS resp. NOT EXISTS durchgeführt werden.

- IN führt die Subquery i.d.R. komplett durch, EXISTS bricht nach der ersten Zeile ab
- NOT IN führt eventuell geschachtelte Full Scans durch, NOT EXISTS bricht nach der ersten Zeile ab

Existenzprüfungen sollten also mit EXISTS bzw. NOT EXISTS durchgeführt werden.

Joins oder EXISTS?

```
select   kundennr, nachname
from     w_freunde, w_auftrag
where    w_freunde.kundennr = w_auftrag.kunde and
         datum betweeen
         to_date('01.01.2001','dd.mm.yyyy') and
         to_date('31.01.2001','dd.mm.yyyy')
         and wert > 5000
;
```

oder

```
select   kundennr, nachname
from     w_freunde
where    exists
(        select   *
         from     w_auftrag
         where    w_freunde.kundennr = w_auftrag.kunde
                  and
                  datum betweeen
                  to_date('01.01.2001','dd.mm.yyyy') and
                  to_date('31.01.2001','dd.mm.yyyy')
                  and wert > 5000
)
;
```

Werden nur Spalten einer Tabelle als Ergebnis verlangt und bezieht sich die Abfrage (auch) auf eine andere Tabelle, so ergeben sich die Alternativen:

Join oder EXISTS.

- Joins können unterschiedliche Zugriffsalgorithmen verwenden, die in bestimmten Situationen günstiger seien können als ein EXISTS.
- EXISTS kann gerade dann günstiger als ein Join sein, wenn die Selektivität des Join-Schlüssels relativ gering ist.

Die günstigere Alternative ist bei Performance-Problemen am konkreten Anwendungsfall auszutesten.

Jetzt, wo wir jederzeit auch über prozedurale Befehlskombinationen verfügen, kann eventuell eine weitere Alternative zum Einsatz kommen. Die Frage lautet:

Joins oder verkettete Select's?

```
select   kunde.kundennr, kunde.nachname, kunde.vorname,
auftrag.auftrnr, auftrag.datum, auftrag.wert
from     kunde left outer join auftrag on
         (w_auftrag.kunde = w_freunde.kundennr)
where    kunde.plz like '44%'
;
```

oder

```
select   kundennr, nachname, vorname
from     w_freunde
where    plz like '44%';
...
select   auftrnr, datum, wert
from     w_auftrag
where    kunde = :gelesene_nummer
;
```

Outer Joins können durch ein manuelles Verketten zweier Select's nachgebildet werden.

Join-Eigenschaften
- das Mischen der Tabellen wird auf Serverseite optimiert
- gleiche Daten werden vielfach übertragen

Eigenschaften bei verketteten SELECT's
- beide SELECT's können getrennt voneinander abgesetzt werden (z.B. für Drill-Down Fenster)
- die Join-Operation kann programmtechnisch auf wenige Zeilen eingeschränkt werden, aber eine konkrete Ergebniszeile ist erheblich aufwendiger zu bestimmen

Es folgt ein weiteres Beispiel aus der Trickkiste der Tuningmöglichkeiten.

Selektivierung oder Full Scan?

```
select    kundennr
from      w_freunde
where     upper(nachname) = 'MEIER'
;
```

oder

```
select    /*+ index(kunde) */ kundennr
from      w_freunde
where     (nachname like 'ME%' OR
           nachname like 'Me%' OR
           nachname like 'mE%' OR
           nachname like 'me%'
          ) AND upper(nachname) = 'MEIER'
;
```

Das Feld *nachname* sei indiziert.

Das Problem liegt nun darin, daß in vielen Situationen ein eventuell existierender Index gar nicht benutzt wird.

Als Beispiel sieht man oben Funktionen über indizierte Spalten in der WHERE-Klausel, wobei nur die Spalte indiziert ist und nicht die Spaltenfunktion.

Alternativen sind hier funktionsbasierte Indizes (vorausgesetzt, dies wird vom DB-System unterstützt), also z.B.:

```
create index i_fkt_nachname on w_freunde(upper(nachname));
```

Ein ebenfalls häufig auftauchendes Problem ist das Löschen von Mehrfachsätzen (fragen Sie mal Ihren Administrator). Angenommen, Sie besitzen eine Kundentabelle mit zum Teil doppelten oder gar dreifachen identischen Datensätzen. Dies ist vielleicht durch einen Datenübernahmefehler entstanden. Dann ist dieser unschöne Zustand durch folgende Befehlsfolge sicherlich behebbar.

```
-- löschen mehrfacher Datensätze

delete   from w_freunde
where    rowid not in
                ( select    min(rowid)
                  from      w_freunde
                  group by  fr_nr
                )
;
```

Besonders schnell ist die Methode aber nicht. Am Ende des Kapitels wartet eine Übungsaufgabe auf Sie, die eine flotte Alternative verlangt.

12.5 Modelltuning

Was tun, wenn all die bisherigen Ideen immer noch nicht zu ausreichendem Leistungsgewinn geführt haben?

Wir optimieren durch geeignete Änderungen am technischen Datenmodell durch

- Aufnahme berechneter Felder als Tabellenspalten
- Wegfall berechneter Felder in Tabellenspalten
- Optimierung durch Wegfall von Register-Tabellen oder durch Realisierung in zusammenfassender Tabelle
- Verteilung von Tabellenspalten in unterschiedliche Tabellen
- Verteilung von Tabellenzeilen in unterschiedliche Tabellen
- Denormalisierung im engeren Sinne
- Einführung redundanter Beziehungen
- Bildung von redundanten Tabellenextrakten
- Verzicht auf die Realisierung einzelner Elemente des konzeptionellen Datenmodells

Tja, falls die bisherigen Betrachtungen noch nicht ausgereicht haben, um Ihr Programm ausreichend schnell werden zu lassen, dann hilft (neben dem Kauf von Hochleistungshardware) wohl nur noch der steinige Weg des Modelltunings, auch wenn sich jedem DB-Theoretiker jetzt die Nackenhaare sträuben. Alle oben angegebenen Mittel sind wirklich der letzte Weg, um das Geschwindigkeitsmanko in den Griff zu bekommen.

Einige Beispiele:
- Die Auftragstabelle entält eine berechnete Wertespalte, die durch die Postenfelder Menge,Preis und Auftragsnummer) ermittelbar ist. Ein fertiges Feld läßt sich natürlich viel schneller abfragen als der Original-SELECT:

```
select   auftrnr, wert
from     w_auftrag
;
```

statt

```
select   auftrnr, sum(menge * preis) as wert
from     w_posten
group by auftrnr
;
```

Eine Automatisierung ist hier unbedingt angebracht, damit durch die Redundanz keine Inkonsistenz entsteht (Bsp. siehe Kap.11-Trigger)

- Aufteilung der Kundentabelle:

    * horizontal (Tabelle Kunde_2 für Kunden aus dem hohen Norden, Kunde_8 für die bayrische Whiskyfreunde ...)

    Diese Technik wird von einigen DB-Herstellern unter dem Namen „Partitionierung" automatisierend unterstützt.

    * vertikal (Aufteilung der Felder einer Tabelle, Name und Adresse in Kunde_A, Bild des Kunden etc. in Kunde_B)

- Export von Daten in Auswertehilfstabellen, die gruppiert und statistisch berechnet werden

    Also zum Beispiel gruppierte und selektierte Teildatenmengen, die dann als eigenständige Tabellen ausgewertet und ausgedruckt werden. Die Unterstützung dieser Technik kann eine enorme beschleunigende Wirkung haben und hört auf den klangvollen Namen „Materialisierte Views".

- Wir fassen zwei Tabellen technisch zusammen, die logisch getrennt sind (z.B. eine Auftrags- und Postentabelle), aber ständig miteinander verknüpft werden. Dies wird unter dem Begriff „Cluster" gehandelt, ist aber üblicherweise nicht mit der Partitionierungsidee kombinierbar.

Lassen Sie uns zum nahenden Ende des Kapitels auf die Frage: „Warum ist das alles so kompliziert und geht nicht vollautomatisch?" folgende Gegenfrage stellen:

„Warum muß ein Formel 1-Renner vor jedem Rennen neu abgestimmt und vor jeder Saison komplett überarbeitet werden; warum braucht besagter Bolide mehrmals Benzin und neue Reifen pro Rennen sowie einen gewaltigen Stab an hochqualifizierten Mitarbeitern, die ihn rennfähig halten?

Modelltuning

Schließlich soll der Wagen doch nur schnell und haltbar sein.

Denken Sie immer daran, daß Sie mit Ihren SQL-Anweisungen ganz wesentlich an den Rundenzeiten beteiligt sind. Eine intensive Programminspektion lohnt sich also durchaus.

12.6 Tuningbeispiele

Zum Abschluß möchten wir Ihnen noch einige Beispiele vorstellen, an denen gut zu erkennen ist, wie unterschiedlich effizient SQL-Befehle sein können. Selbstverständlich hängen Performance-Unterschiede von mehreren Faktoren ab, wie dies ja unter anderem im Unterkapitel 12.1 beschrieben wurde. Die Grafik 12.1 liefert aber auch die deutliche Aussage, dass der entscheidende Anteil von der Applikation getragen wird.

Eine Studie, in der über 2000 IT-Projekte begutachtet wurden (Mercury Interactive; August 2002) besagt, daß ein Großteil der Softwarequalitätsprobleme in der schlechten Performance der Anwendungen liegt und diese Probleme allein der deutschen Gesamtwirtschaft jährlich einen zusätzlichen Kostenaufwand bzw. Schaden von rund 85 Milliarden Euro aufbürdet. Donnerwetter; für dieses Geld lassen sich aber eine Menge Bücher kaufen und Seminare besuchen! Ihre Programme sollen und werden natürlich effizient sein. Vielleicht können Ihnen die folgenden Beispiele aus unseren Projekten ein wenig dabei helfen. Wir haben aus verständlichen Gründen Tabellen- und Feldnamen „verfremdet".

1.Beispiel

Indexunterdrückung und Gesamtlesen der Tabelle durch den Hint "FULL" statt ineffizientem Indexzugriff:

Das waren die Voraussetzung:

Tabelle A mit 1000.000 Datensätzen sowie Feldinhalten von F zwischen 1 und 20.000, aber F mit Nr. 19870 hält ca. 50% aller Sätze.

So lautete der ursprüngliche Befehl:

```
select   ...
from     a
```

Effizientes SQL

```
where    f > 19850
;
-- Indexnutzung bzgl. Feld F => Antwortzeit ca. 10 Minuten
```

Unsere Alternative, da der Index wirklich schlecht war, der Optimizer dies jedoch nicht erkannte („Optimizer sind eben auch nur Menschen"):

```
select   /*+ full(a) /...
from     a
where    f > 19850
;
/* Der Begriff „full" erzwingt Volltabellenzugriff, d.h.
kein zusätzliches und in diesem Fall nur störendes Lesen
einer großen Indextabelle =>  Zeit ca. 15 Sekunden */
```

2.Beispiel Alternativer SQL-Befehl ("Subquery" statt "Join"):

Dies ist immer überlegenswert, wenn die Projektion nicht tabellenübergreifend ist, und die Selektionsbedingung pro Tabelle zu mehr als 10% der Datenmenge führt; so war es auch in diesem Fall:

So lautete der ursprüngliche Befehl (die Tabellen lagen beide im Gigabyte-Bereich):

```
select   a.f1, a.f2
from     t1 a, t2 b
where    a.fx = b.fy
and a.f3 = wert and b.f4 = wert
;
-- die gemessene Antwortzeit lag bei ca. 4 Stunden
```

Unsere Alternative:

```
select   f1, f2
from     t1 a
where    f3 = wert and
exists
```

```
(select  *
 from    t2 b
 where   a.fx = b.fy
 and     b.f4 = wert
)
;
-- gemessene  Zeit ca. 90 Sekunden; dies ist kein Scherz!!!
```

3.Beispiel Falls sowohl Projektion als auch Selektion durch einen Index komplett abgedeckt werden, kann ein Tabellenzugriff wegfallen ("IOT-Idee").

Es existierte der folgende Index I1 auf MITARB(PNR, ABTNR).

Der Befehl lautete wie folgt:

```
select  name, pnr
from    mitarb
where   abtnr = 42
;
```

Wir haben den Index wie folgt geändert:

Index I1 auf MITARB(PNR, NAME, ABTNR).

Unser Alternativbefehl erzwingt einen „Fast Full Scan" (schafft ein Optimizer evtl. auch ohne Zwang):

```
select  /*+ index_ffs(mitarb i1) */ name, pnr
from    mitarb
where   abtnr = 42
;
```

Die Zeitersparnis lag bei über 50%, weil jetzt alle relevanten Daten dem Index entnommen werden konnten und die Tabelle selbst gar nicht mehr gelesen werden mußte.

4.Beispiel Funktionen können den Indexzugriff unterdrücken.

vorher:

Effizientes SQL

```
select    name
from      mitarb
where     substr(plz,1,2) = '80'
;
-- PLZ war indiziert, aber der Index wurde nicht genutzt =>
-- Zugriffszeit: 7 Minuten
```

nachher:

```
select    name
from      mitarb
where     plz like '80%'
;
-- indizierter Zugriff: => Zugriffszeit: 18 Sekunden
```

5.Beispiel Funktionsbasierte Indizes können ebenfalls helfen, den Volltabellenzugriff zu vermeiden.

Die Ausgangslage:

Es existierte eine Tabelle namens „kunde" sowie ein Index auf „saldo":

```
select saldo-kredit
from kunde
where saldo-kredit > 9500
;
```

Der Befehl produzierte einen Volltabellenzugriff, da der Index nicht genutzt werden konnte => Zeit: 48 Minuten.

Die Lösung war ein funktionsbasierter Index.

```
create index i_fkt on kunde (saldo-kredit);
```

Durch diese Maßnahme konnte die Zugriffszeit auf 12 Sekunden gedrosselt werden!

Tuningbeispiele

Alternative Befehlsfolgen

Folgende SQL-Befehle liefern identische Ergebnisse; allerdings sind sie vermutlich nicht gleich schnell.

Testen Sie diese doch mal auf Ihrem Datenbanksystem und messen Sie die Antwortzeiten. Sie werden sich wundern!

1.Beispiel

Ein Join mit Selektion:

a) ```
select s.*
from s,r
where s.a = r.a and
      r.b = 42;
```

b) ```
select *
from s
where a = (select a
           from   r
           where  b = 42
          );
```

c) ```
select *
from s
where 0 < (select count(*)
           from   r
           where b = 42 and
                  a = s.a
          );
```

**2.Beispiel**

Alle Benutzer ohne Rollenrecht (die Tabellen heissen in Ihrem DB-System evtl. anders, aber das Prinzip ist ja gleich; bitte einfach anpassen):

a) ```
select username
from dba_users
```

```
        where username not in
          (select grantee
           from  dba_role_privs)
        ;

    b) create table t1 as
       select username from dba_users;
       create table t2 as
       select distinct grantee from dba_role_privs;
       select username from t1
       where username not in
       (select grantee from t2);

    c)
       create global temporary table te1 on commit preserve rows
       as
       select username
       from dba_users;
       create global temporary table te2
       on commit preserve rows as
       select distinct grantee from dba_role_privs;
       select username from te1
       where username not in
       (select grantee from te2
       );

    d)
       select username from
       ( select username
         from dba_users
       ) where username not in
         ( select grantee from
           (select distinct grantee from dba_role_privs
           )
         )
       ;
```

Zusammenfassung

- Der kostenbasierte Optimizer ist die Basis für einen effizienten Datenbankzugriff. Er kann nur mit aktuellen und ausführlichen Analysen gute Dienste leisten. Um mal wieder das Fahrzeugbeispiel zu bemühen:

  In einer Zeit, in der fast ein Wochenlohn in den Tank eines PKW's passt, will bzw. sollte sich heute eigentlich niemand mehr einen unnötigen Umweg leisten (natürlich ist das ein wenig übertrieben, aber warten wir mal ab ...).

- Das Tuninginstrument Index will wohlüberlegt eingesetzt werden, das Prinzip „viel hilft viel" ist hier sicherlich fehl am Platz. Ermitteln Sie die Qualität eines Indexes durch die Kriterien „Einatz im Selektionskriterium", „Selektivität", „evtl. Feldkombination".

- Falls Ihr DB-Hersteller hier großzügig implementiert hat, testen Sie verschiedene Indexarten, wie z.B. bitmap-Index, reverse-Index.

- Prüfen Sie die Art des Tabellenzugriffs und deren Verknüpfung für alle leistungsrelevanten DB-Anfragen. Jeder Hersteller erlaubt die Anzeige des oft steinigen Zugriffspfades. Ist es ein „nested loop Join", ein „Hash-Zugriff" oder ...

- Auch eine Automatik ist nicht perfekt; testen Sie Hints und alternative Befehlsformulierungen auf ihre Wirksamkeit. Lassen Sie sich den Erfolg oder Misserfolg dieser Arbeit durch Protokolle bestätigen. Sie können diese Daten dann auch später zu Vergleichen heranziehen.

- Für die ganz schweren Fälle bleibt dann noch das Modelltuning. Hier zeigt sich, wie ernst Ihr DB-Hersteller es mit der Unterstützung meint! Kennt er Trigger, Partitionierung, Clustertechnik, und materialisierte Views?

- Arbeiten Sie als Datenmodellierer, Softwaredesigner/entwickler möglichst eng und frühzeitig mit einem erfahrenen DB-Administrator zusammen; er kennt vermutlich Funktionalitäten, die Ihre Softwareentwicklung robuster, effizienter und wartungsfreundlicher werden läßt. Auch wenn dies organisatorisch sicherlich manchmal problematisch sein mag, so lohnt sich die Mühe sicherlich, denn je nach Problem und Tuningaufwand sind Leistungssteigerungen von Faktor 10 und mehr keine Seltenheit. Welche Hardware müssen Sie kaufen, um solche Effekte zu erzielen?

  Testen Sie selbst und Sie werden feststellen, dass Sie mit etwas Übung und gutem Willen, hoch effiziente DB-Programme erstellen können. Die Anwender werden es Ihnen (hoffentlich) danken.

Übungen

12.1. Berechnen Sie die Selektivität des Feldes *lieblingsregion* in der Whiskyfreunde-Tabelle. Lohnt sich hier ein Index?

Wir nehmen natürlich an, daß der Freundeskreis gewaltig groß ist.

12.2. Formulieren Sie eine schnellere Alternative zum Löschen mehrfacher Datensätze (siehe Ende des Unterkapitels 12.4)

12.3. Testen Sie doch mal die Befehlsalternativen aus Kapitel 12.6 auf Ihrer Anlage.

12.4. Was empfehlen Sie einem Schotten, wenn ihm der Hemdkragen zu eng geworden ist? Hemdneukauf kommt natürlich nicht in Frage, schließlich heißt das Thema „Optimierung".

Anhang

Syntax der SQL-Befehle

CREATE DATABASE
```
  CREATE DATABASE name;
```

CREATE TABLE
```
  CREATE TABLE tabelle
  ( spalte_1    typ_1 [column_constraint],
    spalte_2    typ_2 [column_constraint],
    ...
    spalte_n    typ_n [column_constraint]

    [, table_contraint]
  );
```

CREATE VIEW
```
  CREATE VIEW viewname [(spalten)]

  as select-Anweisung [WITH CHECK OPTION];
```

DELETE
```
  DELETE FROM tabelle [alias]
  [   WHERE ...   ]
```

DROP
```
  DROP TABLE tabellenname;

  DROP INDEX indexname;

  DROP VIEW viewname;
```

GRANT
```
  GRANT    lokales recht1, lokales Recht2, ...

  ON tabelle bzw. view

  TO user1, user2, ...[WITH GRAND OPTION];
```

INSERT
    INSERT INTO tabelle
    [(spalte [, spalte]...   )   ]
    VALUES (wert [, wert]...   );

    INSERT INTO tabelle
    SELECT ...

REVOKE
    REVOKE   lokales recht1, ...

    ON tabelle bzw. view

    from   user1, user2 ...

    .{RESTRICT | CASCADE};

SELECT
    SELECT [ALL|DISTINCT] { spalten| * }
    FROM tabelle [alias] [[jointyp] tabelle [alias]]...
    [WHERE { bedingung|subquery }]
    [GROUP BY spalten [HAVING {bedingung|subquery}]]
    [ORDER BY spalten [ASC|DESC]...]

UPDATE
    UPDATE tabelle [alias]
    SET spalte = ausdruck   [, spalte = ausdruck]...
    [WHERE ...   ]

    UPDATE tabelle [alias]
    SET (spalte [, spalte]...) = SELECT ...
    [WHERE ...]

Lösungen zu ausgewählten Übungen
Kapitel 2

2.1 Wieviele interne und wieviel externe Modelle hat ein Datenbanksystem?

Ein Datenbanksystem besitzt ein internes Modell, da die hier enthaltenen Strategien eindeutig sein müssen. Die Anzahl der externen Modelle hängt von der Benutzergruppenzahl ab. Jede eigenständige Gruppe bekommt eine eigene Sicht auf die Daten, ein eigenes externes Modell.

2.2 Nennen Sie einen Nachteil der Normalisierung.

Durch die zwangsläufige Erhöhung der Tabellenzahlen, kann das Gesamtsystem unübersichtlich werden.

2.4 Welcher Beziehungstyp gilt bei der Kombination Lieferant - Fahrzeug?

Dies ist eine typische 1:n Beziehung, da ein Lieferant mehrere Fahrzeuge liefern kann. Jedes Fahrzeug wird hingegen garantiert von einem bestimmten Lieferanten geliefert.

Kapitel 4

4.1 a) Zeilennr. 2, 6, 7, 8, 9, 10, 11, 12

b) Zeilennr. 2, 3, 5, 6, 7, 8, 9, 10, 11, 12

c) Zeilennr. 7, 10, 11, 12

d) Zeilennr. 10, 11

Kapitel 5

5.1 Ermitteln Sie alle ausleihbaren Klassiker.
```
select   *
from     buecher
where    leihfrist > 0
and      gruppe = 'K';
```

5.2 Erstellen Sie eine Übersicht über Ihre "jungen" Leser. Es sollen alle Leser ausgegeben werden, die erst höchstens ein Jahr zu Ihrem Leserstamm gehören.
```
select   *
from     leser
where    eintrittsdatum > today - 365;
```

5.3 Erstellen Sie eine Übersicht über die Verteilung der Bücher auf die einzelnen Gruppen. Wieviele Bücher gibt es pro Gruppe?
```
select   gruppe, count(*)
from     buecher
group by gruppe;
```

5.4 Wie sieht die prozentuale Verteilung der Bücher auf die einzelnen Gruppen aus?
```
create table gruppen_anzahl as
select   gruppe, count(*) anz
from     buecher
group by gruppe;

create table gesamt_anzahl as
select   count(*) gesamt_anz
from     buecher;

select   gruppe, anz*100/gesamt_anz
from     gruppen_anzahl, gesamt_anzahl;

drop table gruppen_anzahl;
drop table gesamt_anzahl;
```

5.5 Sie haben in Ihrer Bibliothek teils nur ein Exemplar, teils aber auch mehrere Exemplare eines Buches angeschafft. Sie möchten wissen, ob Sie wegen starker Nachfrage von einigen Büchern weitere Exemplare beschaffen sollen, bzw. ob sich die Anschaffung mehrerer Exemplare gelohnt hat. Erstellen Sie dazu folgende Übersicht:

autor	titel	Anz. Exempl.	durchschnittl. Ausleihe pro Exemplar
...	...	...	...

```
select   autor, titel, count(*), avg(ausleihzahl)
from     buecher
group by autor, titel;
```

Erstellen Sie eine weitere Liste, in der nur noch die Bücher auftauchen, für die Sie weitere Exemplare bestellen möchten. Setzen Sie sich dazu eine geeignete Schwelle, z.B. durchschnittliche Ausleihe pro Exemplar größer 50.

```
select   autor, titel, count(*), avg(ausleihzahl)
from     buecher
group by autor, titel
having   avg(ausleihzahl) > 50;
```

5.6 Welche Leser haben zur Zeit Bücher aus allen Buchgruppen entliehen?
```
select   leser_nr, name, wohnort
from     leser
where    leser_nr in
     (   select      leser_nr
         from  verleih v, buecher b
         where v.buch_nr = b.buch_nr
         group by    leser_nr, gruppe
         having      count(*) =
                 (   select      count(distinct gruppe)
                     from  buecher
                 )
     )
;
```

5.7 Wieviele Leser haben zur Zeit mehr als ein Buch geliehen?
```
create table welche as
select   leser_nr
from     verleih
group by leser_nr
having   count(*) > 1;

select   count(*)
from     welche;

drop table welche;
```

5.8 Wieviel Prozent der Leser aus dem gesamten Leserstamm haben zur Zeit keine Bücher geliehen?
```
create table ausleiher as
select   count(distinct leser_nr) aktive_leser
from     verleih;

create table alle as
select   count(*) gesamt_anz
from     leser;

select   (gesamt_anz - aktive_leser) * 100 / gesamt_anz
from     ausleiher, alle;
```

Anhang

```
drop table ausleiher;
drop table alle;
```

5.9 Ermitteln Sie die Stadt, deren Leser im Durchschnitt am häufigsten ausleihen. Es ist also die "belesendste" Stadt, bezogen auf die Ausleihzahlen in der Lesertabelle, zu ermitteln.

```
select    wohnort
from      leser
group by wohnort
having    avg(ausleihzahl) >= all
  (       select     avg(ausleihzahl)
          from   leser
          group by    wohnort
  )
;
```

5.10 Ermitteln Sie **buch_nr**, **autor** und **titel** von vorgemerkten Büchern, die nicht verliehen sind.

5.11 Gegeben seien die folgenden zwei Tabellen:

u			v
s1	s2		s3
1	4		b
2	4		a
3	2		

Welches Ergebnis liefert die Abfrage

```
select   distinct   sum(s2)
from     u, v v1, v v2
where    s2 >
  (      select     max(s1)
         from  u
  )
and      v1.s3 != v2.s3
group by v1.s3, v2.s3;                ?
```

kartesisches Produkt

u x v x v			
s1	s2	v1.s3	v2.s3
1	4	b	b
1	4	a	b
1	4	b	a
1	4	a	a
2	4	b	b
2	4	a	b
2	4	b	a
2	4	a	a
3	2	b	b
3	2	a	b
3	2	b	a
3	2	a	a

nach WHERE Klausel

s1	s2	v1.s3	v2.s3
1	4	a	b
1	4	b	a
2	4	a	b
2	4	b	a

nach GROUP BY Klausel

sum(s2)	v1.s3	v2.s3
8	a	b
8	b	a

nach DISTINCT

8

5.12 Ermitteln Sie den prozentualen Anteil der verliehenen Bücher am gesamten Buchbestand. Verwenden Sie zur Lösung eine temporäre Tabelle.

```
create table temp as
select  count(*) anzahl_verleih
from    verleih;
```

```
select  max(anzahl_verleih) * 100 / count(*)
from    buecher, temp;
```

```
drop table temp;
```

5.13 Konstruieren Sie je einen Fall, für den die Bedingung
```
   a) where x != any ( ... )
```
nicht erfüllt ist,
```
   b) where x = all ( ... )
```
erfüllt ist.

   zu a)   where 1 != any (1, 1, 1, ... , 1)

   zu b)   where 1 = all (1, 1, 1, ... , 1)

Kapitel 6

6.1 Im Text wurde die Vormerkung eines Buches so programmiert, daß alle Einträge nach den geforderten Bedingungen korrekt erfolgten. Es wurden jedoch keine Meldungen über eine (nicht) erfolgreiche Vormerkung ausgegeben. Erstellen Sie eine Variante zur Vormerkung eines Buches, die entsprechende Rückmeldungen ausgibt.

Es kann folgende Hilfstabelle benutzt werden:

vm_test		
code	flag	text
0	0	Buch ist nicht verliehen
1	0	Leser ist gesperrt
2	0	Buch ist zu oft vorgemerkt

```
update   vm_test
set      flag = 1
where    code = 0
and      not exists
   (     select      *
         from  verleih
         where buch_nr = '$2'
   );
update   vm_test
set      flag = 1
where    code = 1
```

```
       and     exists
               (   select     *
                   from   strafen
                   where  leser_nr = '$1'
                   and    sperre is not null
               );
       update  vm_test
       set     flag = 1
       where   code = 2
       and     5 <
               (   select     count(*)
                   from   vormerk
                   where buch_nr = '$2'
               );
       insert into vormerk
       select  '$1', '$2', today
       from    dummy
       where   not exists
               (   select     *
                   from   vm_test
                   where flag = 1
               );
       select  text
       from    vm_test
       where   flag = 1;
       select  'Buch ist vorgemerkt.'
       from    dummy
       where   exists
               (   select     *
                   from   vormerk
                   where leser_nr = '$1'
                   and    buch_nr = '$2'
               );
       update  vm_test
       set     flag = 0;
       commit work;
```

6.2 Sie stellen mit Entsetzen fest, daß offensichtlich durch ein Mißgeschick (Programmfehler!) nicht ausleihbare Bücher verliehen worden sind. Machen Sie aus der Not eine Tugend und ändern Sie die Leihfrist von verliehenen, nicht ausleihbaren Büchern auf 30 Tage.

```
update   buecher
set      leihfrist = 30
where    leihfrist = 0
and      buch_nr in
(        select    buch_nr
         from verleih
);
```

6.3 Für einen Kunden werden verschiedene Teile gefertigt und bei Bedarf ausgeliefert. Dazu werden zwei Tabellen **vorrat** und **bestellung** geführt. Vor der Auslieferung einer Bestellung ist der Zustand z.B.:

vorrat	
teil	anzahl
a	10
b	9
c	0
d	15

bestellung	
teil	anzahl
a	15
c	5
d	10

Da nur vorrätige Teile ausgeliefert werden können, ist der Zustand nach der Lieferung folglich:

vorrat	
teil	anzahl
a	0
b	9
c	0
d	5

bestellung	
teil	anzahl
a	5
c	5
d	0

Anhang

Selbstverständlich sollten bestellte Artikel mit der Anzahl 0 aus der Bestelltabelle verschwinden.

Erstellen Sie ein SQL Programm, das die notwendigen Umbuchungen bei täglicher Bestellung und Auslieferung vornimmt.

Ermitteln Sie die Teile, die nachgefertigt werden müssen, mit der entsprechenden Anzahl.

```
create table temp as
select   v.teil, v.anzahl, b.anzahl, v.anzahl - b.anzahl
diff
from     vorrat v, bestell b
where    v.teil = b.teil;

update   temp
set      b.anzahl = b.anzahl - v.anzahl,
   v.anzahl = 0
where    diff < 0;

update   temp
set      v.anzahl = v.anzahl - b.anzahl
   b.anzahl = 0
where    diff >= 0;

update   vorrat
set      anzahl = (     select     v.anzahl
                        from  temp
                        where v.teil = vorrat.teil
                  )
where    teil in
   (     select     v.teil
         from  temp
   );

update   bestell
set      anzahl = (     select     b.anzahl
                        from  temp
                        where v.teil = bestell.teil
                  )
where    teil in
   (     select     v.teil
         from  temp
   );
```

Lösungen zu ausgewählten Übungen

```
select   'Nachfertigen: ', v.teil, -diff
from     temp
where    diff < 0;

drop table temp;

delete from bestell
where    anzahl = 0;
```

6.4 Durch einen fehlenden **UNIQUE INDEX** für den Schlüssel einer Tabelle konnte es geschehen, daß eine Tabelle einen Datensatz doppelt enthält. Es gibt keine Möglichkeit, mit einem **DELETE**-Befehl eine von zwei identischen Zeilen zu löschen. Wie werden Sie den doppelten Satz los?

```
create table t2 as
select distinct *
from t1;

drop table t1;
rename t2 to t1;
```

6.5 In einem Durchgangslager werden eingehende Teile zur eindeutigen Kennzeichnung numeriert. Da sehr viele Teile ein- und abgehen, soll die Numerierung nicht stets fortlaufen, sondern die durch abgehende Teile freiwerdenden Nummern sollen neu vergeben werden. Erstellen Sie einen **INSERT**-Befehl, der aus einer Liste von positiven, ganzen Zahlen die kleinste, freie Zahl in die Liste einfügt. (Nehmen Sie an, daß als Platzhalter ein Teil mit der Nummer 0 stets in der Liste vorhanden ist.)

```
insert into  t
select   min(zahl) + 1
from     t
where    zahl + 1 not in
  (      select    zahl
         from t
  );
```

Kapitel 8

8.1 Erstellen Sie eine Sicht mit allen straffälligen Kunden.
```
create view uebeltaeter as
select   l.leser_nr, name, wohnort, gebuehr, sperre
```

Anhang

```
from    leser l, strafen s
where   l.leser_nr = s.leser_nr;
```

8.2 Ein View soll alle Kunden anzeigen, die mehrere Bücher geliehen haben.
```
create view leseratte as
select  l.leser_nr, name, wohnort
from    leser l, verleih v
group by l.leser_nr
having  count(*) > 1;
```

8.3 Eine Sicht soll die Anzahl aller Kunden in jedem Ort anzeigen.
```
create view leserzahl as
select  wohnort, count(*)
from    leser
group by wohnort;
```

8.4 Eine Sicht soll alle ausgeliehenen Bücher beeinhalten.
```
create view verliehene as
select  b.buch_nr, autor, titel
from    buecher b, verleih v
where   b.buch_nr = v.buch_nr;
```

8.5 Welche der obigen Sichten sind aktualisierbar? Wo wäre der Befehlszusatz **with check option** sinnvoll?

Keine der obigen Sichten darf aktualisiert werden (Jeder Befehl enthält entweder group by oder Join). Der Befehlszusatz **with check option** entfällt daher.

Kapitel 9

9.1 Welche Rechte müssen einem Bibliotheksbenutzer gegeben werden, der per Terminal feststellen möchte, ob Bücher eines bestimmten Autors in der Bibliothek existieren? Vergeben Sie diese Rechte und gehen Sie dabei davon aus, daß dieser Dienst in unserer Bibliothek erstmalig angeboten wird.

```
create view public_buecher as
select  buch_nr, autor, titel
from    buecher;

grant select on public_buecher to public;
```

9.2 Die Systemtabelle **sysuserauth** enthält keine **CONNECT**-Spalte. Ist Sie dann überhaupt sinnvoll nutzbar?

Natürlich, denn ein User ohne **CONNECT**-Recht würde in der Tabelle gar nicht existieren.

9.3 Gesetzt der Fall, Sie (als DBA) wollen einem **RESOURCE**-User das **CONNECT**-Recht entziehen, um ihm dadurch jegliche Zugriffsmöglichkeit zum Datenbanksystem zu nehmen. Welcher unerlaubte Systemzustand würde hierdurch möglicherweise entstehen und wie läßt er sich vermeiden?

Dies verletzt die sogenannte referentielle Integrität, das heißt in unserem Beispiel die fehlende Beziehung zwischen den Dateien und ihrem Besitzer. Es gibt also Dateien, die keinem Besitzer zugeordnet werden können. Das Datenbanksystem Oracle hat das Problem durch Einfügung einer expliziten **CONNECT**-Spalte gelöst. Im DBS INFORMIX wird die Wahrung der referentiellen Integrität durch den verify join-Befehl unterstützt.

Kapitel 10

10.1 Füllen Sie das vpreis-Feld der Postentabelle mit Hilfe der Netto-Preise aus *whisky*, und schlagen Sie 16% Umsatzsteuer drauf.

```
update   w_posten
set      vpreis =
             (select    preis * 1.16
              from whisky
              where     w_posten.art_nr = whisky.nr
             )
;
```

10.2 Eine Sonderangebotsliste soll Namen, Region und Preis aller Produkte ausgeben, die bezogen auf ihre Region einen unterdurchschnittlichen Preis besitzen.
Die „Ersparnis" bzgl. des Durchschnitts ist ebenfalls auszugeben.

```
select w1.name, w1.region, w1.preis as preis, durch
- w1.preis as gespart
from whisky w1, (select region, avg(preis) durch
                 from whisky
                 group by region
                ) w2
where w1.region = w2.region
and w1.preis < w2.durch
order by w1.region, gespart desc
;
```

10.3 Organisieren Sie eine besondere Whiskyverkostung. Diesmal sollen Whiskys mit identischen Namen jedoch unterschiedlichen Alters verkostet werden (getrunken werden zunächst die jüngeren).

```
select name,alt
from whisky
where name in
            (select name
             from  whisky
             group by name
             having count(*) > 1
            )
AND alt IS not null
order by name, alt
;
```

4. „Ball der einsamen Herzen II". Damit die Freunde nicht so weit reisen müssen, sind hier nur Paare zu nennen, die neben einer gemeinsamen Lieblingsregion auch ein identisches Postleitgebiet (1.Stelle PLZ) besitzen.

Um die Anzahl mögl. Paare zu erhöhen, gilt:

Personen, die keine Regionsnennung besitzen sind für alle Whiskysorten offen.

```
select f1.name,f2.name,f1.lieblingsregion as reg1,
       f2.lieblingsregion as reg2, substr(f1.plz,1,1) as "GEBIET"
```

```
from w_freunde f1, w_freunde f2
where (f1.lieblingsregion = f2.lieblingsregion
    or f1.lieblingsregion is null
    or f2.lieblingsregion is null)
    and
    f1.fr_nr < f2.fr_nr
    and
    substr(f1.plz,1,1) = substr(f2.plz,1,1)
                ;
```

Kapitel 11

11.1 Quartalsbericht

```
create or replace procedure quartalsbericht(jahr decimal)
is
cursor berichtssatz is
select to_char(eing_datum, 'Q'), sum(wert)
from w_auftrag
where to_char(eing_datum, 'YYYY') = to_char(jahr)
group by to_char(eing_datum, 'Q')
order by 1;
--
v_quartal integer;
v_quartalssumme decimal(10,2);
v_zaehler integer;
begin
  open berichtssatz;
  fetch berichtssatz into v_quartal,v_quartalssumme;
  v_zaehler =1;
  ausgabe('Der Quartalsbericht für ' || jahr || ' -->');
  while berichtssatz%found do
      if v_zaehler = v_quartal then
          -- in diesem Quartal gab es Umsätze
          ausgabe(v_quartal||'te Quartal - Umsatz (in Euro):
```

```
                        ' || v_quartalssumme);
                       fetch berichtssatz into v_quartal,v_quartalssumme;
                 else
                    -- kein Umsatz im aktuellen Quartal
                    ausgabe(v_zaehler||'te Quartal - Umsatz (in Euro):
                       0.00');
                 end if;
                 v_zaehler =  v_zaehler + 1;
            end WHILE;
         end;
```

11.2 Sonderangebotsliste

```
   create or replace procedure angebot
   is
   cursor angebotssatz is
   select w1.name, w1.region, w1.preis as preis, durch -
   w1.preis as gespart
   from whisky w1, (select region, avg(preis) durch
                      from whisky
                      group by region
                      ) w2
   where w1.region = w2.region
   and w1.preis < w2.durch
   order by w1.region, gespart desc;
   --
      v_name varchar(30);
      v_region varchar(30);
      v_preis decimal(5,2);
      v_gespart decimal(5,2);
      v_aktregion varchar(30);
      v_zaehler integer;
   begin
      open angebotssatz;
      fetch angebotssatz into v_name,v_region, v_preis,
   v_gespart;
      v_zaehler =1;
      v_aktregion = v_region;
      ausgabe('Die Sonderangebote für ' || v_aktregion || '--
```

```
>');
while angebotssatz%found do
    if v_zaehler <= 3 then
      -- natürlich könnte man auch die Ersparnis
      -- ausgeben
      ausgabe('Nr.' || v_zaehler || ': ' || v_name || '
         (für Euro ' || v_preis || ')'   );
         v_zaehler =  v_zaehler + 1;
    end if;
    fetch angebotssatz into v_name,v_region, v_preis,
       v_gespart;
    if v_aktregion != v_region then
       v_zaehler = 1;
       ausgabe('Die Sonderangebote für ' ||
             v_region || '-->');
    end if;
    v_aktregion = v_region;
  end WHILE;
end
;
```

Kapitel 12

12.1. Berechnen Sie die Selektivität des Feldes lieblingsregion in der Whiskyfreundetabelle. Lohnt sich hier ein Index?

```
...
select count(*) into anz
from w_freunde;
select count(distinct lieblingsregion) into lanz
from w_freunde;
set selektivitaet = (anz/lanz) * 100;
...
```

Ein normaler Index ist hier sicher ungeeignet; dies ist ein „Bitmapindex-Kandidat".

Anhang

12.2. Die schnellere Alternative zum Löschen von redundanten Datensätzen kann so aussehen:

```
delete from w_freunde f1
where rowid >
    (select min(rowid)
     from w_freunde f2
     where f1.fr_nr = f2.fr_nr
    )
;
```

12.4. Was empfehlen Sie einem Schotten, wenn ihm der Hemdkragen zu eng geworden ist?

Er soll sich am besten die Mandeln rausnehmen lassen!

Literaturverzeichnis

[1] Brosius, G.
Data Warehouse und OLAP mit Microsoft SQL Server
Galileo Press, 2001

[2] Ceri, S., Gottlob, G, Tanca, L.
Logic Programming and Databases
Springer, 1990

[3] Closs, S., Haag, K.
Der SQL Standard
Addison-Wesley, 1992

[4] Date, C. J., Darwen, H.
A Guide to the SQL Standard
Addison-Wesley, 1997

[5] Date, C. J.
Introduction to Database Systems
Addison-Wesley, 5.Aufl. 1990

[6] Elmasri / Navathe
Fundamentals of Database Systems
Benjamin-Cummings, 3.Aufl. 2001

[7] Finkenzeller, H., Kracke, U., Unterstein, M.
Systematischer Einsatz von SQL/Oracle
Addison-Wesley, 1989

[8] Hein, M., Herrmann, Lenz,D., G., Unbescheid, G.
ORACLE 9i für den DBA
Addison-Wesley, 2002

[9] Heuer, A.
Objektorientierte Datenbanken
Addison-Wesley , 1992

[10] Jackson, M.
Malt Whisky
Heyne, 2001

[11] Kline K., Kline D.
SQL in a Nutshell
O'Reilly, 2001

[12] Meier, A.
Relationale Datenbanken; Leitfaden für die Praxis
Springer, 2001

[13] Melton,J. , Simon, A.R.
Understanding Relational Language Components
Morgan Kaufmann, 2001

[14] Misgeld, W.D.
SQL; Einstieg und Anwendung
Hanser, 1998

[15] Pelzer, T.
SQL-99 Complete
R&D, 1999

[16] Petkovic, D.
Microsoft SQL Server 2000
Addison-Wesley, 2001

[17] Roeing F., Fritze J.
Oracle Programmierung
IRF, 2002

[18] Roeing, F.
Oracle Datenbanken erfolgreich realisieren
Vieweg, 1996

[19] Sauer, H.
Relationale Datenbanken; Theorie und Praxis
Addison-Wesley, 2002

[20] Schobert, W.
Single Malt Notebook
Hädecke, 2001

[21] Vossen, G
Datenmodelle, Datenbanksprachen und Datenbankmanagement-Systeme
Oldenbourg, 1999

[22] Schlageter, G., Stucky, W.
Datenbanksysteme: Konzepte und Modelle
Teubner, 3.Aufl. 1993

[23] Stürner, G.
Oracle 8i
dbms publishing, 2.Aufl. 2001

[24] Wiedmann, T.
DB2
C&L Computer. 2001

Sachwortverzeichnis

3

3. Generation 34
3GL 35
3GL 36

4

4. Generation 34, 36, 39, 64
4GL 35

5

5. Generation 183, 185

A

Abfrage 37
Abfragen 62
Abfragesprache 32, 39
Abstrakte Datentypen **272**
Ada 188
Administrator 291
ADT 249
Aggregatfunktion 73
Aktualisierung 238
Algorithmus 183
Aliasname 74, 93, 109, 123, 135
ALL 112, 119
ALTER 59
alter table 38
Alternative 310
Alternative SQL-Befehle **301**
Alternativen für ANY, All, EXISTS **117**
AND **67**, 139
Anfrage 138
ANSI 4, 32, 36, 188
ANSI/SPARC 14
Anweisungstuning 280, **295**
Anwendersprache 34, 39
Anwendersystem 158

ANY 119
ANY 112
APL 3
Arithmetik **73**
arithmetischer Ausdruck 66
Array 275
Arrays **274**
asc 65
Assembler 34
Assertion **47**, 52
assoziative Arrays 80
Assoziative Arrays 80
Aufrufparameter 180
Ausgabesatzzähler 234
autojoin 235
Autojoin **135**, 137
automatisiert 239
avg **75**
avg 85

B

Basic 34
Basistabellen 203
baum 6
Befehlseingabe 159
Beispieltabellen 221
Benutzergruppe 211
Benutzersichten 203
BETWEEN **70**
Beziehung 22
Beziehungsmengen 23
Beziehungstypen 3
BIT 43
BIT VARYING 43
Bitmap Index **292**
Bitmapindex 329
BLOB **43**
Boolsche Algebra 68
Buchungssysteme 142
Built-In Funktionen **73**

C

C 34, 36, 188

C++ 188
cascade 55
CASE **253**
CHAR 43
CHAR VARYING 43
CHARACTER 43
CHARACTER VARYING 43
check 48
CLOB **43**
Cluster 286, 308
Cobol 34, 188
Codasyl 3
commit **144**
commit work 144
CONNECT 211
Constraint 41, **47**, 52, 56
Correlated Subqueries **120**
Correlated Subquery 152, 155, 157
count **78**
count 85
count(*) **78**
count(distinct ...) 78
CPU-Leistung 282
CREATE DATABASE 40, 311
create index 38
create table 38
CREATE TABLE 40, 59, 311
create table as select 108
create view 38
CREATE VIEW 205, 311
cross join 89, 94, 96
current_date 73
current_time 73
current_timestamp 73
Cursor **259**
CURSOR 194

D

Data Control Language 37
Data Definition Language 37
Data Manipulation Language 37
Database Management System 1
Database Management Sytem 16
DATE 44

Datei 1
Datenbank 1
Datenbankgeschichte 2
Datenbanksprache 35
Datenbankstrukturen 183
Datenbanktuning 279
Datenblock 286
Datenmodell 280
Datenschutz 204
Datenstruktur 3, 37
Datentyp **43**, 149
Datentyp 40
DB2 292, 333
DBA 212
DB-Administrator 37
DBA-Recht 212
dBase **44**
dBASE 4
DB-Interna 280
DBMS 1, 16
DCL 37, 38
DCL 39
DDL 37, 38, 39
DECIMAL 43
DECLARE SECTION 188, 191
delete 38
DELETE **149**, 152, 311
desc 65
Design 280
Direkt abhängig 27
Dirty Read 146
DISTINCT 79
DL/I 3
DML 37, 38, 152
DML 39, 139
DML Befehl 143
DML-Befehle 226
Domain **56**
doppelt 235
DOUBLE PRECISSION 44
Drei-Ebenen Modell 14
DROP 59, 311
DROP INDEX 311
drop table 38
DROP TABLE 311

drop view 208, 311
dual 161
dummy 161
Durchschnitt **76**
dynamisches SQL 197

E

Effizientes SQ **279**
Einfügen 148
einzigartig 232
Embedded SQL 158, **183**, 202
Entitätsmengen 23
Entity 22
Entity-Relationship Entwurf 18
Entwurf 40
ER 18
ER-Darstellung 20
Ergebnistabelle 63
except **130**
EXCLUSIVE 214
EXEC SQL 188, 191
Existenzprüfungen 303
EXISTS 112, **114**, 115
externes Modell 15

F

Faktum 185
Fakultät 183
Fehlerbehandlung 158
fetch 260
FETCH 195
Filter 203, 204, 209
FLOAT 44
foreign key 53
formatfrei 39
formatieren 223
Fortran 34, 36, 188
Fremdschlüssel 9, 53
from 99
FROM Klausel 63
Funktion **254**
Funktionen 73
Funktionenverschachtelung 108

Funktionsaufruf 188

G

Generationssprung 34
generisch 277
Generisches SQL **270**
globales Recht 213
grant 38
GRANT 213, 311
Grenzen von Views 204
group by 99
GROUP BY **80**, 82, 84, 139
Grundrechnungsarten 73
Gruppenfunktionen 139
Gruppierung 227, 239

H

Hash-Join **301**
Hauptabfrage 121, 122, 123, 124
Hauptspeicher 301
having 99
HAVING **82**, 84
HAVING 139
Hierarchisches Modell 6
Hostvariable 188, 191, 193

I

IBM 3
IBM 32, 281
Identifikationsschlüssel 9
if 252
IF **252**
IMS 3
IN 112
Index 286
Indexbildung 288
Indexnutzung **290**
Indexorganisiert **293**
Indexqualität 283
Indexzugriff **285**
Informix 4, 292
INFORMIX 325

Ingres 4
Inkonsistenz 308
inline-View **233**
Inner Join **87**, 101
inout 255, 262
insert 38
INSERT **148**, 312
INT 43
INTEGER 43
interaktive Eingabe 180
International Standards Organisation 32
internes Modell 15
INTERVAL 44
INTO 270
is not null **69**
is null **69**
IS NULL 82
ISO 4, 32
ISO/ANSI-Standard 248
isolation level 147
Isolationslevel 146
Iteration 184
iterativ 183, 202

J

Join 63, 87, 93, 124, 138, 152, 153, 157
Join Bedingung 87, 93, 101, 105, 135
Joining 11

K

Kandidatenschlüssel 53
kartesisches Produkt 11, **87**, 88, 93, 138
Klausel 99
Kombinationen 235
Konsistenz 142, 143
Kontrollstruktur 183, 185
konzeptionelles Modell 15
Korrelation 123
Korrelationsvariable 120, 121
korreliert 230
kostenbasiert **283**, 309
Kreuzprodukt 89

L

Lagerverwaltung 142
left outer join 103
Library 188
LIKE **68**
Link 188
Lisp 34
LOCK 214
logische Operatoren **67**
Lokales Recht 215
Lösungen 313

M

Mängel von SQL 32
Maschinencode 34
Materialisierte Views 308
Matrix 9
max **76**, 85
Mehrfachsätze 306
Mehrfachspeicherung 2
Mehrprozessoranlage 299
Mengenlehre 130
Mengenoperationen 243
mengenorientiert 39
Methoden **273**
Microsoft SQL Server 217, 272, 331
min 85
Modell für SELECT **99**
Modelltuning 281, **307**, 309
Modularisierung 158
Multiple-Row-Subqueries **112**
Multiple-Row-Subquery 107
Multi-User System 3
MUMPS 188
Mustersuche **68**

N

Natural 34
natural join 94
Nested Loop **297**
Netzwerkmodell 2
nicht-prozedural 34, 39, 63

Non-Repeatable-Read 146
Normalform 28
normalisiert 28
Normalisierung 24
NOT 139
NOT NULL 40, 41, 42, 59
NPL 34
NULL 69, 82, 148
NUMERIC 43

O

Objekt-Beziehung 20
objektorientiert 272
Objektorientierte Datenbanken 331
objektorientierte Datenbanksysteme 272
Objektorientierung **271**
Objekttrigger 264
Objekttypen **272**
on delete 55
on update 55
optimales SQL **279**
Optimierung 307
Optimizer 279, **281**, 301
OR 139
Oracle 4, 108, 161, 281
Oracle 8i 332
ORACLE 9i 331
order by 99
ORDER BY 63, 65, 128, 139
out 255
outer join 103
Outer Join **101**, 102, 105

P

Parallelisierungsoperation 299
Parameter 159, 161, **255**
Pascal 34, 188
Performance-Probleme 304
Phantom-Read 146
PL/1 34, 188
PL/I 3
Precompiler 188
Primärschlüssel 47, 53, 59

Priorität 67, 71, 72
problemorientierte Sprache 35
Produkttabelle 88
Programmiersprache 186
Programmlogik 202
Projektion 22, 63
Projektionsteil 65, 77, 149, 151
Prolog 34, 36, 185
Prozedur **254**
prozedural 272
Prozedural 251
prozedurale Sprache 202
Prozeduren **254**
PUBLIC 213

Q

Quelltext 188

R

read committed 147
read uncommitted 147
REAL 44
Realisierung des Datenbankentwurfs 40
Rechte 324
Recovery 145
redundant 330
Redundanz 2, 93
referentielle Integrität **53**
Regel 185
regelbasiert **281**
Regelwerk 281
reguläre Ausdrücke 69
Rekursion 184, 185, 186
rekursiv 202
Relation 22
relationale Datenbank 14
relationales Datenmodell 22
Relationales Modell 9
Relationentheorie 102, 130
rename 38
RENAME 59
REPEAT **253**
repeatable read 147

RESOURCE 212
Return Code 191
revoke 38
REVOKE 213, 215, 312
right outer join 104
rollback **144**
rollback work 144
Rollenkonzept 217, 219
Row-id 286
RUN 159

S

Savepoint 148
Schleife 183, 184, 186, 198
Schlüssel 19, 150
Schlüsselfeld 19
Schlüsseltransformation 299
Schnittmengenoperator 130
Schnittstelle 36, 188
Schnittstellenmechanismus 39
select 38, 99
SELECT 138
SELECT Klausel 63
Selektion 22, 63
Selektion 139
Selektionsteil 76, 150
Selektivität **287**, 310, 329
Selfjoin **135**
Sequel 4
serializable 147
set default 55
SET Klausel 151, 155, 156
set null 55
set transaction 147
SHARE 214
Sichten 203
Single-Row-Subqueries **106**
Single-Row-Subquery 151
SMALLINT 43
Softwaredesigner 309
Softwareentwicklung 14
Softwaresystem 158
Sort Merge **299**
Sortierhierarchie 65

Sortierung 66
Spalte 9
SQL 4, 32
SQL Communication Area 191
SQL Funktion 75
SQL Implementierung 102
SQL Interpreter 34, 64, 81, 86, 100, 108, 159, 180
SQL Programm 180
SQL Programme **158**
SQL Script 159, 180
SQL/DS 4
SQL2 102
SQL3 33, 36, 37, 187, 202, 219, 233, 248, 249, 250, 251, 277
SQL-4 249
SQL99 4, **248**
SQL-Befehlsklassen 38
SQLCA 191, 193, 195
SQL-Datentypen 43
SQL-Interpreter 130
SQL-Operatoren **71**
Standard 32, 102, 108
Standard 36
Structured Query Language 32
Subquery **107**, 108, 110, 152
sum **75**, 85
Syntaxabweichung 250
System R 4
SYSTEM R 32
Systemtabelle 325
SYSUSAGE 209
SYSVIEWS 209

T

Tabelle 23
Tabellengröße 282
Tabellenverknüpfung 295
Tabellenzugriffsarten 212
Table-Constraint 47
technisches Tuning **284**
TIME 44
TIMESTAMP 44
Transaktion 38, **142**, 143, 158, 180
Transaktionseröffnung 144
Transaktionsprogrammierung 198

Transaktionssteuerung 144
Transaktionssysteme 142
Transitiv 27
Trigger 239, **264**, 265, 269
TRIGGER 270
Triggersyntax **266**
Tuninginstrument 309

Ü

überdurchschnittlich 230

U

union 129
union all 129
unique 47
UNLOCK 214
Unterabfrage **107** *Siehe* Subquery
update 38
UPDATE **151**, 152, 312
UPDATE OF **267**
USING 270

V

VARCHAR 43
Variable 186
Variablen **251**, 261
Verknüpfung 239
Verzweigung 183, 184, 198
Views 203
vollständige Programmiersprache 35, 39
Vollständigkeit 36
Volltabellenzugriff **285**
Vorteile von Views 204

W

where 99
WHERE 82, 84
WHERE Klausel 63, **66**, 139
WHILE **253**

Z

Zeile 9
Zugriffspfad 309
Zugriffsrecht 37, 38, 211
Zugriffsrechte 211
Zuweisung **251**

Bestseller aus dem Bereich IT erfolgreich gestalten

Martin Aupperle
Die Kunst der Programmierung mit C++
Exakte Grundlagen für die professionelle Softwareentwicklung
2., überarb. Aufl. 2002. XXXII, 1042 S. mit 10 Abb. Br. € 49,90
ISBN 3-528-15481-0

Inhalt: Die Rolle von C++ in der industriellen Softwareentwicklung heute - Objektorientierte Programmierung - Andere Paradigmen: Prozedurale und Funktionale Programmierung - Grundlagen der Sprache - Die einzelnen Sprachelemente - Übungsaufgaben zu jedem Themenbereich - Durchgängiges Beispielprojekt - C++ Online: Support über das Internet

Dieses Buch ist das neue Standardwerk zur Programmierung in C++ für den ernsthaften Programmierer. Es ist ausgerichtet am ANSI/ISO-Sprachstandard und eignet sich für alle aktuellen Entwicklungssysteme, einschliesslich Visual C++ .NET. Das Buch basiert auf der Einsicht, dass professionelle Softwareentwicklung mehr ist als das Ausfüllen von Wizzard-generierten Vorgaben.

Martin Aupperle ist als Geschäftsführer zweier Firmen mit Unternehmensberatung und Softwareentwicklung befasst. Autor mehrerer, z. T. preisgekrönter Aufsätze und Fachbücher zum Themengebiet Objekt-orientierter Programmierung.

Abraham-Lincoln-Straße 46
65189 Wiesbaden
Fax 0611.7878-400
www.vieweg.de

Stand 1.10.2002. Änderungen vorbehalten.
Erhältlich im Buchhandel oder im Verlag

If you have any concerns about our products,
you can contact us on
ProductSafety@springernature.com

In case Publisher is established outside the EU,
the EU authorized representative is:
**Springer Nature Customer Service Center GmbH
Europaplatz 3, 69115 Heidelberg, Germany**

Printed by Libri Plureos GmbH
in Hamburg, Germany